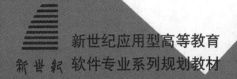

新世纪应用型高等教育
软件专业系列规划教材

# Java核心编程技术

## Java Core Programming Technology

（第三版）

主　编　张　屹　蔡木生
副主编　吴向荣　谭翔纬　聂常红
　　　　潘正军　邹立杰　林若钦
　　　　蒋慧勇

 大连理工大学出版社

图书在版编目(CIP)数据

Java 核心编程技术 / 张屹，蔡木生主编． －－ 3 版
． －－ 大连：大连理工大学出版社，2019.8(2022.1重印)
新世纪应用型高等教育软件专业系列规划教材
ISBN 978-7-5685-2159-8

Ⅰ．①J… Ⅱ．①张… ②蔡… Ⅲ．①JAVA语言－程序设计－高等学校－教材 Ⅳ．①TP312.8

中国版本图书馆 CIP 数据核字(2019)第 165558 号

Java HEXIN BIANCHENG JISHU
Java 核心编程技术

大连理工大学出版社出版

地址：大连市软件园路 80 号　　邮政编码：116023
发行：0411-84708842　　邮购：0411-84708943　　传真：0411-84701466
E-mail：dutp@dutp.cn　　URL：http://dutp.dlut.edu.cn
大连市东晟印刷有限公司印刷　　　　大连理工大学出版社发行

幅面尺寸：185mm×260mm　　印张：23.5　　字数：602 千字
2010 年 9 月第 1 版　　　　　　　　　　2019 年 8 月第 3 版
2022 年 1 月第 4 次印刷

责任编辑：王晓历　　　　　　　　　　　责任校对：李明轩
封面设计：对岸书影

ISBN 978-7-5685-2159-8　　　　　　　　定　价：56.80 元

本书如有印装质量问题，请与我社发行部联系更换。

# 前　言

《Java 核心编程技术》(第三版)是新世纪应用型高等教育软件专业系列规划教材之一。

由于 Java 语言具有面向对象广、跨平台、分布式、安全、易用、开发周期短等诸多优点，顺应了 Internet 的发展，所以获得了巨大成功，迅速成为当今主流编程语言之一，在业界得到广泛使用。学习 Java 的人数与日俱增，许多高校已将 Java 语言列为必修课程。然而，由于 Java 包含的知识点较多，涉及领域较广，"教什么？怎么学？"是教师与学生需要面对的问题。

本教材较好地回答了上述两个问题：

(1) 本教材内容的选取突出了基础知识和经典内容，并与时俱进地增添了一些新技术、新特性。面向对象知识(如类、对象、接口、继承和多态性、异常处理等)和 Java 经典内容(如文件与输入输出流、数据库编程、多线程与网络编程等)是 Java 编程的核心技术，它们构成了本教材的主体，本教材还对图形用户界面(GUI)、Applet 等传统内容进行了弱化处理。Java 在其发展、应用过程中涌现了许多新知识、新技术，本教材进行了筛选，增补了一些实用内容：如第 3～第 6 章中的 UML 图、第 8 章的 Java 泛型与 Java 集合、第 9 章的 Word、Excel、PDF 文件内容的读取等，目的是拓宽读者的视野。

(2) 本教材以初学者的角度、根据人的认知规律，循序渐进地组织教学内容，并提供一系列的教学资源进行"助学"。本教材适合作为应用型本科计算机专业、软件专业教材。应用型软件人才首先应该掌握一定的理论知识，不能做只会"照葫芦画瓢"的工匠；其次要注重实践能力的培养。为此，本教材采用这样的编排顺序：先提出问题，再用平实的语言叙述理论，之后用一些例子进行说明，并给出运行结果，以增强学生的认识。教材中共有 170 多个例题，这些例题代码都经过上机调试，可以直接运行。为了让学生更好地把握教材内容，每章的开始都有学习目标，每章的结尾处都有本章小结，涵盖了本章的主要知识点。与本教材配套的是《Java 核心编程技术实验指导教程》(第三版)，每章都有对应的实验内容，包括实验目的、相关知识点、实验内容与步骤、实验总结四部分，有效地保证了实践环节的配套实施，以使学生快速掌握相关知识点。

（3）在知识学习的同时，注重能力培养是本教材的又一个着力点。"怎样培养学生的逻辑思维能力、编程能力"是教师应该关注的问题，本教材的编者在这方面做了大量努力，例如：文中有意识地给出一些小问题让学生思考，以加深学生对知识的理解；鼓励学生查阅API文档可培养其自主学习的能力；通过阅读程序代码、运行例题来提高编程能力。

为适应现代教学手段，本教材配备了数字化教学资源，具体内容包括附录、教材代码、实验指导代码以及习题，以上内容可通过扫描封底二维码或者登录网址"http://www.dutpgz.cn/download/Java核心编程技术第三版数字化教学资源.rar"获取。

本教材由张屹、蔡木生任主编，负责拟订全书大纲，并进行最终的统稿。吴向荣、谭翔纬、聂常红、潘正军、邹立杰、林若钦、蒋慧勇任副主编。具体编写分工如下：张屹编写第1章、第12章，蔡木生编写第2章、第4章，吴向荣编写第10章，谭翔纬编写第9章，聂常红编写第3章、第5章和第6章，潘正军编写第13章、第14章，邹立杰编写第8章，林若钦编写第7章，蒋慧勇编写第11章，吴向荣协助统稿。

在编写本教材的过程中，编者参考、引用和改编了国内外出版物中的相关资料以及网络资源，在此表示深深的谢意！相关著作权人看到本教材后，请与出版社联系，出版社将按照相关法律的规定支付稿酬。

限于水平，书中也许仍有疏漏和不妥之处，敬请专家和读者批评指正，以使教材日臻完善。

编　者<br>2019年8月

所有意见和建议请发往：dutpbk@163.com
欢迎访问高教数字化服务平台：http://hep.dutpbook.com
联系电话：0411-84708445　84708462

# 目 录

## 第1章 Java 概述 ··· 1
- 1.1 Java 语言的诞生与发展 ··· 1
- 1.2 Java 语言的特点 ··· 2
- 1.3 Java 程序运行环境的配置与使用 ··· 4
- 1.4 Java 应用程序的结构 ··· 13
- 1.5 API 文档的下载、安装与使用 ··· 14

## 第2章 Java 编程基础 ··· 16
- 2.1 Java 的数据类型 ··· 16
- 2.2 Java 的关键字、标识符、常量和变量 ··· 19
- 2.3 Java 的运算符、表达式及语句 ··· 22
- 2.4 Java 的流程控制 ··· 27
- 2.5 Java 程序的基本结构及常用的输入输出格式 ··· 37
- 2.6 数　组 ··· 40

## 第3章 类与对象 ··· 48
- 3.1 OOP 设计概述 ··· 48
- 3.2 类 ··· 49
- 3.3 对　象 ··· 61
- 3.4 静态变量与静态方法 ··· 71
- 3.5 包 ··· 75

## 第4章 Java API 实用类 ··· 80
- 4.1 String 类 ··· 80
- 4.2 StringBuffer 类和 StringBuilder 类 ··· 86
- 4.3 Math 类 ··· 92
- 4.4 包装类 ··· 95
- 4.5 日期日历类 ··· 97

## 第5章 继承和多态性 ··· 104
- 5.1 继承的概念 ··· 104
- 5.2 子类的创建 ··· 104
- 5.3 访问修饰符和继承性 ··· 105
- 5.4 is-a 和 has-a 之间的联系 ··· 111
- 5.5 成员变量的隐藏和方法重写 ··· 112
- 5.6 super 关键字 ··· 114
- 5.7 继承的层次性 ··· 118
- 5.8 final 关键字 ··· 121
- 5.9 多态性 ··· 122
- 5.10 Object 类 ··· 126

## 第6章 抽象类与接口 ··· 132
- 6.1 抽象类 ··· 132
- 6.2 接　口 ··· 137
- 6.3 抽象类与接口的区别 ··· 144
- 6.4 自动注解 ··· 148

## 第7章 异常处理 ··· 157
- 7.1 异常与异常类型 ··· 157
- 7.2 异常处理程序 ··· 159

7.3 重新抛出异常 164
7.4 finally 子句 165
7.5 自定义异常 165

# 第 8 章 Java 泛型与 Java 集合 169
8.1 Java 泛型 169
8.2 Java 集合 174
8.3 Java 泛型与 Java 集合综合实例 179

# 第 9 章 文件与输入输出流 181
9.1 File 类与文件操作 181
9.2 输入输出流 186
9.3 字节流 188
9.4 字符流 200
9.5 对象序列化和反序列化 209
9.6 随机存取文件 211
9.7 Word、Excel、PDF 文件的操作（选学） 213

# 第 10 章 图形用户界面设计 225
10.1 图形用户界面(GUI) 225
10.2 AWT 容器类 227
10.3 AWT 独立组件类 233
10.4 AWT 菜单类 243
10.5 事件处理 247
10.6 事件类和事件对象 250
10.7 事件侦听器与侦听接口 252
10.8 事件处理 255

# 第 11 章 Android UI 与事件处理 265
11.1 Android 开发环境搭建 265
11.2 Android UI 元素 274
11.3 Android 布局管理器 276
11.4 Android 事件处理 283

# 第 12 章 数据库编程 291
12.1 JDBC 设计 291
12.2 安装 JDBC 293
12.3 JDBC 编程的基本概念 295
12.4 执行查询操作 300
12.5 滚动和更新结果集 301
12.6 事务及存储过程的调用 304

# 第 13 章 多线程与网络编程 310
13.1 线程的概念 310
13.2 创建线程的方式 313
13.3 线程的生命周期 316
13.4 线程同步 321
13.5 多线程的应用 325
13.6 网络编程的基本概念 325
13.7 TCP 编程 331
13.8 UDP 编程 347

# 第 14 章 JUnit 358
14.1 JUnit 简介及安装 358
14.2 编写 JUnit 测试代码 359
14.3 JUnit 的套件(Suite) 364
14.4 参数化测试 366

**参考文献** 369

# 第1章 Java 概述

从本章起,我们将开始Java语言的学习,先介绍Java语言的诞生与发展,接着说明Java语言的特点,然后讲述Java开发环境的安装、配置、使用,最后讨论Java程序的基本结构与JDK API。

### 学习目标

- 了解Java语言的诞生与发展;
- 了解Java语言的特点;
- 掌握Java程序运行环境的配置与使用;
- 熟悉Java程序的基本结构;
- 熟悉Java开发的API文档。

## 1.1 Java语言的诞生与发展

1996年Java 1.0第一次发布就引起了人们的极大兴趣,它是一种应用于分布式网络环境中的程序设计语言,由Sun公司开发。Java语言广泛流行得益于Internet的迅速发展,特别是Applet在Web上的应用吸引了更多人对Java语言的关注,人们开始使用这种语言。Java语言从诞生起就显现出强大的威力与优越性。一般的应用程序、Applet、Web服务器乃至嵌入式系统,Java都足以胜任,并且表现得十分出色。特别是Java对网络提供了强有力的支持。正是因为它集多种优势于一身,所以对广大的程序设计人员来说有着不可抗拒的吸引力。

在推出JDK 1.0后,Sun公司在1997年初发布了JDK 1.1。其相对于JDK 1.0,JDK 1.1最大的改进就是为JVM增加了JIT(即时编译)编译器。JIT会将经常用到的指令保存在内存中,在下次调用时就不需要再编译,这样JDK在效率上就会得到提升。1998年12月Sun公司发布新的版本JDK 1.2,标志着Java进入Java2时代。在这一时期Sun公司发布了JSP/Servlet、EJB规范,将Java分成了J2SE、J2EE和J2ME,标志着Java向企业、桌面和移动三个领域进军。2000年5月Sun公司对JDK 1.2进行升级,推出JDK 1.3,增加DNS及JNI的支持,使得Web容器得到广泛的应用。Sun在2002年2月发布JDK最为成熟的版本:JDK 1.4,性能上获得极大的提高,已经可以使用Java实现大多数应用了。但是它又面临着一些新问题,比如它不支持泛型、增强的for语句和Java相关的技术EJB 2.x,而且由于比较复杂很少有人使用。2004年10月Sun公司发布了JDK 1.5,后改名为J2SE 5.0,也就是将版本号1.5改为5.0。其中增加了泛型、增强for语句、注解、自动拆箱和装箱等功能,同时更新了企业级规范,改善了EJB的复杂性,推出了EJB 3.0规范。2007年Sun推出J2SE 6.0正式版,在性能、易用性方面得到了极大提高,在脚本和API上获得了全新的支持。2009年4月7日,Google App Engine开始支持Java,同年,甲骨文(Oracle)公司以74亿美元收购Sun,取得Java的版权。2011年,代号为Dolphin(海豚)的Java 7.0正式版发布,对核心API进行了改进。2014年3月19日,甲骨文公司发布代号为Spider(蜘蛛)的Java 8.0正式版,这个版本使Java更易为多核处理器编写高效的代码,同时为与Javascript进行交互提供了更好的支持。

本书案例使用的 JDK 为1.8版本，即 J2SE 8.0 版。

## 1.2　Java 语言的特点

Java 是一种被广泛使用的网络编程语言。它定位于网络计算，几乎所有的特点都是服从于这一点。同时，Java 语言也集中体现并充分利用了许多软件技术的新成果。

### 1.2.1　简单性

Java 语法与 C++的语法相比较更为简单。它没有头文件、指针运算、结构、联合、操作符重载、虚基类等。然而，Java 还保留了 C++的一些特性，如：switch 语句的语法在 Java 中没有改变。如果熟悉 C++就能很快将它转换成 Java。另一方面，Java 的开发包很小，基本的解释器以及类支持仅 40 KB，再加上基础的标准类库和对线程的支持也只大约需要增加 175 KB。

### 1.2.2　面向对象

Java 面向对象的特性与 C++旗鼓相当，但两者主要的不同点在于多继承。在 Java 中，取而代之的是简单的接口概念，以及 Java 的元类模型、反射机制。对象序列化特性使得 Java 更容易拥有持久对象并进行 GUI 构建。

### 1.2.3　可移植性

在 Java 中数据类型具有固定的大小，这是消除代码移植时的主要问题。二进制数据以固定的格式存储和传输，消除了字节顺序的困扰。字符串是用标准的 Unicode 格式存储的。Java 语言的可移植性使得编写的应用程序可在任何平台上良好运行，体现了 Java 语言"一次编译，到处运行"的优点。

### 1.2.4　安全性

Java 语言对网络提供了强有力的支持，这就不得不考虑网络安全的问题。网络上的应用程序必须具有较高的安全性和可靠性，Java 特有的 Sandbox 机制是其安全性的保障；同时它删除了 C++语言中复杂而且容易造成错误的指针，保证了 Java 程序运行的安全可靠。Java 小程序 Applet 在浏览器中运行时，语言功能受限于浏览器本身，这使得 Applet 对用户是安全的。同时，许多安全特性相继地加入 Java 中，比如 Java 中的数字签名类，通过它可以确定类的作者。如果信任该类的作者，这个类就可以在用户的机器上拥有更多的权限。

### 1.2.5　虚拟机 JVM

JVM 是 Java Virtual Machine 的缩写，即 Java 虚拟机。事实上它并非一种机器，而是一种运行 Java 程序的软件实现，是虚拟的机器。通常，Windows 应用程序只能在 Windows 平台上运行，Linux 应用程序只能在 Linux 平台上运行。前面说过，Java 程序与平台无关，它直接在JVM中运行,如图1-1所示。

运行Java程序,必须首先安装JVM。事实上,每个平台需要安装不同版本的JVM,比如OS/2、Windows、Linux、UNIX等不同版本的JVM。

Java语言使用JVM屏蔽了与具体平台相关的信息,使得Java语言编译程序只需生成能够在JVM上运行的目标代码即字节码,就可以在不同平台上不加修改地运行。JVM在执行字节码时,将其解释成具体平台上的机器指令执行。图1-2为Java虚拟机的运行过程。

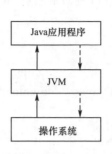

图1-1　JVM充当Java程序与系统平台的桥梁

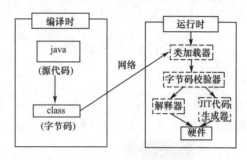

图1-2　Java虚拟机的运行过程

字节码的执行需要经过以下过程:首先,由类加载器负责把类文件加载到JVM中,在此过程中需要检验该类文件是否符合类文件规范。其次,字节码校验器检查该类文件的代码中是否存在某些非法操作。如果校验通过,由Java解释器负责把类文件解释成为机器码进行执行。JVM采用的是"沙箱"运行模式,把Java程序的代码和数据都限制在一定内存空间里执行。

### 1.2.6　多线程

多线程可以带来更好的交互响应和实时行为。我们可以把线程看作是进程中的小进程。可以在一个程序中同时运行多个不同的小程序,像是多个程序同时在一个程序中运行一样。Java把多线程的实现交给了底层的操作系统或线程库来完成。因此多线程是Java成为有魅力的服务器端开发语言的主要原因之一。

### 1.2.7　动态性

当需要将某些代码添加到正在运行的程序中时,动态性将是非常重要的。目前,Java的版本允许程序员了解对象的结构和行为,这对于必须在运行时分析对象的系统来说非常有用。这些系统有:Java GUI构建器、智能调试器、可插入组件以及对象数据库。

### 1.2.8　垃圾回收机制

Java语言提供了垃圾回收机制,用来自动回收内存垃圾。这使得程序设计人员在编写Java程序时不必特别考虑内存管理的问题。在程序设计中,会出现内存垃圾,自动垃圾回收功能将这些垃圾回收,并释放相应的内存。

## 1.3　Java 程序运行环境的配置与使用

要运行 Java 程序，只需下载一个 JDK 开发工具包就可以。JDK 开发工具包中包含完整的 JRE(Java Runtime Environment，Java 运行环境)、各种类库和示例程序。JDK 是 Java 程序员最初使用的开发环境，由一个标准类库和一组可用于建立、测试 Java 程序及创建文档的实用工具组成，其核心是 Java API，它包含一些重要的语言结构以及基本图形、网络和文件 I/O。

### 1.3.1　安装 Java 开发环境

**1. 下载 JDK**

访问网址 http://www.oracle.com/technetwork/java/javase/downloads/index.html 下载最新版本的 JDK。如图 1-3 所示。

图 1-3　下载 JDK 选择页面

单击 JDK DOWNLOAD 按钮后进入选择页面，如图 1-4 所示。

在下载窗口中，选择对应的操作系统版本，直接单击相应版本的 Download 链接就可以下载。这里下载的是 Windows 64 位版本的 JDK 安装文件。下载完毕后可以看到一个名为 jdk-8u40-windows-i586.exe 文件。

**2. 安装 JDK**

在本地磁盘找到下载的安装文件，具体安装步骤如下：

（1）双击打开 jdk-8u40-windows-i586.exe 文件，打开"许可协议"对话框，单击"接受"按钮，打开"定制安装"对话框。

（2）根据自己的需要，更改安装路径和组件，此处演示将 JDK 安装到 D:\Java\jdk1.8.0_05\目录下，并安装所有的组件，如图 1-5 所示。

（3）设置完成后，单击"下一步"按钮开始进行安装。

（4）JDK 类库安装完成后，会提示安装 JRE 运行环境。用户可以根据自己的需要选择安

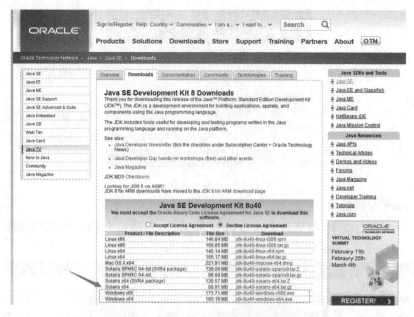

图 1-4　下载适合操作系统的 JDK 页面

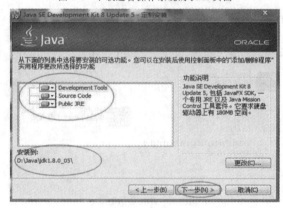

图 1-5　"定制安装"对话框

装的路径。单击"下一步"按钮，开始安装 JRE，设置安装目录为 D:\Java\jre8\，如图 1-6 所示。

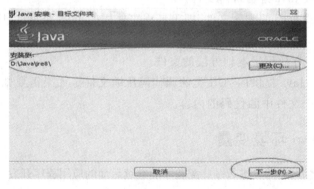

图 1-6　安装 JRE 运行环境

（5）安装成功后显示如图 1-7 所示对话框。单击"关闭"按钮，结束安装过程。

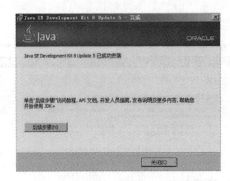

图 1-7 安装 JDK 成功

**3. 了解 Java 安装目录**

在学习 Java 的过程中，需要经常查看 Java 源文件，当然也会频繁地使用类库文档。JDK 安装成功后，打开安装目录，如图 1-8 所示。

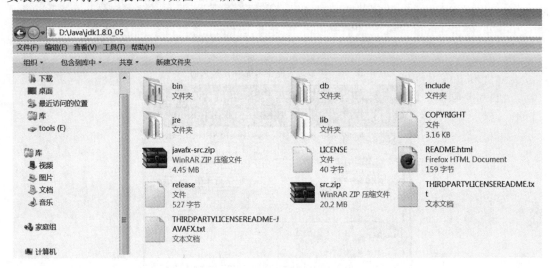

图 1-8 JDK 安装目录

从上图可知，JDK 安装目录具有以下多个目录和一些网页文件：

（1）bin 目录：提供 JDK 工具程序，包括 javac、java、javadoc、appletviewer 等可执行程序。

（2）jre 目录：存放 Java 运行环境文件。

（3）lib 目录：存放 Java 的类库文件，即工具程序使用的 Java 类库。JDK 中的工具程序大多由 Java 编写而成。

（4）include 目录：存放用于本地方法的文件。

（5）src.zip 文件：Java 提供的 API 类的源代码压缩文件。如果需要知道 API 的某些类如何实现，可以查看这个文件中源代码的内容。

## 1.3.2 配置 Java 环境变量

在安装好 JDK 之后，还需要进行一些配置才能继续后面的应用程序开发。具体配置步骤如下：

（1）在 Windows 桌面上，右击"我的电脑"图标，从弹出的菜单中选择"属性"命令，弹出"系统 属性"对话框。

（2）在"系统 属性"对话框中，选择"高级"选项卡，单击"环境变量"按钮，弹出"环境变量"

对话框。

(3)在"环境变量"对话框的"系统变量"选项区域中,选中变量path,单击"编辑"按钮,在弹出的"编辑系统变量"对话框中,加入"D:\java\jdk1.8.0_05\bin;"(即JDK bin目录所在路径,注意路径后需要加";"),如图1-9所示。

图1-9　配置path变量

(4)按照同样的方式编辑系统变量,变量值为:

．；D:\java\jdk1.8.0_05\lib\dt.jar;D:\java\jdk1.8.0_05\lib\tools.jar;

**注意:** 这是三个参数,第一个参数为".",参数间用分号间隔。

(5)这样就完成了JDK在Windows XP/2000/2003操作系统上的安装与配置。path变量必须要进行配置。classpath环境变量一般情况下不需要设置,只有在计算机上安装了其他的Java开发工具时,才需要配置。

为了检查JDK是否配置成功,可以打开命令提示符窗口,输入"java -version"命令。如果配置成功,会出现当前JDK的版本号,如图1-10所示。

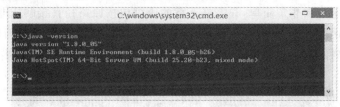

图1-10　测试JDK是否成功

## 1.3.3　使用命令行工具

在使用命令行工具之前,读者必须先配置好环境变量。下面向读者演示如何编写第一个Java应用程序。

打开记事本,在"D:\目录"下创建"HelloWorld.java"文件,其代码如下:

```
public class HelloWorld {
    public static void main(String []args) {
        System.out.println("欢迎来到Java世界...");
    }
}
```

首先选择"开始"|"运行"命令,输入cmd命令,切换路径至"D:\";然后输入"javac HelloWorld.java",编译程序,编译成功后无结果输出;接着输入"java HelloWorld",运行程序,输出结果如图1-11所示。

祝贺你,已经成功地编译并运行了自己的第一个Java程序。

```
C:\Documents and Settings\Administrator>d:
D:\>javac HelloWorld.java
D:\>java HelloWorld
欢迎来到Java世界...
D:\>
```

图 1-11　第一个 Java 程序运行结果

### 1.3.4　使用集成开发环境

　　Java 作为一门流行的网络语言，相应的图形化工具很多，比较著名的有 IBM 公司的 Eclipse、Sun 公司的 NetBeans 和 Borland 公司的 JBuilder 等。IBM 的 Eclipse 以其开源和可扩展的优点深受广大程序员的喜爱。

　　本节将介绍 Eclipse 的安装与使用。

**1. Eclipse 概述**

　　Eclipse 是一个开放源代码的、基于 Java 的可扩展开发平台。就其本身而言，它只是一个框架和一组服务，用于通过插件组件构建开发环境。它专注于为高度集成的工具开发提供一个全功能的、具有商业品质的工业平台，主要由 Eclipse 项目、Eclipse 工具项目和 Eclipse 技术项目三个项目组成。

**2. Eclipse 的获取与安装**

　　Eclipse 是一个开放源代码的项目，可以到其官方网站 www.eclipse.org 上免费下载 Eclipse 的最新版本。本书所使用的 Eclipse 为 Windows 平台下的 Eclipse 3.5 版本。

　　安装 Eclipse 的步骤非常简单，只需将下载的压缩包按原路径直接解压即可。如果有新的版本，需要先删除旧的版本，再重新安装，不能直接解压到原有的路径覆盖旧版本。解压后，可以到相应的安装路径下找到"Eclipse.exe"文件，双击运行，启动 Eclipse，会出现如图 1-12 所示界面。

图 1-12　Eclipse 启动界面

　　随后出现一个如图 1-13 所示的选择工作区路径对话框。Eclipse 会将所有文件存放在工作区指定的路径下。

　　确定工作区路径后单击"OK"按钮，打开如图 1-14 所示的欢迎界面。如果未安装 JDK 就启动 Eclipse，系统会报告相应的错误信息，提示用户先安装 JDK，正确配置后再重新启动。

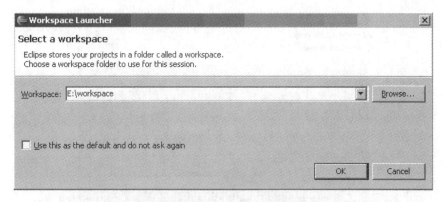

图 1-13　Eclipse 选择工作区路径

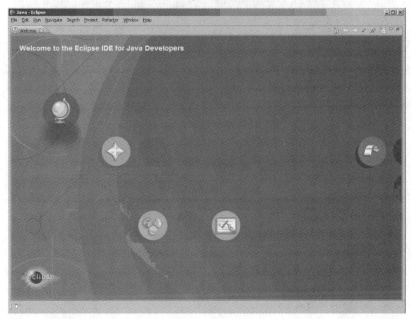

图 1-14　Eclipse 欢迎界面

在 Eclipse 界面的菜单栏上，选择"Help"｜"Software updates"｜"Find and Install"选项。读者可以按要求执行相应的操作来实现 Eclipse 的更新。

**3. Eclipse 开发 Java 程序**

使用 Eclipse 开发 Java 程序非常简单。首先创建相应的 Java 项目，然后创建 Java 源文件即可。下面演示创建一个 Java 项目，在里面创建一个类，输出"使用 Eclipse 开发 Java 程序"字符串。

选择"File"｜"New"｜"Java Project"命令，弹出如图 1-15 所示的窗口。

在"Project name"文本框中输入项目名称"HelloWorld"。窗口下面的信息主要是用来显示项目的路径。使用的 JRE 环境以及项目布局，采用默认选项即可。输入项目名称后单击"Next"按钮，显示如图 1-16 所示窗口。

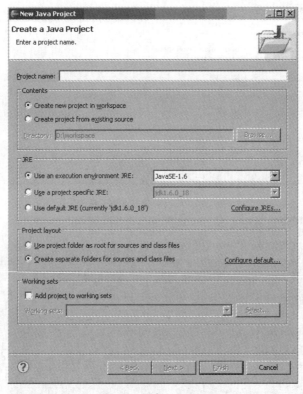

图 1-15 新建 Java 项目

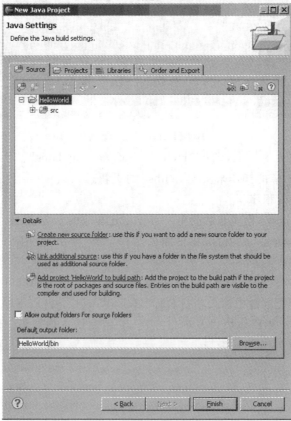

图 1-16 Java 项目设置

在该窗口中,可以对 Java 项目进行设置。如设置该项目需要添加的项目、需要额外引入的类库文件等。直接单击"Finish"按钮,Eclipse 就会自动创建一个 HelloWorld 项目,如图 1-17 所示。

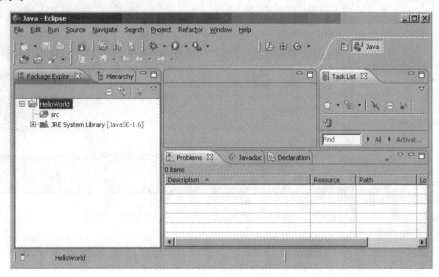

图 1-17　项目创建完成

项目创建完成后,就可以直接在该项目中创建文件。选择"File"|"New"|"Class"命令,或者右击"HelloWorld",在弹出的菜单中选择"New"|"Class"选项,弹出如图 1-18 所示的窗口。

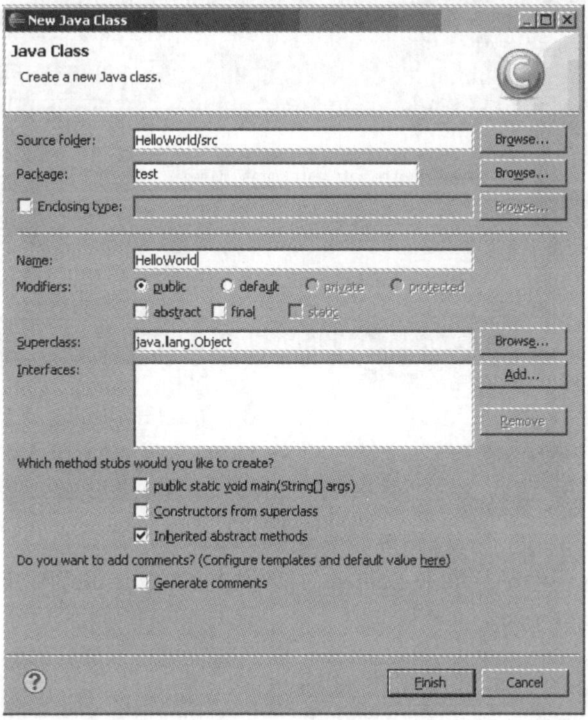

图 1-18　Java 类创建窗口

在该窗口中的"Package"文本框中,输入该类所在包的名称。该名称一般为小写字母,如果输入的是大写字母,或没有输入,就会弹出提示消息。在"Name"文本框中输入要创建的类的名称。该名称第一个字母必须是大写。配置包名与类名后,单击"Finish"按钮,弹出如图 1-19 所示窗口。

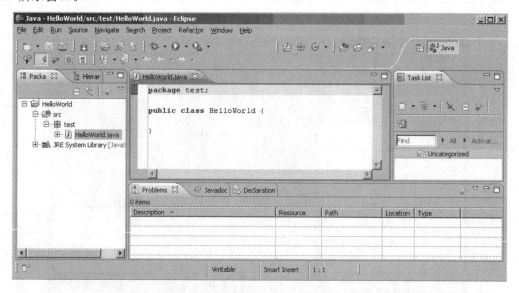

图 1-19 Eclipse 编辑程序窗口

现在,可以在 Eclipse 平台上编辑 Java 程序。在输入程序代码时我们注意到,Eclipse 编辑器提供了一些特性,包括语法检查和代码自动提示功能。编辑完成后,结果如图 1-20 所示。

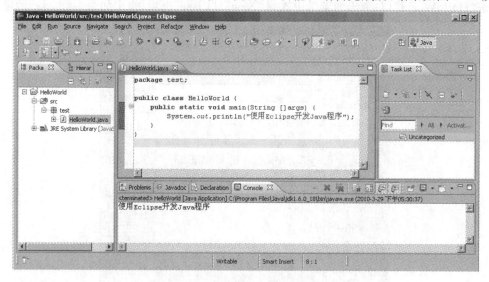

图 1-20 程序编辑窗口

编辑完成后,运行该程序。单击 Eclipse 工具栏上的"Console"图标,会在 Eclipse 控制台显示程序结果,如图 1-21 所示。

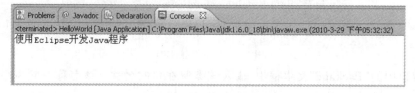

图 1-21 程序结果显示窗口

在 Java 应用程序中,经常可以看见 main(String args[])方法中带有参数,例如:
```
public class test {
    public static void main(String[] args) {
        System.out.println(args[0]+args[1]);
    }
}
```
这里的参数 args 是一维字符串数组(相关内容会在后面章节涉及),执行方式有两种:

(1)命令行环境下,命令内容为:

Java test "Hello","World"

(2)在 Eclipse 集成开发环境下,通过右击程序,选择"RUN As"|"Run Configurations"选项,通过 Run/Open Run Dialog…/(x)=Arguments 来设置参数,注意一个参数要占一行位置。如图 1-22 所示。

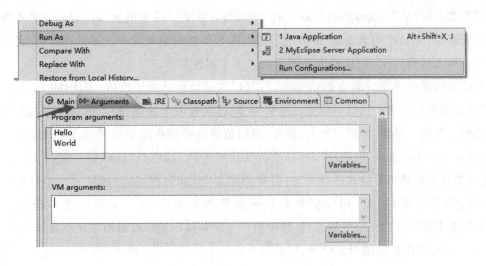

图 1-22　Eclipse 中设置命令行参数

上述两种执行方式输出的效果均为"Hello World"。

## 1.4　Java 应用程序的结构

Java 应用程序中一定包含 main()方法,它是程序的入口,由 Java 解释器加载、执行。前面介绍的"HelloWorld.java"就属于这种类型。为加深读者的印象,这里再给出一个计算平方的应用程序:

```
import javax.swing.JOptionPane; //导入所需要的类
public class SquareDemo { //定义主类
    public static void main(String args[]) {
        // 建立输入对话框来输入数据(字符串)
        String s = JOptionPane.showInputDialog("请输入一个数:");
        double d = Double.parseDouble(s); // 将数据(字符串)转换为数值型
```

double result = d * d;//计算结果
// 创建消息对话框来输出结果
JOptionPane.showMessageDialog(null，s + "的平方是:" + result);
    }
}

程序运行结果如图 1-23、图 1-24 所示。

图 1-23  输入数据的对话框　　　　图 1-24  输出结果的对话框

现在，我们来分析一下 Java 应用程序的基本结构。

从第 2 行代码可知，上述程序是一个类文件，Java 程序就是由一个或多个类组成的。"class"是类关键字，"SquareDemo"是类的名称，类名首字母通常要大写。有关命名规则将在第 2 章介绍。"public"的意思是"公共的"，这表明其所修饰的类或方法可以在外部直接调用。类体用一对大括号"{ }"括住，在其中可以定义多个属性和方法。

类的方法要有名字并带有圆括号"()"，"()"内可以包括若干参数，方法体也是用"{ }"括住，方法名前要指定方法执行后数据的返回类型、访问权限等修饰符，类的功能是通过它的众多方法来实现的。通常，类的方法名、参数、返回值类型等是由用户根据需要来决定的。但在主类（即具有 public 权限的类）中，有一个方法比较特殊，那就是"main()"，它是应用程序入口，理所当然要对其书写格式进行规定：名称固定为"main"（注：Java 是区分大小写的），参数为"String"（字符串）数组（用"[ ]"标识），返回值类型为"void"（无返回值），访问权限为"public"（公共的），用"static"（静态）修饰说明该方法是属于类所有而不依赖于具体对象。

一个 Java 程序可以包含多个类，但是只允许一个 public 类（即主类）存在，这个程序所对应的主文件名必须与主类名相同（包括大小写），扩展名为 java。所以，上述程序必须以 SquareDemo.java 命名，否则编译时出错，无法正常运行。

## 1.5　API 文档的下载、安装与使用

Java 语言提供了一个功能强大的类库供编程人员使用，为了让程序员熟悉某个类或接口的内容，可以查看 Java API（Application Programming Interface，应用程序编程接口）文档，相当于"字典"。Java API 文档按包组织，包括：类层次描述、类功能描述和字段、构造方法、方法等的摘要及详细信息等内容，通过链接可以快速查找到相关信息。

可以从 Oracle 的官网下载 API 文档，下载网址为：http://docs.oracle.com/javase/8/docs/api/。界面如图 1-25 所示。

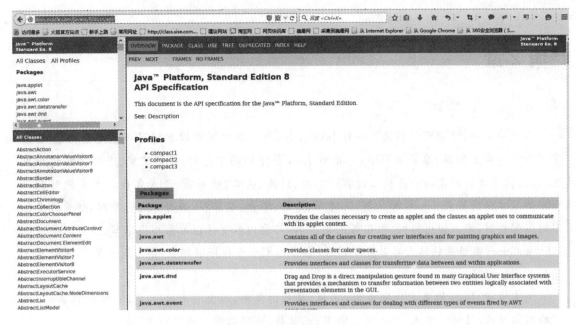

图 1-25 API 界面

## 本章小结

  Java 语言从诞生到现在近二十年时间，随着 Internet 的迅猛发展，Java 已成为当今软件开发的主流语言之一，JDK 从 1.0 发展到了 8.0（也有人称为 1.8）。Java 之所以如此受青睐，源于其先进的设计理念和诸多特点，如：简单、安全、面向对象、多线程、跨平台、分布式、动态性、垃圾自动回收机制等。

  可使用普通的文本编辑器（如记事本、写字板等）来编写 Java 程序，专业的开发工具效率更高。Java 程序的编译、运行需要安装相应的环境。JDK 功能强大，支持程序的编译、运行（JRE 只支持 Java 程序的运行）。JDK 的下载、安装比较简单，通常要配置"classpath""path"等环境变量。在命令行环境中使用 javac 命令可编译 Java 程序，使用 java 命令可运行应用程序，使用 appletviewer 可运行小应用程序。Eclipse 是 Java 开发的常用工具，它集编辑、编译、运行于一体，并提供多功能的图形界面。熟悉 Eclipse 的使用，是必要、有益的。

  本章的重点是 Java 语言的特点、程序运行环境的配置与使用、程序的基本结构及 Java API 文档的使用。难点是对 Java 运行机制、相关概念与语句的理解和熟悉。本章只要求掌握基本内容，更多知识的学习依赖于后续章节。

# 第 2 章 Java编程基础

在上一章中,读者已经初识了一些Java程序,但是现在要求读者编写一个完整的Java程序可能还存在着困难,原因有两个:一是对Java程序的基本结构、语句组成、书写格式还不熟悉;二是关于面向对象的一些核心内容(如:类、对象、接口、继承等)尚未掌握。本章先对Java程序的基本组成要素——数据类型、关键字、变量、常量、运算符、语句等进行介绍,然后讲授程序的流程控制、输入输出格式、数组等基础知识,其他内容安排在后面相应章节。

有C++编程基础的人可以发现,Java程序与C++程序很相似,学习时只要注意两者之间的不同点即可。

本章重点:Java的基本数据类型,变量、常量的使用,运算符与表达式,流程控制语句,程序的基本结构,数组。难点:基本数据类型,运算符,常用的输入输出格式,数组。

● 学习目标

- 熟悉Java的基本数据类型;
- 熟悉Java的关键字、标识符的命名规则,掌握常量、变量的使用方法;
- 熟悉Java的运算符,理解表达式、语句的构成;
- 掌握Java程序的流程控制;
- 熟悉Java程序的基本结构及常用输入输出格式;
- 掌握Java数组的声明、创建和使用。

## 2.1 Java的数据类型

Java是一种强类型语言,也就是说,Java程序中对变量要先声明其数据类型,才能使用。Java的数据类型可分为基本数据类型和引用数据类型两大类,具体如下:

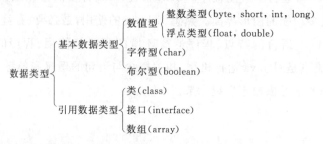

### 2.1.1 基本数据类型

Java定义了四大类、八种基本数据类型,见表2-1,这些数据类型具有如下特点:

(1)每一种类型所占的字节数都是确定的,不会因为操作系统的不同而变化;

(2) 基本数据类型的关键字都是小写。

表 2-1　　　　　　　基本数据类型对应的关键字、长度及取值范围

| 类型名称 | 关键字 | 占用字节及位数 | 数值范围 |
| --- | --- | --- | --- |
| 字节型 | byte | 1 字节（即 8 位） | $-2^7 \sim 2^7-1$（即：$-128 \sim 127$） |
| 短整型 | short | 2 字节（即 16 位） | $-2^{15} \sim 2^{15}-1$（即：$-32\,768 \sim 32\,767$） |
| 整型 | int | 4 字节（即 32 位） | $-2^{31} \sim 2^{31}-1$（即：$-21$ 亿 $\sim 21$ 亿） |
| 长整型 | long | 8 字节（即 64 位） | $-2^{63} \sim 2^{63}-1$（即：$-922$ 亿亿 $\sim 922$ 亿亿） |
| 单精度浮点数 | float | 4 字节（即 32 位） | 绝对值：$1.4e-45 \sim 3.4e+38$ |
| 双精度浮点数 | double | 8 字节（即 64 位） | 绝对值：$4.9e-324 \sim 1.8e+308$ |
| 字符型 | char | 2 字节（即 16 位） | $0 \sim 2^{16}-1$（即 $0 \sim 65\,535$） |
| 布尔型 | boolean | 1 字节（即 8 位） | true 和 false |

1. 整数类型（byte、short、int、long），表示无小数部分的数字，包括正整数、零、负整数。

int 类型最常用，可表示一般的整数；byte 类型和 short 类型主要用于特定的场合，如：底层文件处理、节省存储空间。当整数的数值较大时可考虑使用 long 类型，如计算整数的阶乘数、统计全世界的人口数等。使用整数时要注意的是数值大小不能超出该类型的取值范围，否则出错。

在使用 long 型常数时，应在数值后加上一个 L（或 l）字符，例如：100L，这样就能与整型区分开来。

整数除了可以用十进制数表示外，还可以用八进制数或十六进制数表示。八进制数以 0 开头（如：017），十六进制数则是用 0x 或 0X 作为前缀（如：0x11099，0XFF）。x 可以大写，也可以小写。

2. 浮点类型（float、double），表示有小数部分的数字。

浮点数的内部表示要符合 IEEE754 规范。float 类型的有效数字为 7 位；double 类型的有效数字是 15 位，其精度为 float 类型的两倍，故又称为双精度浮点数，表示的数值范围也要比 float 大得多。

float 类型常数需要在尾部加 F 或 f 来标识，double 类型常数则可以在尾部加上 D（或 d）或不加任何标识，因为 double 是系统默认的浮点数类型。

float 和 double 都可以用定点数或指数表示，例如：123.456f 和 1.23456D，1.23456e2f 和 1.23456e2D（其中：e2 代表 10 的 2 次方）。

3. 字符型（char），用来表示通常意义上字符、文本。

字符常量是用单引号引起来的一个字符，例如：char c1 = 'A'，c2='大'。特别需要指出的是，用双引号括住的，如"A"和"大"不是字符型而是字符串，即 String 类型，这属于引用类型（即对象类型）范畴，相关知识将会在第 4 章详细介绍。

Java 中的字符采用 Unicode 编码，每个字符占 2 个字节，最多可容纳 65\,536 个字符（这对于全世界的现有文字来说足够用了），编码从 0 到 65\,535，用十六进制表示即为：\u0000～\uFFFF（其中 u 是前缀）。Unicode 码与我们常用的 ASCII 码兼容，例如：char c1 = '\u0041'，表示的就是'A'。

要了解一个字符在 Unicode 表中的顺序，可以将它转换为 int 类型，再输出（以十进制方式显示）；反过来，也可将一个 int 类型的数转换为 char 类型并显示出来，如例 2.1 所示。

**例 2.1** char 类型与 int 类型相互转换。代码如下：

```
public class UnicodeTest {
    public static void main(String args[]) {
        char c = '大';
        System.out.println("\'" + c + "\'的 Unicode 编码:" + (int) c);
        int num = 23398;
        System.out.println("Unicode 编码为" + num + "的字符是:\'" + (char) num + "\'");
    }
}
```

程序运行结果：

'大'的 Unicode 编码:22823

Unicode 编码为 23398 的字符是:'学'

字符型还有一种常用方式就是转义字符，用来改变一些字符的原有含义，以实现特定的功能。格式为：'\特殊字符'，常用的转义字符见表 2-2(与 C++类似)。

表 2-2  常用转义字符及其功能

| 转义字符 | 功能 | 转义字符 | 功能 |
| --- | --- | --- | --- |
| \' | 输出单引号' | \" | 输出双引号" |
| \\ | 输出反斜杠\ | \b | 退格(backspace) |
| \n | 换行(new line) | \r | 回车(carriage return),光标移至当前行开始 |
| \t | 光标移至下一个制表位(tab) | | |

4. 布尔型(boolean)，表示逻辑判断的"真""假"。

只能取 true、false 两个值中的一个，一般用于程序流程控制。

**注意**：不要将"true"写成"ture"。

需要提醒的是：与 C++不同，Java 中的整数、浮点数不能与布尔值相互转换，当然也不能用 0 或非 0 的整数来替代 false 或 true。这一点初学者容易犯错误。

### 2.1.2 数据类型的转换

如果是两种相容的数据类型(如同为数值型)，则它们之间可以进行转换。转换的方式有两种：

1. 自动类型转换：从取值范围小的类型向取值范围大的类型转换(如：byte,short,char→int→long→float→double)，这种转换是自动进行的，如：float f=10。

2. 强制类型转换：从取值范围大的类型向取值范围小的类型转换，需要进行强制转换。

格式：目标数据类型 变量=(目标数据类型) 值；

例如：byte b = (byte)257；转换过程中数据有可能损失精度。

**注意**：布尔型不能与其他类型进行转换。

### 2.1.3 引用数据类型

类、接口、数组属于引用类型(即对象类型)，它们具有不同于基本数据类型的特征，基本类型的数据存放在计算机内存的"栈"中，对象类型的数据存放在"堆"中。其中，数组内容将在本章最后一节讲述,类和接口是面向对象编程的重要内容,将分别在第 3 章、第 6 章介绍。

"万物皆对象"是 Java 的一个重要观点,前面介绍的八种基本数据类型是不能用作"对象"来处理的,但可将它们转换为对应的对象类型,即:Byte、Short、Integer、Long、Float、Double、Character、Boolean,它们被称为基本类型的包装类(你是否发现它们的命名规律?)。这些类中的大多数都定义了 MIN_VALUE 和 MAX_VALUE 来表示对应的基本类型的数值范围。此外,还定义了许多有用的方法,如有兴趣可以查阅 Java API 文档。

## 2.2 Java 的关键字、标识符、常量和变量

### 2.2.1 关键字

关键字又称保留字,是语言中具有特定含义的单词,用户在编写程序时只能按系统规定的方式来使用它们。Java 中的关键字有 50 个,按用途可划分为几个组别。

(1)标识数据类型、对象:boolean、byte、char、double、false、float、int、long、new、null、short、true、void、instanceof;

(2)语句控制:break、case、catch、continue、default、do、else、for、if、return、switch、try、while、finally、throw;

(3)修饰功能:this、super、abstract、final、native、private、protected、public、static、synchronized、transient、volatile;

(4)类、接口、方法、包和异常等的声明,定义要求:class、extends、implements、interface、package、import、throws。

**注意**:goto、const 是 Java 保留尚未使用的两个关键字,不能用作标识符。

对于这些关键字不必死记硬背,只要理解了它们的含义,在学习中多加注意,自然而然就掌握了。

### 2.2.2 标识符

Java 中的包名、类名、接口名、方法名、对象名、常量名、变量名等统称为标识符。

Java 语言规定:标识符必须是以字母(严格区分大小写)、下划线(_)、美元符号($)开头,后续字符除了这三类之外,还可以是数字及 Unicode 字符集中序号大于 0xC0 的所有符号(包括中文字符、日文字符、韩文字符、阿拉伯字符等),但是关键字不能单独作为标识符,仅可作为标识符的一部分。

问题:以下组合中,哪些是合法的标识符?

(A)%abcd  (B)$abcd  (C)0abcd  (D)null  (E)_name  (F)年龄

答案:(B)、(D)、(E)是合法的标识符(请说明其中的理由)。

在 Java 中,有一些约定俗成的命名规则,熟知并使用这些规则有助于读懂别人的程序,并让自己的程序更规范、大方:

1. 包名通常为小写,如:java.lang、java.io;
2. 类名、接口名的首字母都为大写,如:System、Math;
3. 方法名的第一个字母通常是小写,如:main()、print()、println();

4. 当类名、接口名、方法名由多个单词构成时,后面各单词的首字母通常大写,如:StringBuffer、FileNotFoundException、DataInput、toUpperCase()。

5. 用户声明的变量名、一个类的对象名通常为小写,如:str、temp。

### 2.2.3 常量

顾名思义,常量是指在程序运行过程中,其值保持不变的量。常量除了前面说过的数值常量、字符常量、布尔常量之外,有时还可以用符号常量来表示。符号常量要使用关键字 final 来定义。

格式:final 数据类型 常量名=值

例如:final double PI=3.1415926

按照 Java 编程规范要求,符号常量名通常为大写,且多个单词之间用下划线连接。如果是类常量,还要在数据类型前加上 static 关键字。查阅 Java API 文档,你会发现许多类的符号常量都是用这种方式来命名的。

常量的调用格式是:类名.常量名

**例 2.2** 显示类的静态常量(通过"类名.常量名"方式来访问)。代码如下:

```java
public class MinMaxValueTest {
    public static void main(String args[]) {
        System.out.println("int 型的最小值:" + Integer.MIN_VALUE);
        System.out.println("int 型的最大值:" + Integer.MAX_VALUE);
        System.out.println("int 型数据所占位数:" + Integer.SIZE);
    }
}
```

程序运行结果:

int 型的最小值:-2147483648

int 型的最大值:2147483647

int 型数据所占位数:32

### 2.2.4 变量

与常量不同,变量是指程序运行过程中,其值是可以改变的量。变量包括变量名和变量值两部分,变量名起标识作用,变量值是计算机内存单元存放的具体内容。我们常用"铁打的营盘流水的兵"来形容部队的建制特点,这里的变量名相当于"铁打的营盘",是不变部分;变量值类似"流动的兵",是可变部分。变量是程序的重要组成部分,应熟练掌握。

**1. 变量的声明**

Java 中的变量遵循"先声明,再使用"的原则,通过声明来指定变量的数据类型和名称,变量的值可以在后续语句中赋予或改变。声明格式:

数据类型 变量名;

或

数据类型 变量名 1,…,变量名 k;

例如:double salary;

boolean done;

String 姓名；
　　int studentNumber, peopleNumber；

从程序的可读性角度来看，不建议将多个变量的声明写在同一行上。

**2. 变量的赋值**

给变量赋值前，首先要检查赋值号两端的数据类型是否一致。当类型不一致时，如果符合类型自动转换条件，则赋值自动完成；否则，必须进行强制类型转换，不然会造成编译错误。

**3. 变量的分类**

依据的标准不同，变量分类的结果也不一样。这里主要按变量的作用范围来分类。全局变量是指在类中声明的类或对象的成员，称为成员变量，其作用范围是整个类；局部变量是指在一个方法或一个方法的程序块中声明的变量，亦称为本地变量，它的作用域就是该方法或对应的程序块内。

**例 2.3**　全局变量与局部变量的比较。代码如下：

```
public class VariableTest {
    static int a = 10; // 全局变量,属于类所有,可直接使用
    int b; // 全局变量,属于对象所有,需要实例化后再使用
    public void print() {//方法
        b = 20;
        System.out.println("在 print()中,全局变量 a = " + a + ",b = " + b);
        int c = 30;// 局部变量
        System.out.println("在 print()中,局部变量 c = " + c);
    }
    public static void main(String[] args) {
        System.out.println("全局变量 a = " + a);// 直接使用
        //System.out.println("全局变量 b = " +b);错误:对象变量在实例化前不能使用
        VariableTest v = new VariableTest();//对象实例化
        System.out.println("全局变量 b = " + v.b);// 正确:对象变量在实例化后使用
        v.print();//调用方法
        System.out.println("变化后变量 b = " + v.b);
        //System.out.println("局部变量 c = " +v.c);错误:局部变量超出其作用范围
    }
}
```

程序运行结果：

a=10
b=0
在 print()中,全局变量 a=10,b=20
在 print()中,局部变量 c=30
变化后变量 b=20

**4. 变量的初始化**：将变量的声明与赋值"合二为一"

格式：数据类型 变量名 = 值；

或

数据类型 变量名1 = 值1,…,变量名k = 值k；

例如:int sum = 0;
实践中,大家对于"变量的初始化"问题可能会有一些困惑,现总结为以下两点:
(1)全局变量(即成员变量)如果不初始化,则取默认值。各种类型的默认值见表2-3:

表 2-3　　　　基本类型、引用类型的默认值

| 变量类型 | 默认值 | 变量类型 | 默认值 | 变量类型 | 默认值 |
| --- | --- | --- | --- | --- | --- |
| byte | 0 | short | 0 | int | 0 |
| long | 0L | float | 0.0f | double | 0.0 |
| char | '\u000' | boolean | false | 引用类型 | null |

(2)局部变量(即本地变量)必须初始化,否则将出错。

## 2.3　Java 的运算符、表达式及语句

### 2.3.1　运算符

运算符是连接操作数的符号,根据操作数个数的不同,运算符可分为:单目运算符、双目运算符和三目运算符(仅有条件运算符一个)。下面按照功能的不同分类介绍这些运算符:

**1. 算术运算符(＋、－、＊、/和％)**

算术运算符所实现的功能与数学中的运算符差不多,这里着重介绍两个"特殊"的运算符:
(1)"/"进行的是除法运算,运算结果与操作数的类型有关:当操作数为整数时,执行的是除法取整运算,结果仍为整数,例如:5/2 的结果为 2;当操作数为浮点数时,则是通常意义上的除法,例如:5.0/2.0 的结果为 2.5。(2)"％"完成的是取模运算,即求余数,例如:5％2 的结果为 1。这可用来判断整数的奇偶性。

**2. 自增(自减)运算符(＋＋、－－)**

自增(自减)运算符均为单目运算符,功能是让操作数的值增 1(或减 1),在循环语句中常用来修改循环变量的值,以控制循环次数。按照运算符的位置不同,又可细分为前缀、后缀两种形式,它们的功能不尽相同,现用两个赋值表达式来说明它们的差异,设 x、y 是两个数值变量,那么:
(1)y＝＋＋x(或 y＝－－x):表示先让 x 的值增 1(或减 1),再获取 x 的值。
(2)y＝x＋＋(或 y＝x－－):表示先获取 x 的值,再让 x 的值增 1(或减 1)。
从上不难看出,无论是前缀形式还是后缀形式,x 的最终结果都是一样,但是 y 值则不同。

**3. 关系运算符(＞、＞＝、＜、＜＝、＝＝、！＝)**

关系运算符的含义与数学中的关系运算符相同,但是要注意书写方法的差异,不能将＝＝写成＝。若运算结果为 boolean 型,只能是 true 或 false,主要用来进行条件判断或循环控制。仔细分析,可以发现有三组关系式:＜和＞＝、＞和＜＝、＝＝和！＝,每对中的两个运算符都是互为相反结果的运算,当其中的一个值为 true 时,另一个运算结果必定为 false。清楚了这些关系,在构造条件表达式时,就能针对同一问题,使用两种不同的表达式,达到"异曲同工"的效果。

**4. 逻辑运算符(!、＆＆、||)**

这三个运算符的操作数都是 boolean 型,其运算结果也为 boolean 型。

(1) 单目运算符!(非)的运算规则是:!true 即为 false,!false 则是 true;
(2) 双目运算符&&(与)的运算规则是:只有同时为 true 时,结果才为 true;
(3) 双目运算符||(或)的运算规则是:只有同时为 false 时,结果才为 false。

它们的运算优先级依次为:!、&&、||(或)。这里,再给出几个等式,请思考:这些等式为什么成立。

!! a==a;　!(a&&b)==! a||! b;　!(a||b)==! a&&! b

现在讨论一下使用&&、||运算符时可能出现的"短路"现象:

在形如:□&& □&& □&& …的表达式中,只要前面有一个表达式□的值为 false,则整个表达式的值就为 false,此后各表达式不再计算,因为它们的值无论是 true 还是 false,都不会影响整个表达式的运算结果。类似的,在形如:□|| □|| □|| …的表达式中,只要前面有一个表达式□的值为 true,则整个表达式的值也就为 true,后面各表达式的值也不必再计算,因为后续表达式的值同样不会影响整个表达式的运算结果。

"短路"现象带来的直接后果是有些后续表达式没有进行运算,要避免这种情况的发生,可使用位运算符&、|来取代&&、||。

很多时候,大家都会认为构造逻辑表达式是一件困难的事情,不知从何入手。这里,仅举两个例子来说明逻辑表达式的构造过程,或许你能从中得到一些启示。

**例 A**:设 ch 是一字符,要求写出"ch 是英文字母或数字"的逻辑表达式。

分析:依据题意,ch 可以是大写字母,也可以是小写字母,或者是数字。这三种情况只要具备一种即满足要求。所以,采用"先分解,再汇总"的办法就能顺利写出表达式。

(a) ch 为大写字母的条件:ch>='A' && ch<='Z'
(b) ch 为小写字母的条件:ch>='a' && ch<='z'
(c) ch 为数字的条件:ch>='0' && ch<='9'

最后,用||运算符连接起来即可:

(ch>='A'&&ch<='Z') || (ch>='a'&&ch<='z') || (ch>='0'&&ch<='9')

关键点:char 型与 int 型类似,可以比较大小;理解"与""或"的含义。

**例 B**:设 year 是 int 型,用它来表示"年份"。要求写出"闰年""平年"的条件。

分析:由历法知识可知,"闰年"需要满足下列条件之一:(1)年份值能被 4 整除,但不能被 100 整除;(2)年份值能被 400 整除。所对应的表达式分别为:(1)(year%4==0)&&(year%100! ==0) (2)(year%400==0)。再用||连接起来即可。

闰年条件:(year%4==0)&&(year%100! ==0) ||(year%400==0)
平年条件:! ((year%4==0)&&(year%100! ==0)||(year%400==0))

关键点:用%之后的余数为是否为 0 来判断整除情况;括号()的灵活运用;理解"与""或""非"的含义。

上面两个例子最后都是用||连接纯属巧合,实践中如何运用要具体问题具体分析。

**5. 位运算符(~、&、|、^)**

计算机中的数据是以二进制方式存储的,利用位运算符可以操作数据的"位"。其中:

(1)~(非)的运算规则是:~1 即为 0,~0 则是 1;
(2)&(与)的运算规则是:只有同时为 1 时,结果才为 1;
(3)|(或)的运算规则是:只有同时为 0 时,结果才为 0;
(4)^(异或)的运算规则是:只有一个位为 1,另一个位为 0 时,结果才为 1。

由异或运算规则还可推出下列式子：a^a=0，a^0=a，c=a^b，a=c^b。如果双方约定数据与同一个数 b 进行异或运算，则可以实现加密、解密功能。

**例 2.4** 位运算符的使用，调用了 int 包装类 Integer 的 toBinaryString()方法来显示整数的二进制位。代码如下：

```
class BitsOperation {
    public static void main(String args[]) {
        int x = 11;
        int y = 13;
        System.out.println("" + x + "的二进制表示："+ Integer.toBinaryString(x));
        System.out.println("" + y + "的二进制表示："+ Integer.toBinaryString(y));
        System.out.println();
        System.out.println(x + "&" + y + "的二进制表示："+ Integer.toBinaryString(x & y));
        System.out.println(x + "|" + y + "的二进制表示："+ Integer.toBinaryString(x | y));
        System.out.println(x + "^" + y + "的二进制表示："+ Integer.toBinaryString(x ^ y));
        System.out.println("~" + x + "的二进制表示："+ Integer.toBinaryString(~x));
    }
}
```

程序运行结果：

11 的二进制表示：1011
13 的二进制表示：1101
11&13 的二进制表示：1001
11|13 的二进制表示：1111
11^13 的二进制表示：110
~11 的二进制表示：11111111111111111111111111110100

**例 2.5** 用异或运算符进行加密、解密。代码如下：

```
public class EncryptDemo {
    public static void main(String args[]) {
        char ch1 = '二', ch2 = '点', ch3 = '抓', ch4 = '捕';
        char secret = 'x';
        ch1 = (char)(ch1 ^ secret);
        ch2 = (char)(ch2 ^ secret);
        ch3 = (char)(ch3 ^ secret);
        ch4 = (char)(ch4 ^ secret);
        System.out.println("密文："+ ch1 + ch2 + ch3 + ch4);
        ch1 = (char)(ch1 ^ secret);
        ch2 = (char)(ch2 ^ secret);
        ch3 = (char)(ch3 ^ secret);
        ch4 = (char)(ch4 ^ secret);
        System.out.println("原文："+ ch1 + ch2 + ch3 + ch4);
    }
}
```

程序运行结果：
密文:伃烁报捷
原文:二点抓捕

**6. 移位运算符:(<<、>>、>>>)**

(1)<<(左移):a<<b 表示将二进制形式的 a 逐位左移 b 位,最低位空出的 b 位补 0。

例:int a=17;a<<2=68,即 17 扩大了 $2^2$=4 倍,如图 2-1 所示。

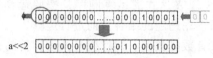

图 2-1 左移位示图

(2)>>(带符号右移):a>>b 表示将二进制形式的 a 逐位右移 b 位,最高位空出的 b 位补原来的符号位(即正数补 0,负数补 1);

例:int a=17;a>>2=17/$2^2$=4,如图 2-2 所示。

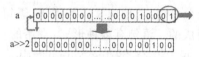

图 2-2 带符号右移位示图

(3)>>>(无符号右移):a>>>b 表示将二进制形式的 a 逐位右移 b 位,最高位空出的 b 位一律补 0。

例:int a=17;a>>>2=17/$2^2$=4,如图 2-3 所示。

图 2-3 无符号右移位示图

说明：

①移位运算适用 byte、short、char、int、long 类型数据,对低于 int 型的操作数将先自动转换为 int 型再移位;

②对于 int(或 long)型整数移位 a>>b,系统先将 b 对 32(或 64)取模,得到的结果才是真正移位的位数。

**7. 赋值运算符(=、+=、-=、*=、/=、%=、&=、|=、!=、<<=、>>=)**

程序中会大量使用赋值运算符,其功能是:先计算右边表达式的值,再赋给左边的变量。

例如:x%=10;%=是复合赋值运算符,该表达式与 x=x%10 等价。

再如:a=b=c=0;连续赋值,此表达式与 c=0,b=0,a=0 等效,运算顺序从右向左。

**8. 条件运算符:(?:),三目运算符**

格式:逻辑表达式 ? 值 1:值 2

执行过程:若逻辑表达式为 true,就取值 1,否则取值 2。

例如:设 x,y 是 double 型数据,则:y=(x>=0)? x:(-x);//得到 x 的绝对值

在前面,我们用了相当的篇幅来介绍运算符。现在,来说一说运算符的执行顺序——优先级。在 Java 语言中共有十几种优先级,每个运算符分属确定的一个优先级,圆括号可以改变计算顺序,优先级最高,赋值运算符的优先级最低。但我们没有必要去记忆这些运算符的优先级,只需对从高到低排序有一个大体了解就行了:单目运算符→算术运算符→移位运算符→关系运算符→位运算符→逻辑运算符→条件运算符→赋值运算符。随着学习的深入,自然就熟悉了各运算符的执行顺序。通常,同一优先级的运算符按从左到右方向执行,只有++、--、

~、!和赋值运算符的方向是从右到左。

## 2.3.2 表达式

表达式是由运算符和操作数组成的有意义的式子,它们是构成语句的重要基础。例如:5.0＋a、(a-b)*c-4、i<30 && i%10!=0 等。表达式的运算结果称为表达式值,该值对应的数据类型称为表达式类型。表达式的运算顺序是按照运算符的优先级从高到低来进行的,优先级相同的运算符按照事先约定的结合方向进行运算。

要构造复杂的表达式,仅有数据类型、常量、变量及运算符的知识还不够,还需要用到一些数学函数。所以,掌握 Math 类的常用静态方法,如:abs(double a)、random( )、pow(double a,double b)、sqrt(double a)等是非常必要的。

## 2.3.3 语句

在一个表达式的尾部加上分号(;)就形成了一条语句,语句是构成程序的基本单位,程序就是由一条一条的语句组合而成的。语句有多种形式,常用的有变量声明语句、赋值语句、方法调用语句等,例如:int n=0; n=n+2; System.out.println("您好!");,通常,一条语句是一行代码,但也可以写成多行。

**1. 程序的注释**

给程序添加注释的目的,就是对程序某些部分的功能和作用进行解释,以增加程序的可读性。注释会在程序编译时被删除,所以它不是构成程序的必要部分,更不属于语句范围。但是,注释是为语句服务的,两者联系密切。

Java 程序的注释有三种格式:

(1)单行注释:以"//"开始,到行尾结束。

例如:int flag=0; //定义了一个标志变量,1 为某一种状态,0 为另一种状态

(2)多行注释:以"/*"开始,到"*/"结束,可以跨越多行文本内容。

(3)文档注释:以"/**"开始,中间行以"*"开头,到"*/"结束。使用这种方法生成的注释,可被 Javadoc 类工具生成为程序的正式文档。

在大型程序中,注释内容通常要占 30%～40%的分量,目的是建立较为完整的文档资料,方便开发团队的成员阅读、理解。所以,读者在编写代码时要养成添加注释的良好习惯。

**2. 复合语句**

复合语句又称块语句,是包含在一对大括号({})中的语句序列,整体可以看作是一条语句,所以,"{"之前和"}"之后都不要出现分号(;),例如:

```
if (b*b-4*a*c>0) {
    x1=(-b-Math.sqrt(b*b-4*a*c))/(2.0*a);
    x2=(-b+Math.sqrt(b*b-4*a*c))/(2.0*a);
}
```

说明:

(1)在复合语句中可以定义常量、变量,但该常量、变量数据的作用域仅限该复合语句;

(2)在复合语句中还可以包含其他的复合语句,即复合语句允许多层嵌套。

在下一节中,我们将介绍流程控制,通常会用到复合语句。

## 2.4　Java 的流程控制

Java 的程序结构有三种基本类型：顺序结构、选择结构和循环结构。

### 2.4.1　顺序结构

通常，程序中的语句是按照书写顺序从上到下、逐条执行的，这种程序执行方式称为顺序执行，对应的程序结构称为顺序结构。

顺序结构是程序设计的基础，经常被用到，本章的例 2.1～2.5 都是这种结构。该结构比较简单，无须做更多的介绍。

### 2.4.2　选择结构

选择结构又称分支结构，是指在程序执行过程中，根据是否满足条件来选择某一语句的执行，若不满足条件则跳过并执行下一条。由于所执行的语句经过筛选，而非全部，所以，这种结构就被称为选择结构。

需要指出的是，Java 中的"条件"只能是结果为 boolean 型的表达式，其值为 true 或 false，而其他类型（包括：byte、int、short、long、char 等）均无资格担当这一角色。在这一点上，Java 与 C++/C 是不一样的，请加以注意。

if 语句、switch 语句是选择结构的两种主要形式，下面逐一介绍。

**1. if 语句（条件语句）**

基本形式：if(条件表达式)

　　　　　　　语句 1

　　　　else

　　　　　　　语句 2

进一步可分为：单分支语句、双分支语句和多分支语句三种形式。

（1）单分支语句

if(条件表达式)　　　　　　if(条件表达式){

　　语句块；　　　或　　　　语句块；

　　　　　　　　　　　　　　}

当条件表达式的值为 true 时，就执行语句或语句块，否则不执行。如图 2-4 所示。

图 2-4　单分支 if 语句执行示图

(2) 双分支语句

```
if(条件表达式){
    语句 1
}else {
    语句 2
}
```

说明：

①当条件表达式为 true 时执行语句 1，为 false 时则执行语句 2。如图 2-5 所示。

②如果执行的语句不止一条时，就需要用"{ }"将多条语句括住，构成复合语句。即便是单一语句，为方便阅读，也建议用"{ }"括住。

思考题：条件运算符（？：）实现的功能是与单分支语句对应还是与双分支语句对应？

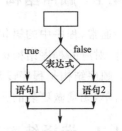

图 2-5  双分支 if 语句执行示图

**例 2.6**  通过命令行方式输入月工资，用 if…else…语句判断是否需要交纳个人所得税。代码如下：

```
public class PersonalTax {
    public static void main(String args[]) {
        double salary;
        salary = Double.parseDouble(args[0]);
        System.out.println("您的月工资为：" + salary + "元");
        if (salary > 2000.0) //我国现阶段个人所得税的起征点是 2000 元
            System.out.println("根据税法，您应该交纳个人所得税。");
        else
            System.out.println("根据税法，您现在不用交纳个人所得税。");
    }
}
```

分情况的程序运行结果：

jave PersonalTax 1567.8            jave PersonalTax 3456.7
您的月工资为：1567.8 元              您的月工资为：3456.7 元
根据税法，您现在不用交纳个人所得税。   根据税法，您应该交纳个人所得税。

说明：

①通过命令行来输入数据是一种常见操作，其中第一个参数用 args[0] 表示，第二个参数用 args[1] 表示，依此类推。输入的内容都是字符串（String 类型）。

②要将 String 类型转换为数值类型，可调用各数值类型对应的包装类的静态方法 parseXxx(字符串)，例如 double.parseDouble(args[0]) 语句实现的功能就是将 args[0] 转换成 double 类型。

有关"数组"和"基本类型的包装类"的内容以后将会学习。其中的细节现在不必深究，只要求能"照葫芦画瓢"就行了。

(3) 多分支语句

一个 if…else…语句只有两个分支，但是如果允许多个 if…else…语句进行嵌套，这样就能形成多分支。下列两种情况就能实现三分支：

```
        if（条件 1）{                              if（条件 1）{
            if（条件 2）                               语句 1
                语句 1                            }else{
            else                                      if(条件 2)
                语句 2              或                    语句 2
        }else{                                        else
            语句 3                                        语句 3
        }                                         }
```

问题：在 if…else…的嵌套语句中，else 是如何与 if 配对的呢？

这里，有一条原则可供参考：

> 在多个 if…else…组成的嵌套语句中，如果没有用{ }括住，else 总是与它前面最近的 if 配对，构成一条完整的 if 语句。

接着，我们来讨论 if…else…嵌套语句中的一种特殊形式：如果后一个 if…else… 语句总是位于前一个 if…else…语句的 else 部分中，那么，这样就会形成一种很有规律的多分支语句，如下所示：

```
if(条件 1){
    语句 1                              if(条件 1){
}else{                                      语句 1
    if(条件 2){                          }else if(条件 2){
        语句 2                               语句 2
    }else{                  整理为      }else if(条件 3){
        if(条件 3){                         语句 3
            语句 3                      }else if（…）
        }else{                              …
            …                           }else {//条件 1、条件 2、…均不满足
        }                                   …
    }                                   }
}
```

上面两种结构是等价的，不过经过整理后的形式（右边）更加清晰。现在，用一个例子来说明。

**例 2.7** 通过控制台输入成绩，输出相应等级（用 if…else…嵌套语句来实现）。代码如下：

```
import java.io.*;//导入 java.io 包的类
public class ScoreBand {
    public static void main(String args[]) throws Exception {
        float score;
        InputStreamReader in = new InputStreamReader(System.in);
        BufferedReader br = new BufferedReader(in);
        System.out.print("请输入成绩：");
        String s = br.readLine();//从键盘读取一行字符到 s 中
        score = Float.parseFloat(s);//将字符串转换成 float 型
        System.out.println();
```

```
            System.out.println("所输入的成绩为：" + score);
            if (score >= 90) {
                System.out.println("等级：优秀");
            } else if (score >= 80) {
                System.out.println("等级：良好");
            } else if (score >= 70) {
                System.out.println("等级：中等");
            } else if (score >= 60) {
                System.out.println("等级：及格");
            } else {
                System.out.println("等级：不及格");
            }
        }
    }
```

程序运行结果：

请输入成绩：78
所输入的成绩为：78.0
等级：中等

说明：

①在这个程序里通过控制台来输入成绩，这是输入数据的另一种方式。理解相关代码需要用到"输入输出流"知识："System.in"代表键盘，经 InputStreamReader 包装后得到字符流，再经 BufferedReader 包装后得到字符缓冲流，之后调用它的"readLine()"得到键盘输入的整行字符。当然，也需要有"将字符串转换成数值类型"这一步。这些过程看起来有点复杂，只要能模仿、会用即可。

②程序中使用了四个 if…else…语句的嵌套来实现五个分支，达到按成绩分等级的目的。

**2. switch 语句(开关语句)**

引进 switch 语句的目的，就是要在实现多分支时，让程序的结构更加清晰、易懂。事实上，Java 中的 switch 语句用法与 C++中的类似，格式如下：

```
switch(表达式){
    case 常量1：
        语句1；
        [break；]
    case 常量2：
        语句2；
        [break；]
        ……
    default：
        语句 n+1；
        [break；]
}
```

说明：

(1) switch 后面的表达式的返回值必须是下述几种类型之一：int、byte、char、short，不能为 long、float、double。

(2) 各 case 子句中的值必须是常量,且所有 case 子句中的值各不相同。

(3) default 子句是可选的。

(4) break 语句的作用是:在执行完一个 case 子句后让程序跳出 switch 语句块,如果某个 case 子句的后面没有 break 语句,程序将不做任何比较直接执行下一个 case 语句块。

(5) 执行过程:先计算表达式的值,再与各 case 子句的常量进行比较,如果匹配就执行对应的语句,期间若遇到 break 语句就结束该 switch 语句的执行。假如表达式的值与各 case 子句的常量都不相等,则跳至 default 子句来执行,直至整条 switch 语句执行完毕。

现在,我们使用 switch 语句来改写例 2.7,看一看两者在代码上有什么不同。

**例 2.8** 利用 Scanner 类通过控制台输入成绩,输出等级(switch 语句版本)。代码如下:

```java
import java.util.*;//引入 java.util 包中的类
public class ScoreBand2 {
    public static void main(String args[]) throws Exception {
        float score;
        Scanner sn = new Scanner(System.in);
        System.out.print("请输入成绩:");
        score = sn.nextFloat();
        System.out.println();
        System.out.println("所输入的成绩为:" + score);
        switch ((int)(score / 10)) {
            case 10:
            case 9:
                System.out.println("等级:优秀");
                break;
            case 8:
                System.out.println("等级:良好");
                break;
            case 7:
                System.out.println("等级:中等");
                break;
            case 6:
                System.out.println("等级:及格");
                break;
            default:
                System.out.println("等级:不及格");
        }
    }
}
```

程序运行结果:

请输入成绩:85

所输入的成绩为:85.0

等级:良好

说明:

(1) 本例换用了一种新的方法输入数据——java.util 包中的 Scanner 类。这是 JDK 1.5

后新增的内容。稍加比较,不难发现,同是输入成绩,在例 2.8 中使用的代码更少(System.in 的包装层数在减少,输入数据的已是数值型,不必再进行类型转换),这就是 Scanner 类功能的强大之处。从中我们得到结论:编写 Java 程序时,不仅要实现所要求的功能,还应考虑所使用的方法是否简捷。

(2)使用 switch 语句能让程序结构更清晰、明了。

(3)用好 switch 语句的关键有两点:一是构造合适的整数表达式,满足分支要求;二是清楚哪一个 case 子句该用 break 语句、哪一个 case 子句不该用。

### 2.4.3 循环结构

在高级语言中,对于"反复执行的语句"都可以用循环语句来书写,Java 也不例外。循环语句有:for 语句、while 语句、do…while 语句三种基本类型。

**1. for 语句**

格式:

for (表达式 1;表达式 2;表达式 3){
　　循环体
}

说明:循环语句包含了"循环控制部分"和"循环体"两部分。其中:"循环控制部分"是由初始表达式、条件判断表达式、循环控制变量修改表达式三部分组成,通过循环控制变量来控制循环的执行次数;"循环体"是每次循环所要执行的语句或语句块,它可以访问或修改循环控制变量的值。

执行过程如图 2-6 所示。

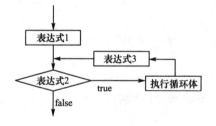

图 2-6　for 语句的执行示图

现用一个累加的例子 $1+2+\cdots+99+100$ 加以说明:

int sum=0;
for (int i=1; i<=100;i++){
　　sum=sum+1;
}

**2. while 语句**

格式:

…　　　　　　　　//初始化语句
while (条件表达式){　　//进行条件判断
　　语句块　　　　//循环体
　　…　　　　　　//修改循环变量语句
}

说明:有了 for 语句的基础,学习 while 语句就易如反掌。它具有 for 语句的等价形式,只要将"初始化语句"移至 while 之前,把"修改循环变量语句"添加到循环体的末尾即可。执行过程如图 2-7 所示。

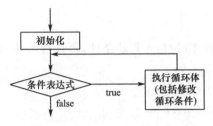

图 2-7　while 语句执行示图

**3. do…while 语句**

格式:

```
…                    //初始化语句
do {
    语句块            //循环体
    …                //修改循环变量语句
}while(条件表达式);   //进行条件判断
```

执行过程如图 2-8 所示。

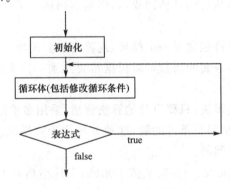

图 2-8　do…while 语句执行示图

首先执行一次循环,如果条件表达式的值为 true,再次执行循环体;若为 false,退出循环的执行。

**4. while 与 do…while 的比较**

语句 while 与 do…while 主要有两点不同:

(1) 有无分号:while 语句的"(条件表达式)"后一定不要加分号;do…while 语句的"(条件表达式)"后应加分号;

(2) 循环体执行次数:while 语句先判断条件表达式的值是否为 true,再决定是否执行循环体。这样,循环体有可能一次也不被执行;而 do…while 语句是先执行一次循环体,再根据条件表达式值的真假,确定下一次循环是否进行。因此,循环体至少被执行一次。

以下是 while 结构的示例代码:

```java
public static void main(String[] args) {
    int x = 10;
    while( x < 10 ){
        System.out.print("value of x : " + x );
```

```
            x++;
            System.out.print("\n");
        }
    }
```

程序运行后没有输出结果,因为是先判断条件,再执行循环,变量 x 的值为 10 不满足执行循环体的条件。

以下是 do…while 结构的示例代码:

```
public static void main(String[] args) {
    int x = 10;
    do{
        System.out.print("value of x : " + x );
        x++;
        System.out.print("\n");
    }while( x < 10);
}
```

因为是先执行循环,再进行条件判断,所以程序运行结果为:

value of x : 10

虽然条件不能满足继续执行循环体的要求,但是起码执行了一次循环体的代码。

**5. 多重循环**

如果在一个循环体内允许包含另一个循环,这称为嵌套循环。其中,外层的循环称为外循环,内层的循环称为内循环,嵌套的层数可以根据需要达到一二十层之多。但是应注意:外循环和内循环不允许交叉嵌套。

由于计算机的运算速度很快,只要设计的算法合适,采用多重循环就可能将问题的所有可能解一一列举出来,进而找出满足条件的解,这种方法称为穷举法。现在,我们采用这种方法来解决古代的"百钱买百鸡"问题。

**例 2.9**  一只公鸡值 5 元钱,一只母鸡值 3 元钱,三只小鸡值 1 元钱。现用 100 元钱买了 100 只鸡。请问:公鸡、母鸡、小鸡各有多少只?

分析:用 x、y、z 分别表示公鸡、母鸡、小鸡的数量,显然它们都是 int 型,取值:0~100,且应同时满足两个条件:x+y+z=100 和 5x+3y+z/3=100。

提示:可以使用三重循环列出 x、y、z 的所有可能取值,其中同时满足上述两个条件的即是问题的解(可能有多个)。

代码如下:

```
public class CockHenChicken {
    public static void main(String args[]) {
        int x, y, z;
        System.out.println("公鸡数\t母鸡数\t小鸡数");
        for (x = 0; x <= 100; x++) { // 第一层循环
            for (y = 0; y <= 100; y++) { // 第二层循环
                for (z = 0; z <= 100; z++) { // 第三层循环
                    if ((x + y + z == 100)
                        && (5.0 * x + 3.0 * y + z / 3.0 == 100.0)) {
                        System.out.println(x + "\t" + y + "\t" + z);
```

                }
               }
              }
             }
            }
           }

程序运行结果：

| 公鸡数 | 母鸡数 | 小鸡数 |
| --- | --- | --- |
| 0 | 25 | 75 |
| 4 | 18 | 78 |
| 8 | 11 | 81 |
| 12 | 4 | 84 |

上述程序虽然解决了问题，但是循环次数多达：101 * 101 * 101＝1030301(次)，会影响运算效率。分析一下，可以发现 x、y 的取值范围设置为 0～100 并不合理。由于公鸡是每只 5 元钱，即使 100 元钱全部用来买公鸡，其只数也不超过 20，所以，x 值在 0～20 是合理的。同样道理，可以确定 y 值在 0～33，z 取值范围不变。改进后的循环次数为：21 * 34 * 101＝72114，已大大减少，程序效率提高。

**6．跳转语句**

Java 可以通过 break、continue、return 三种跳转语句来改变程序的执行顺序。

(1)break 语句

作用：使程序的流程从一个语句块内部转移出去。该语句可用在循环结构和 switch 语句中，允许从循环体内部跳出或从 switch 的 case 子句跳出，但不允许跳入任何语句块内。

格式有两种：

①不带标签的 break 语句：break；

跳出 switch 语句或所在的循环(只跳出一层循环)，继续后续语句的执行。

②带标签的 break 语句：break 标签；(注：标签由标识符加冒号组成)

从多重循环语句中，跳出标签所指的块(某层循环)，从该块的后续语句处执行。

在众多循环中，有一种很特殊的循环，那就是"死循环"。这种循环能够持续执行下去，理论上永远不会结束，实际运行时程序占用的内存资源越来越多，最后导致系统崩溃。如：for(；；){}、while(true){}、do {} while(true)等均属于这种类型。用 break 语句，就可以改变这种状况，只要在循环体的适当位置增加：if (条件表达式){ break；}语句，程序执行中一旦满足指定条件，就可以结束循环。

(2)continue 语句

作用：终止本次循环，根据条件来判断下一次循环是否执行，只能用在循环结构中。

格式有两种：

①不带标签的 continue 语句：continue；

在 while 或 do…while 语句中，直接跳转到循环条件的判断处，在 for 语句中则直接计算表达式 3 的值，然后再决定是否继续循环。

②带标签的 continue 语句：continue 标签；

终止内循环的执行，直接跳到标签标识的外层循环处，根据条件来判断下一次循环是否执行。

为了让大家体会一下带标签的 break、continue 语句用法,下面给出一个这样的例子,请根据程序的执行顺序来分析运行结果。

**例 2.10** 带标签的 break 和 continue 语句。代码如下:

```java
public class LabeledBreakContinue {
    public static void main(String args[]) {
        outer: //标签1
        for (int i = 0; i < 3; i++) {
            System.out.println("在外层循环中,i=" + i);
            inner: //标签2
            for (int j = 0; j < 5; j++) {
                System.out.println("在内层循环中,j=" + j);
                if (j == 0) {
                    System.out.println("遇到 continue;语句,不执行本次循环的后续语句");
                    continue;
                }
                if (j == 1) {
                    System.out.println("遇到 break outer;语句,跳出外层循环,程序结束");
                    break outer;
                }
                if (j % 2 == 0) {
                    System.out.println("遇到 continue outer;语句,跳至外层循环,从下一个 i 值开始执行");
                    continue outer;
                }
            }
        }
    }
}
```

程序运行结果:

在外层循环中,i=0
在内层循环中,j=0
遇到 continue;语句,不执行本次循环的后续语句
在内层循环中,j=1
在内层循环中,j=2
遇到 continue outer;语句,跳至外层循环,从下一个 i 值开始执行
在外层循环中,i=1
在内层循环中,j=1
遇到 continue;语句,不执行本次循环的后续语句
在内层循环中,j=1
遇到 break outer;语句,跳出外层循环,程序结束

(3) return 语句

作用:从某一方法中退出,返回到调用该方法的语句处,并执行下一条语句。

格式有两种:

①return 表达式；　　　　　//返回某种类型的数据
②return；　　　　　　　　//返回类型为 void

## 2.5　Java 程序的基本结构及常用的输入输出格式

### 2.5.1　程序的基本结构

到目前为止，我们已经接触了十几个 Java 程序，对它们的结构有一定的了解，Java 程序大致有如下形式：

```
package 包名；            //包语句最多一条，位置在最前面
import 包名.类名；        //导入语句可以没有，也可以一条或多条
……
[public] class 类名 {     主类应该用 public 关键字修饰，且文件名与主类名称相同
    //一个主类应包含一个 main()，它是程序的入口点。该方法是公有的、静态的、无返回值的
    //public static void main(String args {
        ……
    }
    //程序其他代码
}
```

从功能上看，Java 程序通常应包含输入、处理、输出等几部分。

应用示例：在学校，每次考试之后都会进行各分数段的人数统计、计算及格率等工作，这属于"分类统计"问题。有了选择结构、循环结构的知识，编程并不复杂。这一次，我们采用图形界面的方法来进行输入、输出。

分析：所谓"分类统计"，就是要将数据与各类的边界值进行比较，看它归入哪一个类，然后，在所属的类别次数上增加 1。当然，在进行统计前要将各类的初始次数"清零"。由于处理的是一批数据，所以，可借助循环语句来完成。由于成绩不可能小于 0，因此，可用负数作为结束输入的标志。

**例 2.11**　成绩分类统计，用图形界面输入成绩、输出结果。代码如下：

```java
import javax.swing.*;//导入 javax.swing 包中的类
public class ScoreCount {
    public static void main(String args[]) {
        int n0, n30, n40, n50, n60, n70, n80, n90;
        n0 = n30 = n40 = n50 = n60 = n70 = n80 = n90 = 0;// 各分数段次数"清零"
        String str;
        float score;
        while (true) {
            str = JOptionPane.showInputDialog("请输入学生成绩：(负数表示输入结束)");
            score = Float.parseFloat(str);
            if (score < 0)
                break;
            // 分类统计
            if (score >= 90) {
```

```
                n90++;
            } else if (score >= 80) {
                n80++;
            } else if (score >= 70) {
                n70++;
            } else if (score >= 60) {
                n60++;
            } else if (score >= 50) {
                n50++;
            } else if (score >= 40) {
                n40++;
            } else if (score >= 30) {
                n30++;
            } else {
                n0++;
            }
        }
        String str90 = "90~100 分的人数:" + n90 + "\n";
        String str80 = "80~89.99 分的人数:" + n80 + "\n";
        String str70 = "70~79.99 分的人数:" + n70 + "\n";
        String str60 = "60~69.99 分的人数:" + n60 + "\n";
        String str50 = "50~59.99 分的人数:" + n50 + "\n";
        String str40 = "40~49.99 分的人数:" + n40 + "\n";
        String str30 = "30~39.99 分的人数:" + n30 + "\n";
        String str0 = "00~29.99 分的人数:" + n0 + "\n";
        JOptionPane.showMessageDialog(null,"各分数段的人数如下:\n" + str90 + str80 + str70
            + str60 + str50 + str40 + str30 + str0);
    }
}
```

程序运行结果如图 2-9、图 2-10 所示。

图 2-9 输入框

图 2-10 消息框

说明:程序中的图形界面可以让人耳目一新,要实现这样的功能,需要用到 AWT、Swing 的相关类。这里,使用了 javax.swing 包中的 JOptionPane 类,该类的两个静态方法 showInputDialog()和 showMessageDialog()能够方便地输入数据、输出信息,如感兴趣可查阅 Java API 文档。

## 2.5.2 常用的输入输出格式

如果你熟悉 C++,就会为 cin、cout 语句的强大功能所折服,不管是什么类型的数据,都能采用相同的格式简便操作。或许你会问:Java 能提供这样的便利吗？很遗憾地告诉你,现在还做不到。为了语言的简便,Java 只提供连接字符串的"+"运算符的重载功能,其他运算符都不允许重载。与 C++相比,Java 的输入、输出操作确实复杂一些,大多数都会涉及"I/O 流"和字符串的转换问题。为加深这方面的体会,我们有意识地对例 2.6～例 2.11 的输入输出进行了设计,列举了几种输入输出的常用格式,进行如下小结:

**1. 常用的输入格式有四种**

(1)命令行方式:用 main()方法的参数来表示,args[0]代表第 1 个参数,args[1]代表第 2 个参数,依此类推。如果数据的目标类型是数值型,则需要调用包装类的静态方法 parseXxx(…)把字符串转换成数值型。由于这种方法是在命令行下提供数据,会在一定程度上限制它的使用。

(2)传统的"I/O 流"方式:采用"字节流→字符流→缓冲流"逐层包装方法,将代表键盘的 System.in 最终包装成字符缓冲输入流,这样,就可以调用它的 readLine()方法来获取键盘输入内容。当然,如果数据的目标类型是数值型,则也需要进行转换。以下是一些主要代码,仅供参考:

import java.io.*;//导入 java.io 包的类
　　……
InputStreamReader in = new InputStreamReader(System.in);//将字节流包装成字符流
BufferedReader br = new BufferedReader(in); //将字符流包装成缓冲流
String str = br.readLine();//从键盘读取一行字符串到 str 中
float score = Float.parseFloat(str);//将字符串转换成数值型,这里以 float 型为例,其他类型类似处理

(3)使用 Scanner 类:这是 JDK 1.5 后新增的内容,该类位于 java.util 包中,只需将 System.in 包装成 Scanner 实例即可,调用相应的方法来输入目标类型的数据,不需要再进行类型转换。这种输入方法简便、易用,值得推广。主要代码如下:

import java.util.*;//引入 java.util 包中的类
　　……
Scanner sn = new Scanner(System.in); //将字节流包装成 Scanner 类
float score = sn.nextFloat();//从键盘输入对应的数值型,这里以 float 型为例,其他类型类似处理

(4)图形界面的输入方式:通过调用 javax.swing 包中 JOptionPane 类的静态方法 showInputDialog()来实现,输入的是字符串,也可能需要进行类型转换。这种方法的优点是界面漂亮,主要代码如下:

import javax.swing.*;//导入 javax.swing 包中的类
　　……
String str = JOptionPane.showInputDialog(提示信息);//从键盘读取一行字符串到 str 中
float score = Float.parseFloat(str);//将字符串转换成数值型,这里以 float 型为例,其他类型类似处理

**2. 常用的输出格式有两种**

(1)传统的"I/O 流"方式:这种方式最常用,可以用"+"运算符将各种数据类型数据与字符串连接起来。

格式:System.out.print(输出内容);//不换行

或 System.out.println(输出内容);//换行

(2) 图形界面的输出方式：通过调用 javax.swing 包中 JOptionPane 类的静态方法 showMessageDialog()来实现,当输出内容要分成多行时,可在字符串中插入'\n'。主要代码如下：

import javax.swing.*;//导入 javax.swing 包中的类
　　……
JOptionPane.showMessageDialog(null,输出内容(为 String 类型));

在这里列举以上内容,是希望大家在学习编程时,能够根据需要选用相应的格式,并不要求提前去掌握相关知识点,能"照葫芦画瓢"即可。

## 2.6 数　　组

在编写程序时,如果是少量的数据,用普通的变量表示即可。如果是一批有联系的数据(如:100 名学生某门课程的考试成绩),若还是用普通变量来处理,在命名、使用等方面就会带来许多不便。此时,一个数据表示、处理的有力工具——"数组"就可以发挥其重要作用。

### 2.6.1 数组的概念

在 Java 中,数组是一种引用类型(即对象类型),是由类型相同的若干数据组成的有序集合,其中的每一个数据称为元素。在一个数组中:

1. 每一个元素的数据类型都是相同的,数组元素可以是基本类型,也可以是对象类型,还可以是数组类型(如:多维数组)。

2. 所有元素共用一个数组名,数组中的每一个元素都是有顺序的,使用数组名和数组下标可以唯一地确定数组中每一个元素的位置。

3. 数组要经过声明、分配内存及赋值后,才能使用。

在 C++等高级语言中也有数组概念,但 Java 中的数组与这些高级语言中的数组既有相同点,也有不同点,使用时请注意它们的区别。

### 2.6.2 一维数组

**1. 数组的声明**

格式：数据类型 [ ] 数组名　或　数据类型 数组名[ ]

说明：数据类型可以是基本数据类型、对象类型,数组名为合法的标识符,[ ]是数组类型的标志。

例如：

int score[ ];

float [ ] salary;

Date [ ] dateArray;

String [ ] 福娃;

第一个数组声明使用的是传统方式,[ ]位于变量名之后;后三个声明采用的是[ ]在前的方式,因符合"类型部分在左,而变量名在右"的普通变量声明方式,故推荐使用后者。

从上面的例子可以看出,Java 数组与 C++/C 数组的声明还是存在差异的,这里强调两点：

(1)Java 数组的声明只是指明了一个对象引用,并没有为数组元素分配内存空间。因此,声明时不能指定数组元素的个数。例如:int a[10];//错误

(2)只进行了声明的数组,它的元素是不能被访问的,只有经过初始化后,才能访问数组的元素。

### 2. 数组的创建

格式:new 数据类型[数组的长度]

功能:在内存的堆中为数组元素分配空间。

由于数组是对象类型,所以,要用关键字 new 在堆中分配空间。通常,是把分配空间的首地址赋给已声明的数组名,即:数组名 = new 数据类型[数组的长度];。

当然,也可以把数组声明、创建"合二为一",即:

数据类型 [ ]数组名 = new 数据类型[数组的长度];

或 数据类型 数组名[ ] = new 数据类型[数组的长度];

例如:

int score[ ];//数组声明,为基本数据类型

score = new int[100]; //为 int 型数组申请内存空间,并把首地址赋给数组名

Date [ ] dateArray= new Date[5];//对象数组,将声明、创建"合二为一"

### 3. 数组的初始化

数组初始化的含义:在声明数组的同时,就为数组元素分配空间并赋值。

例如:

int a[ ] = {1, 6, 8};

相当于:

int a[ ] = new int[3];

a[0]=1, a[1]=6, a[2]=8;

又如:

String [ ] 福娃 = {"贝贝","晶晶","欢欢","迎迎","妮妮"};

相当于:

String [ ] 福娃 = new String[5];

福娃[0]="贝贝";福娃[1]="晶晶";福娃[2]="欢欢";福娃[3]="迎迎";福娃[4]="妮妮";

前面提到了语句:int [ ] score = new int[100]; 和 Date [ ] dateArray= new Date[5];,若分别创建两个数组,那么,数组中各元素的值又是怎样的呢?

我们一再强调,数组属于对象类型,数组元素就是类的成员变量。根据 2.2.4 节变量的相关知识,如果成员变量不初始化,则取默认值。由于 score 中各元素的类型为 int,则 score[0]……score[99]的值均为 0;而 Date 是对象类型,所以 dateArray[0]……dateArray[4]的值全为 null。假若不想让数组元素取默认值,就必须进行初始化。对于基本数据类型和 String 类型的数组来说,就可以像上面例子一样初始化;对于一般的对象类型,则应使用如下方式初始化:

Date [ ] dateArray={new Date(), new Date(), new Date(), new Date(), new Date()};

这种方法具有一般性,在为数组元素创建对象时,参数可带、可不带,要视具体情况而定。

### 4. 数组元素的访问和数组大小的获取

访问格式:数组名[index]

说明:index 称为数组元素下标,可以是整型常量或整型表达式,如:a[0]、b[i]、c[5 * i],

使用循环语句可以批量访问或设置数组元素的值。index 的取值范围：0 ～ 数组长度－1。

在 Java 中，每一个数组都有一个属性 length 来指明它的长度，例如：a.length 表示的就是数组 a 的长度（即元素个数）。请注意，经常有人将 a.length 误写成 a.length()，出现这种错误的原因是把 length 当作方法而不是属性（确实有很多类的长度是通过 length() 方法得到，但数组的长度是通过属性 length 来得到，要加以辨别）。如果数组下标超出"0 ～ 数组长度－1"的范围，就会产生下标越界异常（ArrayIndexOutOfBoundsException），有关内容将在"异常处理"一章介绍。

下面，我们通过一个例子来说明一维数组的应用。

**例 2.12** 用循环、Math 类的静态方法来产生十个 0～99 的随机整数，并放入数组中，然后得到这些数的最大值、最小值和平均数。代码如下：

```
public class ArrayTest {
    public static void main(String[] args) {
        int a[] = new int[10];// 数组的声明、创建
        for (int i = 0; i < a.length; i++)
            // 使用数组的长度属性来遍历数组
            a[i] = (int)(Math.random() * 100);// 产生0~99的随机整数,存放到数组中
        int max, min, sum;
        float average;
        max = min = sum = a[0];
        for (int i = 1; i < a.length; i++) {
            sum = sum + a[i];// 求数组元素之和
            if (a[i] > max)
                max = a[i];// 求最大值
            if (a[i] < min)
                min = a[i];// 求最小值
        }
        average = sum / 10.0f;
        System.out.print("数组元素:");
        for (int i = 0; i < a.length; i++)
            System.out.print(a[i] + " ");
        System.out.println("\n最大值:" + max + ",最小值:" + min);
        System.out.println("平均值:" + average);
    }
}
```

程序运行结果：（每次运行的结果可能不同，为什么？）
数组元素：82 40 98 62 77 98 15 18 47 31
最大值：98，最小值：15
平均值：56.8

### 2.6.3 对象数组

数组是由相同类型的一组数据按顺序构成的一种数据结构。在 Java 中，数组组成元素的类型既可以是简单的基本类型，如 int、float 等，也可以是复杂的引用类型，如对象等。在 2.1.1 节，

我们已经介绍了基本类型的数组,在这一节中我们将介绍以对象为数组元素的对象数组。

**1. 声明对象数组**

当数组元素的类型为对象时,称数组为对象数组。声明对象数组的格式如下:

类名[] 数组名＝new 类名[数组元素个数];

或

类名 数组名[]＝new 类名[数组元素个数];

假设有如下定义的 Student 类:

```
class Student {
    int no;
    String name;
    Student(int sno, String sname) {
        no = sno;
        name = sname;
    }
}
```

则声明一个 Student 类型,长度为 4 的数组如下所示:

Student[] student＝new Student[4];

**2. 初始化对象数组**

初始化对象数组需要为每个元素创建对象,例如上述声明的 Student 数组,对各个元素的初始化如下:

student[0]＝new Student(2006090001,"小刘");
student[1]＝new Student(2006090002,"小李");
student[2]＝new Student(2006090003,"小唐");
student[3]＝new Student(2006090004,"小何");

注:也可以将对象数组声明和初始化结合在一起进行,如:

Student[] student＝{ new Student(2006090001,"小刘"),
    new Student(2006090002,"小李"),new Student(2006090003,"小唐"),
    new Student(2006090004,"小何")}

上述语句中,初始化的元素个数代表了数组的长度。

**3. 访问对象数组元素**

访问对象数组元素有两个步骤,第一步需要引用数组元素,引用方法跟基本数组的完全一样,即需要使用下标来引用元素,且下标从 0 开始;第二步是使用"."操作符来访问引用元素的成员,例如:s[0].name,s[0].no。

**例 2.13** 访问对象数组元素。代码如下:

```
class Student{
    int no;
    String name;
    public Student (int sno,String sname){
        no=sno;
        name=sname;
    }
}
```

```
public class ObjectArrayDemo {
    Student[] student = new Student[4];         //声明一个长度为4的对象数组
    public ObjectArrayDemo(){
        //初始化对象数组
        student[0]=new Student(2006090001,"小刘");
        student[1]=new Student(2006090002,"小李");
        student[2]=new Student(2006090003,"小唐");
        student[3]=new Student(2006090004,"小何");
    }
    void printArrayElement(){
        int j=1;
        for(int i=0;i<student.length;i++){      //使用循环语句来访问对象数组元素
            System.out.println("第"+j+"个学生的学号是:"+student[i].no+
                ",姓名是:"+student[i].name);
            j++;
        }
    }
    public static void main(String args[]){
        ObjectArrayDemo ad=new ObjectArrayDemo();
        ad.printArrayElement();
    }
}
```

程序运行结果:

第1个学生的学号是:2006090001,姓名是:小刘
第2个学生的学号是:2006090002,姓名是:小李
第3个学生的学号是:2006090003,姓名是:小唐
第4个学生的学号是:2006090004,姓名是:小何

## 2.6.4 多维数组

Java 中的多维数组实际上就是数组的数组,即数组中的各元素仍是一个数组(它的维数降低了一维)。例如:把一个二维数组看作是一个一维数组,而这个一维数组的各数组元素又是一维数组;可以把三维数组看作是一维数组,而这个一维数组的各数组元素又是二维数组;其余的类似。与 C++不同,Java 的数组既可以是规则数组,也可以是不规则数组,见表 2-4、表 2-5。

表 2-4 规则数组

| 10 | 20 | 30 | 40 |
|----|----|----|-----|
| 20 | 40 | 60 | 80 |
| 30 | 60 | 90 | 120 |

表 2-5　不规则数组

| Good | Luck | |
|---|---|---|
| to | you | ! |

与一维数组类似,多维数组也要经过声明、创建、初始化后才能使用,下面以二维数组为例进行说明。

**1. 二维数组的声明**

格式:数据类型 数组名[][]　或　数据类型[][]数组名

例如:int array[][];String words[][];

与一维数组相似,由于数组声明时并没有分配内存空间,所以不能指定各维的大小。

**2. 二维数组的创建、赋值**

(1)对于规则的数组,先声明数组;数组名＝ new 数据类型［行数］［列数］;,然后分配内存空间,再赋值。

例如:

```
int array[][]=new int[3][4];
for(int i=0; i<3; i++){
    for(int j=0; j<4; j++){
        array[i][j]=(i+1)*(j+1)*10;
    }
}
```

(2)对于不规则数组,先声明数组;数组名＝ new 数据类型［行数］[];,然后为行(即最高维)分配内存空间,再为降维后的各数组元素分配空间,依此类推,最后赋值。

例如:

```
String s[][]=new String[2][];
s[0]=new String[2];
s[1]=new String[3];
s[0][0]=new String("Good");
s[0][1]=new String("luck");
s[1][0]=new String("to");
s[1][1]=new String("you");
s[1][2]=new String("!");
```

**3. 二维数组的初始化**:在数组的声明时,为数组分配空间、赋值

例如:int a[][]={{1, 2, 3}, {4, 5}, {6, 7, 8, 9}};

这里初始化的数组是一个二维数组,该数组行数是 3,列数分别是 3、2、4,是不规则数组。

**4. 二维数组元素的访问和数组大小的获取**

(1)数组元素的访问格式:数组名[行下标][列下标]

行下标、列下标的取值范围:0 ～数组的行(列)长度－1。否则,出现下标越界异常。

(2)数组大小的获取:length 属性

例如上面的 s 是二维数组,s.length 表示数组的行数(这里是 2),s[i].length (i=0,1)表示数组的列数(这里分别为 2、3)。

**例 2.14**　计算二维数组元素的连乘积(二维数组的应用)。代码如下:

```
public class TwoDimArrayTest {
```

```java
    public static void main(String args[]) {
        int a[][] = { { 1, 2, 3 }, { 4, 5 }, { 6, 7, 8, 9 } };// 二维数组初始化
        long p = 1;// p 用来存放连乘积,初值为 1
        for (int i = 0; i < a.length; i++) {
            for (int j = 0; j < a[i].length; j++) {
                p = p * a[i][j];// 计算连乘积
            }
        }
        System.out.println("二维数组元素的连乘积:" + p);
    }
}
```

程序运行结果：

二维数组元素的连乘积:362880

至此,我们介绍了数据类型、关键字、常量、变量、运算符、表达式、流程控制语句、程序和数组等基础知识,从下一章起将学习 Java 面向对象程序设计的重要内容——类和对象。

## 本章小结

Java 程序是由一系列语句组合而成的,而语句又是由关键字、常量、变量、运算符、表达式等基本元素构成。本章讲述的内容就是这些构成程序的语句及其组成要素,学习编程首先要掌握的是语句、程序的基础知识。

Java 中的数据类型可分为基本数据类型和引用类型两大类。其中基本数据类型包括 byte、short、int、long、char、float、double、boolean,引用类型包括类、接口、数组等。对于初学者,基本数据类型的主要内容一定要掌握。

关键字是一些有特殊含义的单词,它们只能按系统规定的方式来使用,不能单独用作标识符。变量在程序中最常用,应掌握其声明、赋值、初始化方法,并能区分全局变量与局部变量。Java 中的符号常量是用 final 关键字来定义的,常量名通常为大写,且多个单词之间用下划线连接。

Java 的运算符与 C++类似,包括算术、自增自减、关系、逻辑、位运算、赋值、条件等运算符。运算符将操作数连接起来形成表达式,表达式是构成语句的重要基础。为了增加程序的可读性,经常需要在程序中加入注释。Java 中的注释语句常用的有三种类型:单行注释、多行注释和文档注释,应熟练掌握注释语句的使用。这是规范化编程的基本要求。

Java 的程序结构有:顺序、选择和循环三种基本类型,其中顺序结构最简单,不需要控制语句,选择结构主要有 if…else…和 switch 两种主要形式,循环结构有 for、while 和 do…while 三种形式。break、continue 在 switch 和循环语句中都有特定用途。与 C++不同的是,Java 语言中 break 与 continue 可以带上标签,功能得到进一步增强。一个完整的 Java 程序有相应的格式要求,熟悉这些内容对于编程大有益处。在输入输出方面,Java 要比 C++复杂一些,本章列举出四种常用的输入格式和两种输出格式,目的是让大家根据不同要求选用。相关知识将在后续章节学习,暂时只要能模仿、会使用即可。

在 Java 中,数组是一种引用类型(即对象类型),它是由类型相同的若干数据组成的有序集合。数组需经过声明、分配内存及赋值后,才能使用。数组的属性 length 用来指明它的长

度,与循环结合起来可以访问其全部或部分元素。根据维数的不同,数组还可分为一维数组、多维数组。事实上,Java是把多维数组当作"数组的数组"来处理的,即把一个多维数组也看作是一个一维数组,而这个一维数组的元素又是一个降了一维的数组。

本章的内容比较基础,在C++等高级语言中均包含类似的知识点,在学习时请注意区分,以免张冠李戴。

# 第 3 章　类与对象

学完第 2 章后,相信读者已经能编写一些简单的 Java 程序了,但是如果想要构建功能更强大、结构更复杂的 Java 程序,只靠 Java 基础知识是远远不够的。客观世界的万事万物都是对象,而每一个对象都是属于某一个类别的。为了能在计算机上使用软件对客观世界中的各种对象进行处理,我们需要对它们进行抽象,以建立它们在软件世界中的各种模型。在软件世界中,我们可以分别使用类和对象对应客观世界中的类别和对象。

与 C++不同,Java 是一种纯面向对象的程序设计语言。在 Java 程序中,类和对象是它的核心内容,贯穿程序始终。在本章中,我们将介绍类、对象和包。

**学习目标**

- 理解 OOP 思想;
- 掌握类、成员变量的声明以及成员方法的定义;
- 理解构造方法的作用,并掌握构造方法的定义;
- 掌握重载方法的创建和调用;
- 熟悉成员变量、局部变量的异同点;
- 熟练使用访问器和设置器实现信息隐藏和封装;
- 掌握对象的创建和使用,比较方法传递参数的不同方式;
- 掌握 this 关键字的使用;
- 理解包机制,掌握 Java 包的创建、包成员的各种访问方式。

## 3.1　OOP 设计概述

我们知道,客观世界是由许多事物、事件以及概念等具体的和抽象的东西共同组成的。对于这些组成客观世界的万事万物,可以将它们视为对象,如电视机品牌、银行账户等,每一个都具有一定的属性和行为。对象的属性用于表示对象的特征和状态,如电视机具有生产厂家、价格、显示器尺寸等。对象的行为则用来体现对象执行的操作,反映的是对象具有的功能,如电视机具有关机、开机、调换频道等功能。

在客观世界中,任何一个对象都隶属于某一类事物,如某品牌彩电属于彩电类别,某个银行的账户是账户类别等。可以看出,每个对象都是一个更具体的事物,它的每个属性都有一个特定的值,实现特定的功能。如一只狗,它的年龄、颜色等属性都具有确定的值。它的行为也是一定的,如它具有呼吸、吃食物等行为。这些行为实现的方式也是一定的,如使用肺呼吸等行为。而对象所属类别则是一个更一般的事物,它规定了该类别所有对象应具有的共有属性和行为,但不具有具体的属性值。如狗所属的动物类,"年龄"是所有动物都具有的一个共有属性,所有动物类中包含有"年龄"属性,但对动物类来说这个属性不具有具体的值。

为了能在计算机上使用软件对客观世界中的各种对象进行处理,需要对它们进行抽象,以建立在软件世界中的各种模型。所谓抽象,就是去除一个事物中对当前目标不重要的细节,保留对当前目标具有决定意义的特征和状态,从而形成数据抽象。经抽象而得到的软件世界的对象与客观世界中的对象存在着一一对应的关系:客观世界对象的属性使用软件世界对象变量来刻画,变量同时又需要使用机器世界中的数据来描述。客观世界对象的行为则由软件世界对象的方法来体现,方法在机器世界中通过操作来描述。同时,客观世界对象所属的类别在软件世界中使用类来描述。表 3-1 描述了客观世界与软件世界的抽象关系。

表 3-1　　　客观世界与软件世界的抽象关系

| 客观世界 | | 机器世界 | 软件世界 | |
| --- | --- | --- | --- | --- |
| 类别 | | 类 | 类 | |
| 对象 | 属性 | 数据 | 变量 | 对象 |
| | 行为 | 操作 | 方法 | |

程序设计方法可分为面向过程和面向对象两大类。面向过程的程序设计思想的核心是功能分解,即将一个大规模的、复杂的问题按功能逐步分解为若干小规模的、简单的子问题,使用对应的程序模块来实现每一个简单的子问题。该方法具有直观、结构清晰的优点,缺点是以功能为基础,把数据和对数据操作的过程相分离。一旦数据结构发生改变,与之相关的所有操作都必须改变,导致代码的可重用性和可维护性都比较差。为解决这些问题,面向对象的程序设计方法应运而生。目前,面向对象的程序设计方法已成为软件开发的主流方法。

面向对象的程序设计也称为面向对象编程(Object-Oriented Programming,OOP),其基本思想是尽可能按照人类认识世界的方法和思维方式来分析和解决问题,其中最基本的概念是类和对象,最显著的特征是支持封装、继承和多态。封装体现了信息的隐藏性。在 OOP 中,数据和操作封装于对象的统一体中。对象内的数据具有自己的操作,从而可以灵活地描述对象的独特行为,具有较强的独立性和自治性,而且通过访问权限的设置,可以使数据不受或少受外界的影响,具有很好的模块化特征,这些都是实现软件复用的基础。

在日常工作中,为了减少重复性工作,我们经常借鉴前人的工作成果。同样,为了减少重复性的编码工作,我们常常使用继承。继承是指一个类可以在另一个类的基础上创建,新创建的类不仅自动拥有父类的属性和方法,而且可以创建自己新的属性与方法。继承反映了类与类之间的一种联系,同一父类的不同子类在同一属性或行为上可以有不同的表现形态,例如同为动物类的狗类和猫类,它们的叫声就不同。类的这种多种表现形式称为多态性。封装性、继承性和多态性是 OOP 的显著特征。在后续的相关章节中将会一一做详细介绍。

Java 是一种面向对象的编程语言,它不同于 C++,是一种"纯"面向对象的程序设计语言。在 Java 程序中,类和对象是它的核心内容,贯穿于程序始终。下面我们先介绍类。

## 3.2　类

类是 Java 程序的基本单位,通常一个 Java 程序由多个类组成。类是对具有相同属性和行为的对象的抽象,是对象的模板,而对象是类的具体化,即是类的一个实例。在编写 Java 程序时,我们经常会使用一些现成的类(类库中提供的或其他人开发的类),但很多时候也需要我们根据具体情况编写自己的类,编写类时需要对类进行定义。下面我们来说明如何定义一个类。

## 3.2.1 类的定义

Java 类的定义包括类声明和类体两部分内容,其中,类体又包含变量声明、方法定义两个内容。定义 Java 类的一般格式如下:

［访问修饰符］［类型修饰符］class ＜类名＞{
　　　［变量声明］
　　　［方法定义］
}

注:"＜ ＞"括起来的内容表示必须具备,而"［ ］"括起来的内容表示可有可无。

例如:

```
public class Student {
    int sno,age=16;
    private String sname;
    public String getName(){
        …
    }
    public void setName(String name){
        …
    }
}
```

**1. 类的声明**

格式中的第一条语句为类声明语句,所用的关键字是 class。

语句中的访问修饰符用于确定其他类对该类的可访问性,如示例中的 public。类的访问修饰符有两种:一种是 public,另一种是缺省。public 表示公有的访问级别,即任何类都可以访问它。缺省访问修饰符也称包访问修饰符,它只允许同一个包中的类访问它。

在 Java 中,还可以用类型修饰符来说明类,常见的类型修饰符有:缺省、abstract 及 final 三种,如示例中的类型修饰符是缺省,使用 abstract 修饰符表示该类是一个抽象类,有些方法还没有实现。使用 final 修饰符,表示该类是一个最终类,不能被其他类继承。有关抽象类、继承等内容将在后面章节详细介绍。

在声明类时需要指定类名。命名类时,通常应遵循以下约定:

(1)必须是合法的 Java 标识符;

(2)如果类名使用英文字母,则类名的首字母通常为大写,如 Computer、Student 等;

(3)类名最好容易识别、见名知意,如创建一个有关动物的类,可使用 Animal 命名;

(4)当类名由多个单词组成时,每个单词的首字母大写,如 AppletDemo、MyDate 等。

**2. 类体**

类体由一对大括号"{}"以及大括号之间的内容构成。大括号之间的语句为类体内容,它一般包含两部分:变量声明和方法定义,但并不要求这两部分内容同时出现,即类中可以只包含变量声明,而没有方法定义,或反之。

(1)变量声明

Java 是一种强类型语言,它要求每个变量都必须具有与之相适应的数据类型,以确定分配给变量的内存空间大小。变量的类型在声明时指定,声明变量的一般格式如下:

[访问修饰符][类型修饰符]＜数据类型＞＜变量名＞[＝初始值]

如上例中的类定义中声明了三个变量：

int sno,age＝16;

private String sname;

声明变量的修饰符主要有以下两种：

①访问修饰符

与类的声明一样,声明变量时也要指定其他类对该变量的可访问性。变量的访问修饰符有以下四个：

public:公有访问权限,任何类都可以访问。

protected:受保护的访问权限,同一包中的任何类或不同包子类可访问。

缺省:也称包访问权限或友好访问权限,只允许同一包中的其他类访问。

private:私有访问权限,只允许本类中的方法访问,子类也不能访问。

②类型修饰符

可以声明不同类型的变量,常见变量的类型修饰符包括：缺省、static、final。

根据不同的类型修饰符,可以将变量分成实例变量、类变量、易失变量、临时变量和最终变量五种,其中,易失变量和临时变量也属于实例变量,最终变量可以是实例变量,也可以是类变量。所以,严格来说,类的变量分为两大类:实例变量和类变量。

• 实例变量

所谓实例变量,是指针对类的不同实例,其值可能不同的变量。实例变量在声明时使用缺省类型修饰符,即不包含任何类型修饰符。如对于不同的学生,学号不同,如果以 sno 表示学号,可以这样来声明该变量:private int sno;

• 类变量

在某些时候,我们可能希望某个变量,它的值对于类的所有实例来说都是一样的,而且,一旦某个实例修改了这个变量的值,所做的更改通过该类的其他所有实例反映出来,这样的变量称为类变量,又叫静态变量。声明类变量时,需要使用 static 类型修饰符。例如对于一个梯形类,当我们希望所有梯形实例,底都相同,将变量 bottom 作为底的变量名时,可以这样来声明：

private static float bottom;

• 最终变量

如果希望在程序中使用常量,则可以使用 final 类型修饰符来声明变量,此时的变量将转变成一个常量,称该变量为最终变量。最终变量在声明时需要同时显式初始化,否则编译出错。最终变量一经赋值后,在任何地方都不能对其值做任何修改,否则编译出错。

通常,最终变量名都用大写字母表示。

final 关键字常常和 static 关键字一起使用来声明常量,如 Math 类中的静态常量 PI、E 等。它们的声明如下：

public static final double PI＝3.141592653589793;

public static final double E＝2.718281828459045;

变量的数据类型可以是 Java 中的任何一种,包括基本类型如 int、char、double 等,以及引用类型如数组类型、类或接口。例如：

double d;        //d 为 double 类型变量

Student s;       //s 为 Student 类型的变量

命名变量,通常也需要遵循一定的约定:

Ⅰ.如果变量名使用英文字母,通常首字母小写,如 name、age 等。

Ⅱ.当变量名由多个单词组成时,从第二个单词开始的其他单词的首字母通常大写,如 triangleArea。

Ⅲ.一般使用名词或名词性词组来命名变量。

在声明变量时,可以显式初始化变量,如示例中的 int age=16;;也可以不显式初始化变量,如 int sno,String sname;。在 Java 中,所有成员变量在使用前都必须有确定的值,当声明变量没有显式初始化它时,系统将以一个默认值来初始化。表 3-2 列出了每一种数据类型对应的默认初始值。

表 3-2　　　　　　　　数据类型对应的默认初始值

| 基本类型 | | | | | | | | 引用类型 | | |
|---|---|---|---|---|---|---|---|---|---|---|
| boolean | byte | int | short | long | float | double | char | 数组 | 类 | 接口 |
| false | 0 | 0 | 0 | 0 | 0.0 | 0.0 | '\u0000' | null | null | null |

(2)方法定义

我们知道,方法可用来体现对象的功能,实现对象状态的修改。为了体现类的各种行为特征,需要在类中定义方法。定义方法的一般格式如下:

[访问修饰符][类型修饰符]<返回类型> <方法名>(参数列表){

　　…

}

例如:

public double getArea(){

　　…

}

例中的 public 是访问修饰符,类型修饰符缺省,返回类型为 double,方法名为 getArea,无参数。

方法的定义包括两部分内容:一是方法声明,二是方法体。

①方法声明

定义格式中的第一条语句就是方法声明语句。在方法声明语句中,需要指定方法的访问权限、类型、是否有返回值以及有返回值时返回值的数据类型,同时还要声明用于传递数据的参数列表。

方法的访问权限、类型修饰符等与变量的要求相同,这里不再一一重复。

进行方法声明有四个要点:

Ⅰ.方法名:Java 严格区分大小写,不同方法名所代表的含义、实现的功能都不同。

Ⅱ.参数列表:不是指参数变量的命名,而是指它的参数个数、数据类型及顺序。

Ⅲ.( ):这是区分方法与变量的标志,不可缺少,初学者常常忽略这一点。

Ⅳ.返回值的数据类型:方法执行后通常用"return 返回值;"语句来返回一个或多个值,其数据类型决定了方法的返回值类型。如果没有返回值,就用 void 关键字。

例如:

class ReturnTypeDemo {

　　//返回参数 a+b 的和,参数的类型为 double,所以方法返回类型设置为 double

```java
    double add(double a,double b){
        return a+b;          //使用return返回语句返回方法执行后的结果
    }
    void printSum(){         //没有返回值,方法的返回类型设置为void,可以没有return语句
        System.out.println(add(3.0,6.0));
    }
}
```

方法的命名与变量命名类似,例如:首字母要小写。若由多个单词组成,则从第2个单词开始首字母大写等,这里不再重复。

② 方法体

类的功能需要由方法体来实现,方法体由一对大括号"{}"和之间的内容组成。方法体的内容包括局部变量和合法的Java语句,例如:

```java
void getArraySort(){
    int[] data={63,69,79,55,123,36,112,98};
    for(int i=0;i<data.length;i++){
        for(int j=i+1;j<data.length;j++){
            if (data[i]>data[j]) {
                int temp = data[i];
                data[i] = data[j];
                data[j] = temp;
            }
        }
        System.out.print(data[i]+" ");
    }
}
```

至此,有关类的定义的大部分内容已介绍完了,下面我们以一个比较完整的例子来演示一下类的定义,并给出UML类图。

**例3.1** 类的定义。

```java
public class Student {
    /* 声明了一个类变量和两个实例变量 */
    private static int sno;
    private String name;
    private float score;
    /* 定义了六个实例方法和一个类方法 */
    public String getName(){
        return name;
    }
    public void setName(String sname){
        name=sname;
    }
    public float getScore(){
        return score;
    }
```

```java
        public void setScore(float sc){
            score=sc;
        }
        protected void printName(){
            System.out.println("学生姓名："+name);
        }
        void printScore(){
            System.out.println("总分："+score);
        }
        public static void main(String[] args){
            Student st1=new Student();
            st1.sno++;                    //使用实例访问静态变量
            Student.sno++;                //使用类名访问静态变量
            System.out.println("学生学号："+sno); //输出2,所有实例的修改都会反映到sno变量上
            st.setName("张敏");
            st.setScore(630.5f);
            st.printName();
            st.printScore();
        }
}
```

程序运行结果：

学生学号：2

学生姓名：张敏

总分：630.5

上述程序所定义的类的 UML 类图如图 3-1 所示。

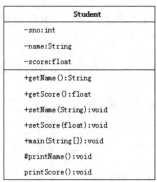

图 3-1　Student 类图

在 UML 类图中，"−"表示私有访问权限，"＋"表示公有访问权限，"♯"表示受保护的访问权限，不具有上述三种符号中的表示缺省访问权限，即包访问权限。

问题：使用 UML 类图表示类有什么优点？

## 3.2.2　成员变量和局部变量

与其他高级语言一样，Java 中的变量也有作用域。所谓作用域，指的是变量的有效范围。变量的有效范围由变量的声明位置所决定。在 Java 中，变量声明的位置有两种：一种是在类

体中的任何方法之外。另一种是在类体某个方法体内部或方法参数列表中。在第一种位置声明的变量,称为成员变量。在第二种位置声明的变量,称为局部变量。下面,我们来比较成员变量和局部变量的不同。

(1) 成员变量在整个类内部有效,局部变量只在声明它的方法内即参数在整个方法内有效,方法内声明的变量从它声明的位置之后开始有效。例如:

```
class VariableRangeDemo {
    int a;
    int add(int b){
        a=6;                    //合法,a 是成员变量,在整个类内有效
        int c=a;
        return b+c;             //合法,b 是参数,在整个方法内有效,c 在声明语句之后使用
    }
    int sub(){
        d=6;                    //非法,局部变量 d 的声明在使用语句后面
        int d=c;                //非法,c 为 add()方法中的局部变量,只在 add()方法中有效
        return a-d;             //合法,a 是成员变量,在整个类内有效
    }
}
```

(2) 成员变量在使用前可以不用显式初始化,局部变量在使用前必须显式初始化,例如:

```
class A{
    int x;
    int f(){
        int a,b;
        b=a;                    //非法,局部变量 a 必须显式初始化后才能赋值给 b
        System.out.println(x);  //合法,x 是成员变量
    }
}
```

成员变量在声明时,如果没有显式初始化,系统会自动以默认值初始化各个成员变量,所以在使用前可以不用初始化。但局部变量不具有系统自动初始化变量的功能。所以,如果没有显式初始化局部变量,则局部变量的值为空,故无法进行操作处理,编译时出错。

(3) 成员变量的赋值不能在声明语句之后进行,局部变量的赋值可以在声明语句之后进行,例如:

```
public class A {
    private int age;
    age=18;                 //非法
    void f(){
        int x;
        x=3;                //合法
    }
}
```

由于在 Java 中,所有成员变量的修改都必须在方法中进行,所以上述修改是不正确的。如要正确修改上述 age 变量的值,可以在方法 f()或其他方法中进行修改,例如:

```
class A {
    private int age;
    void f(){
        int x;
        x=3;          //合法
        age=18;       //合法
    }
}
```

(4)成员变量在类体中的书写位置可任意,不会影响作用域。局部变量则不能在任意位置书写,否则影响作用域。

虽然,成员变量可以出现在类的任何位置,但一般不提倡把成员变量的声明分散地写在方法之间或类体的最后。习惯上,通常是先声明变量,然后再定义方法。

(5)如果局部变量的名字与成员变量的名字相同,则成员变量被隐藏,即这个成员变量在这个方法内暂时失效。例如:

```
class A {
    int x=16,y;
    void f(){
        int x=3;
        y=x;          //y 的值为 3,不是 16,因为此时成员变量 x 失效了
                      //如果方法 f()中没有 int x=3;语句,y 的值将为 16
    }
}
```

### 3.2.3　信息隐藏和封装

封装性是 Java 的主要特点之一,它包含了两层意思:一方面是数据及其相关操作被封装到一个对象中,从而保证了对象实现细节对外的隐藏;另一方面,封装又可以通过访问机制,使得对象内的数据私有化,不致暴露给其他对象,而对这些私有数据的访问则可以通过建立公有方法来实现,从而可以避免非法操作。下面我们来看一个有关封装的例子。

MyDate 是一个表示日期的类,其属性如图 3-2 所示,对象 d 是 MyDate 类的一个实例,其状态参数如图 3-3 所示(注:图 3-3 是一个使用 UML 表示的对象图)。

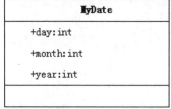

图 3-2　类图

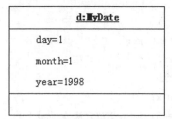

图 3-3　对象图

从图 3-2 中可以看出,MyDate 类的各个成员变量的访问权限都是公有的,即它们都可以直接被外界访问。现在假设某用户程序代码直接访问 d 对象的变量,则可能会出现类似下面的赋值语句:

d.day=32;          //无效的日期

```
d.month=2;          //将月份设置为 2 月
d.day=30;           //2 月份的天数被设为 30 天
d.day=d.day+1;      //没有检查,无法保证日期的有效性
```
注:d.day 表示引用 d 对象中的 day 成员变量,其他依此类推。

造成上述错误隐患的原因是,MyDate 类的成员变量是公有的。解决该问题的方案是封装。通过封装,将敏感数据私有化,即使用 private 修饰符来声明这些变量,同时建立公有方法来访问这些私有数据。对这些私有数据的访问,一般是通过访问器(getter)和设置器(setter)来实现。

**1. 访问器**

访问器是用于获取实例变量的值,书写形式一般为 getXxx(),其中"Xxx"为实例变量名,并且如果变量名使用拉丁字母时,第一个字母要大写,如要获取 MyDate 类中的 day 值,则书写为 getDay()。访问器的访问修饰符只能为 public,方法的返回类型必须与实例变量的类型一致,并且在方法体中必须使用 return 返回所获取的实例变量的值。使用访问器获取上述 MyDate 对象 d 的 month 值如下:

```
public int getMonth(){
    return month;   //返回实例变量 month 的值
}
```

**2. 设置器**

设置器用于设置实例变量的值,在设置的过程中可以使用一些判断语句来保证所设置的值的有效性。设置器的书写形式是 setXxx(参数),其中"Xxx"的内容和要求跟访问器的完全相同。"参数"中声明的数据类型必须与所设置的实例变量的数据类型完全一致,并且要求在方法体中对所设置的实例变量使用方法中的参数赋值。设置器的访问修饰符与访问器一样,必须使用 public。此外,设置器没有返回值。使用设置器设置上述 MyDate 对象 d 的 month 的值如下:

```
public void setMonth(int m){
    //加入判断语句,以保证设置的月份有效性
    if (m < 0 || m > 12) {
        System.out.println("设置的月份无效");
    } else {
        month = m;   //把参数赋给实例变量
    }
}
```

使用设置器后,用户代码通过对象 d 调用设置器设置实例变量 month 值时,由设置器验证数据的有效性。类 MyDate 将数据 month 和操作 month 的方法封装为一个整体,setMonth(int)为外部实现的公有接口,而 setMonth(int)方法的具体实现隐藏在 MyDate 类内部。封装将对象的外部实现与其内部的实现细节分隔开来,隐藏内部实现,强制外界用户通过方法接口访问私有数据,使得代码更容易维护。MyDate 将数据和方法封装后的类图如图 3-4 所示。

图 3-4　MyDate 类图

### 3.2.4 构造方法

构造方法是一种特殊的方法,它的名字必须和类名完全相同,且不返回任何值,即它是void型的,必须省略不写。构造方法的主要作用是初始化新创建的对象,即设置实例变量的值。在创建对象时,通过 new 关键字来调用构造方法。定义构造方法的一般格式如下:

```
[访问修饰符] 类名(参数列表){
    //方法体
}
```

构造方法方法体通常包含一些对实例变量赋值的语句,例如:

```
class A{
    int no;
    String name;
    /*使用构造方法中的参数对实例变量赋值*/
    public A(int num,String str){
        no=num;
        name=str;
    }
}
```

在 Java 中,一个类至少要有一个构造方法。如果定义类时没有显式定义构造方法,系统会自动提供一个缺省构造方法。缺省构造方法没有参数,且方法体为空。如果用户显式定义了类的构造方法,系统将不再提供缺省构造方法。如果要使构造方法不接收参数,则必须显式定义该无参数的构造方法。例如:

```
class A{
    int no;
    String name;
    /*定义一个无参数的构造方法*/
    public A(){
        no=20060001;
        name="李刚";
    }
}
```

### 3.2.5 方法重载

在 Java 中,方法的唯一标志是方法名和参数列表。如果这两个方法的方法名和参数列表完全相同,就认为是同一个方法。根据这一标准,我们可以在一个类中定义多个方法名相同,但参数列表各不相同的方法,它们也是不同的方法。参数列表的不同体现在三个方面:参数的个数不同、参数的数据类型不同、参数顺序不同。

一个类可定义多个同名而参数列表不相同的方法,称为方法重载。当调用重载方法时,JVM 自动根据当前方法的实参形式在类的定义中匹配参数形式一致的方法。

方法重载有两种类型:构造方法重载和一般方法重载。

**1. 构造方法重载**

在定义类时,在类体中同时定义含有不同参数列表的多个构造方法,如例 3.2 所示。

**例 3.2** 构造方法的定义及调用。

```java
class Student{
    private int no;
    private String name;
    /*定义一个无参构造方法*/
    public Student(){
        no=1000;
        name="小张";
        System.out.println("调用无参构造方法:");
        System.out.println("第一个学生的学号:"+no+",姓名:"+name);
        System.out.println("-----------------");
    }
    /*定义一个只有一个参数的构造方法*/
    public Student(int sno){
        no=sno;
        name="小王";
        System.out.println("调用一个参数的构造方法:");
        System.out.println("第二个学生的学号:"+no+",姓名:"+name);
        System.out.println("-----------------");
    }
    /*定义一个含有两个参数的构造方法*/
    public Student(int sno,String sname){
        no=sno;
        name=sname;
        System.out.println("调用两个参数的构造方法:");
        System.out.println("第三个学生的学号:"+no+",姓名:"+name);
        System.out.println("-----------------");
    }
    /*定义一个与上面的构造方法参数类型顺序不同的且含有两个参数的构造方法*/
    public Student(String sname,int sno){
        no=sno;
        name=sname;
        System.out.println("调用两个参数的构造方法:");
        System.out.println("第四个学生的学号:"+no+",姓名:"+name);
    }
    /*根据当前方法的参数调用形式与类的定义中匹配的参数形式一致的构造方法*/
    public static void main(String[] args){
        Student st1=new Student();
        Student st2=new Student(1001);
        Student st3=new Student(1002,"小李");
        Student st4=new Student("小赵",1003);
    }
}
```

程序运行结果：
调用无参构造方法：
第一个学生的学号：1000，姓名：小张
————————————

调用一个参数的构造方法：
第二个学生的学号：1001，姓名：小王
————————————

调用两个参数的构造方法：
第三个学生的学号：1002，姓名：小李
————————————

调用两个参数的构造方法：
第四个学生的学号：1003，姓名：小赵

### 2. 一般方法重载

一般方法重载与构造方法的重载一样，在定义类时，也可以在类体中同时定义含有不同参数列表的多个同名方法，例如：

```java
class X {
    long getValue(int a,int b){
        return a+b;
    }
    double getValue(int a,float b){
        return a-b;
    }
    double getValue(float a,int b){
        return a*b;
    }
    double getValue(double a,float b){
        return a/b;
    }
    double getValue(float a,float b,int c){
        return a*b*c;
    }
}
```

需要注意的是：方法的返回值类型不作为区别方法的标志。也就是说，如果仅在返回值类型上有所不同，那么不能认为这两个方法是重载关系。但如果存在参数列表的不同，则应视为方法重载，例如：

```java
class A{
    float getArea(float x,int y){
        return x*y;
    }
    double getArea(int x,float y){
        return x*y;
    }
    void getInfo(String str){
```

```
        System.out.println(str);
    }
    String getInfo(String msg){
        return msg;
    }
}
```

上述两个 getArea 方法是重载关系，而两个 getInfo 方法则不是重载方法，因为它们只是返回类型不同，方法名和参数列表完全相同，其实是同一个方法，但具有不同的内容，此时编译时会提示方法名重复的错误。

## 3.3 对　　象

类是对具有公有属性和行为的对象的抽象，是对象的模板，也是对象的数据类型。对象是类的具体实例，需要通过类来创建。创建对象的过程称为实例化。

### 3.3.1 创建及引用对象

创建一个对象包括对象的声明、实例化对象以及为对象分配内存三个步骤。

**1. 对象的声明**

格式为：类名 对象名；

例如：Student s；，这里 Student 是类名，s 是声明对象的名字。

**2. 实例化对象**

实例化对象包括两个步骤：一是使用 new 操作符为对象的各个实例变量分配内存，并依次使用声明时的初始值或默认值对实例变量进行赋值，二是调用构造方法并返回一个引用给声明的对象变量，即返回这些实例变量内存位置的首地址给对象变量。在 Java 中，将分配给对象的内存称为对象实体，而赋给对象变量的引用，就是实体的引用。对象实例化的示例如下：

s＝new Student();

也可以将对象的声明和对象实例化"合二为一"，即：

Student s＝new Student();

下面两个例子分别是调用有参构造方法和缺省构造方法创建对象。

**例 3.3** 使用 new 操作符和有参构造方法创建对象。

```
class People {
    int age;
    String name;
    char sex;
    People(String n, int a, char s){
        name＝n;
        age＝a;
        sex＝s;
    }
}
```

```
public class AppTest{
    public static void main(String[] args){
        People p1;//声明对象
        p1=new People("张林",26,'男');//使用 new 操作符和构造方法实例化对象
        System.out.println("姓名:"+p1.name+"\n 年龄:"+p1.age+"\n 性别:"+p1.sex);
    }
}
```

注:实例变量在类外使用时,必须在它前面加上"对象名."。

程序运行结果:

姓名:张林

年龄:26

性别:男

**例 3.4** 使用 new 操作符和默认构造方法创建对象。

```
class MyDate {
    int day=22;
    int month=10;
    int year=1996;
    String msg;
    String printMsg(){
        msg="我出生于"+year+"年"+month+"月"+day+"日";
        return msg;
    }
}
public class AppTest2{
    public static void main(String[] agrs){
        MyDate myBirthday=new MyDate();//使用 new 操作符和默认构造方法实例化对象
        System.out.println(myBirthday.printMsg());
    }
}
```

程序运行结果:

我出生于 1996 年 10 月 22 日

**3. 为对象分配内存**

下面我们将以例 3.3 为例来分析创建对象时各个阶段的内存模型。

(1)声明对象时的内存模型

当用 People 类声明一个对象 p1 时,JVM 在栈中为 p1 分配一块内存。此时的内存模型如图 3-6 所示。

此时,p1 的内存中没有任何数据。目前的 p1 是一个空对象。空对象不能使用,因为它还没有得到任何实体,必须进行对象实例化,即为对象分配内存后 p1 才可用。

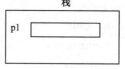

图 3-6　变量声明时的内存模型

(2)对象实例化后的内存模型

我们知道,对象实例化包括两个步骤:

第一步是使用 new 操作符为对象的各个实例变量分配堆内存空间,并分别进行缺省赋值

和显式赋值,此时的内存模型如图 3-7 所示。

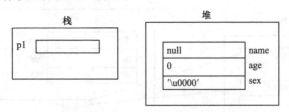

图 3-7 使用 new 操作符分配内存后的内存模型

第二步是使用构造方法对内存中的各个实例变量赋值,并返回一个对象实体的引用(即对象实例变量在内存中的首地址)给变量 p1,作为 p1 保存在栈内存中的值,此时 p1 由空对象变为一个拥有引用的对象。一旦拥有了引用,p1 就可以操作对象的各个实例成员了,所以对象实例化又称为创建引用。此时的内存模型如图 3-8 所示。

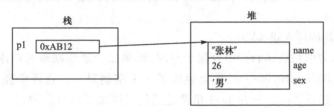

图 3-8 对象实例化后的内存模型

由上可知,对象变量和其所指向的对象,分别存储在内存的栈空间和堆空间中。

(3) 创建多个不同对象时的内存模型

一个类通过使用 new 操作符和构造方法可以创建多个不同的对象,这些对象被分配到不同的内存空间,因此,改变其中一个对象的状态不会影响其他对象的状态。例如,对例 3.3 再创建一个对象 p2:

People p2=new People(″王明″,29,′男′);

此时的内存对象模型如图 3-9 所示。

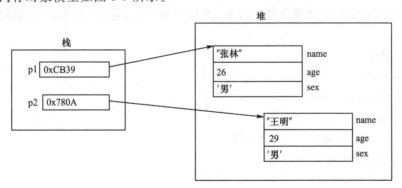

图 3-9 创建多个不同对象的内存模型

(4) 对象的引用

创建对象后,可以将对象的引用赋给其他对象变量。例如,对例 3.3 创建 p1、p2 后再增加一条语句:p1=p2;这样,该语句表示将 p2 的引用赋给 p1,此时的内存模型如图3-10所示。

从内存模型中,可看出 p1、p2 指向了同一对象,虽然在源程序中 p1、p2 是两个名字,但在系统看来它们的名字是一样的,即都是 0x780A。此时,p1 原先所指向的实体将成为"垃圾",将由系统来回收其所占用的资源。

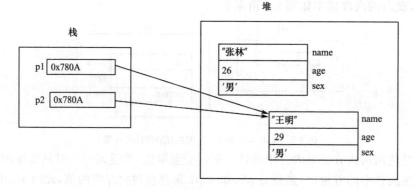

图 3-10 对象引用赋值给对象变量

Java 对象的引用是容易混淆却又必须掌握的基础知识,先看下面的程序:
StringBuffer s;
s = new StringBuffer("AAAAA");

第一个语句仅为引用(reference)分配了空间,而第二个语句则通过调用类(StringBuffer)的构造函数 StringBuffer(String str)为类生成了一个实例对象。这两个操作被完成后,对象的内容则可通过 s 进行访问——在 Java 里都是通过引用来操纵对象的。

Java 对象和引用的关系可以说是互相关联,却又彼此独立。彼此独立主要表现在:引用是可以改变的,它可以指向别的对象,譬如上面的 s,可以给它另外一个对象,如:
s = new StringBuffer("BBBBB");

这样一来,s 就和它指向的第一个对象脱离关系。从存储空间上来说,对象和引用也是独立的,它们存储在不同的地方,对象一般存储在堆中,而引用存储在速度更快的栈中。

引用可以指向不同的对象,对象也可以被多个引用操纵,如:
StringBuffer s1 = s;

这条语句使得 s1 和 s 指向同一个对象。既然两个引用指向同一个对象,那么不管使用哪个引用操纵对象,对象的内容都会发生改变,并且只有一份,通过 s1 和 s 得到的内容自然也一样。

如下面的程序:
```
public class test {
    public static void main(String[] args) {
        StringBuffer s;
        s = new StringBuffer("AAAAA");
        StringBuffer s1 = s;
        s1.append("BBBBB");
        System.out.println("s1=" + s1.toString());
        System.out.println("s=" + s.toString());
    }
}
```
输出结果为:
s1=AAAAABBBBB
s=AAAAABBBBB

## 3.3.2 使用对象

使用 new 操作符和构造方法创建对象后,对象通过"."操作符来操作对象的各个成员。

**1. 访问实例变量和类变量**

根据前面内容可知:声明类变量时要使用关键字 static,这表明类的所有对象实例具有相同的值,即对象共享类变量,任何一个对象对类变量的修改都会影响到其他对象的访问结果。实例变量声明时不带关键字 static,不同对象的同一个实例变量占用不同内存空间,相互间不会影响。

实例变量和类变量的不同源于它们内存分配的差异。当 Java 程序执行时,类的字节码文件被加载到内存,如果一个类没有创建对象,实例变量就不会分配内存,而类变量在该类被加载到内存时就被分配了内存。而且两者分配的内存区域也不同,实例变量实体位于堆内存的动态区域中,类变量的实体位于堆内存的静态区域中。

实例变量和类变量的访问还有一个不同之处就是实例变量只能通过对象来访问,即必须先创建对象。而类变量既可以通过对象来访问,也可以通过类名直接访问。

实例变量和类变量的内存分配机制也影响了它们的生命周期。实例变量可以在程序执行过程被结束生命,即可以在程序执行中释放所占用的内存。而类变量则在程序退出运行时才结束生命,才会释放所占用的内存。

实例变量和类变量的相同点是都通过"."操作符来访问。下例演示了实例变量和类变量的访问。

**例 3.5** 实例变量和类变量的访问。

```
class Classroom{
    static String openTime;
    String closeTime,classroom;
    Classroom(String time, String room) {
        closeTime = time;
        classroom = room;
    }
}
public class ClassroomDemo {
    public static void main(String[] agrs){
        Classroom.openTime="上午 8:00";                //使用类名直接访问类变量
        Classroom c1=new Classroom("晚上 10:30","A401");  //创建对象 c1
        Classroom c2=new Classroom("晚上 11:00","E102");  //创建对象 c2
        /*对象 c1、c2 通过"."操作符访问各个成员变量*/
        String classroom=c1.classroom;
        String openTime=c1.openTime;                  //使用对象 c1 访问类变量
        String closeTime=c1.closeTime;
        System.out.println("教室"+classroom+"的开门时间:"+openTime+",关门时"+
            "间:"+closeTime);
        classroom=c2.classroom;
        openTime=c2.openTime;                         //使用对象 c2 访问类变量
```

```
            closeTime=c2.closeTime;
            System.out.println("教室"+classroom+"的开门时间:"+openTime+",关门时"+
                "间:"+closeTime);
            c2.openTime="上午 8:30";              //使用对象 c2 对类变量 openTime 的值进行修改
            System.out.println("教室"+c1.classroom+"的开门时间现在改为:"+c1.openTime);
            System.out.println("教室"+c2.classroom+"的开门时间现在改为:"+c2.openTime);
        }
    }
```

程序运行结果:

教室 A401 的开门时间:上午 8:00,关门时间:晚上 10:30
教室 E102 的开门时间:上午 8:00,关门时间:晚上 11:00
教室 A401 的开门时间现在改为:上午 8:30
教室 E102 的开门时间现在改为:上午 8:30

问题:程序的运行结果说明什么?

**2. 调用实例方法和类方法**

与变量一样,根据声明时是否使用了关键字 static,可将类的方法分成实例方法和类方法。实例方法声明时不使用关键字 static,在实例方法中可以访问实例变量、类变量和其他实例方法和类方法。类方法声明时需要使用关键字 static,在类方法中,只能访问类变量和类方法。

实例方法只能通过对象来调用,类方法既可以通过对象来调用,也可以通过类名直接调用。下面我们用例 3.6 来演示实例方法和类方法的调用。

**例 3.6** 实例方法和类方法的调用。

```
public class ClassroomDemo1{
    private String name;
    static void openTime(String str){          //类方法
        System.out.println(str);
    }
    public void setName(String name){          //实例方法
        this.name=name;
    }
    public String getName(){                    //实例方法
        return name;
    }
    public static void main(String[] args){
        ClassroomDemo1 c1=new ClassroomDemo1();  //创建第一个对象
        c1.setName("B306");                      //合法,使用对象调用实例方法
        //setName("B502");                       //非法,在类方法中直接调用实例方法
        String name=c1.getName();
        System.out.print("教室"+name);
        c1.openTime("的开门时间是:上午 8:00");       //合法,使用对象调用类方法
        ClassroomDemo1 c2=new ClassroomDemo1();  //创建第二个对象
        c2.setName("D101");
        name=c2.getName();
        System.out.print("教室"+name);
```

```
            openTime("的开门时间是:上午 8:30");              //合法,在类方法中调用类方法
    }
}
```
程序运行结果:
教室 B306 的开门时间是:上午 8:00
教室 D101 的开门时间是:上午 8:30

### 3.3.3 方法参数传递

方法声明中的参数是虚参,并没有实际值。调用方法时,需要将方法中的虚参转换为实参,即需要向虚参传递实际值。方法值的传递,包含按值传递、按引用传递和向方法传递命令行参数三种方式。

**1. 按值传递**

所谓按值传递,是指方法传递的实际值只是一些基本数据类型的值或常量,并且传递的也只是实参的拷贝。方法体中的代码只是对实参的拷贝进行操作,不会对实参有任何影响。例 3.7 演示了按值传递的情况。

**例 3.7** 按值传递参数。

```
class Printer {
    public void print(String name,int age){
        age++;//修改参数值
        System.out.println("您好!我叫"+name+",今年"+age+"岁,请关照!");
    }
}
public class MethodCallDemo1 {
    public static void main(String[] args){
        Printer p=new Printer();
        int age=26;
        p.print("张捷",age);
        System.out.println("调用方法后 age 的值为"+age);
    }
}
```

程序运行结果:
您好!我叫张捷,今年 27 岁,请关照!
调用方法后 age 的值为 26

MethodCallDemo1 类中的对象 p 调用"print("张捷",age)"时,会将实参"张捷"和变量 age 的值 26 的拷贝对应地传给 Printer 类的方法"print(String name,int age)"中的虚参 name 和 age,即此时,name="张捷",age=26。此后,Printer 类中的 print 方法对参数 age 进行了自增 1 的操作,所以 print 方法中的 age 的值最终为 27。但由于调用方法时是将实参的拷贝传递给虚参,所以这一更改并不会改变原实参 age 的值,仍为 26。

**2. 按引用传递**

调用方法时,如果传递的是一个对象、接口或数组时,实际上传递的是对象、接口或数组的引用,称为按引用传递。

按引用传递参数时,被调用的方法中的代码将直接访问原始对象、接口或数组,而不是它们的拷贝。所以,如果方法中的代码改动了对象或数组的内容(例如对象中的一个成员变量或数组中的一个元素),那么原始的对象或数组也会改变。例3.8和例3.9分别演示了传递对象和数组的情况。

**例3.8**  向方法传递对象引用。

```java
class Data{
    String msg;
    Data(String str){
        msg=str;
    }
}
class DataPrinter{
    void print(Data d){                              //以对象作为参数类型
        System.out.println(d.msg);
    }
    public void setMsg(Data d){
        d.msg="Hello to Java!";
    }
}
public class MethodCallDemo2{
    public static void main(String[] args){
        Data data=new Data("Hello from Java!");
        DataPrinter dp=new DataPrinter();
        System.out.println("第一次输出结果:"+data.msg);
        dp.setMsg(data);                             // 向方法传递对象data的引用
        System.out.println("第二次输出结果:"+data.msg);
    }
}
```

程序运行结果:

第一次输出结果:Hello from Java!
第二次输出结果:Hello to Java!

从上述程序可看出,DataPrinter 的对象 dp 调用方法 setMsg(data)时,该方法直接修改 Data 的对象 data 的实例变量。

**例3.9**  向方法传递数组引用。

```java
class ArrayDoubler{
    void doubler(int a[]){                           //将数组元素值加倍
        for(int i=0;i<a.length;i++){
            a[i]*=2;
        }
    }
}
public class MethodCallDemo3{
    public static void main(String[] args){
```

```
        int arr[]={1,2};
        ArrayDoubler ad=new ArrayDoubler();
        System.out.println("调用 doubler 方法前:");
        for(int i=0;i<arr.length;i++){
            System.out.println("arr["+i+"]="+arr[i]);
        }
        ad.doubler(arr);                              //向方法传递数组 arr 的引用
        System.out.println("调用 doubler 方法后:");
        for(int i=0;i<arr.length;i++){
            System.out.println("arr["+i+"]="+arr[i]);
        }
    }
}
```
程序运行结果：
调用 doubler 方法前：
arr[0]=1
arr[1]=2
调用 doubler 方法后：
arr[0]=2
arr[1]=4

从上述程序可看出，ArrayDoubler 的对象 ad 调用方法 doubler(arr)，该方法直接修改了数组 arr 的各个元素。

**3. 向方法传递命令行参数**

Java 中的 main 方法可以接收命令行参数，在运行程序时，我们可以通过键盘或 IDE 的相关窗口输入任意数据传给 main 方法的字符串数组参数，即所有通过命令行输入的数据都存储在 main(String[] args)方法的数组 args 中。通过 IDE 的窗口输入任意数据传给 main 方法参数的内容请参见第 1 章。

### 3.3.4 this 关键字

this 关键字表示对当前对象的引用，可以出现在类的实例方法和构造方法的方法体或参数中。当它出现在实例方法中时，表示对调用该方法的对象的引用。出现在构造方法中时，表示对使用该构造方法所创建的对象的引用。

默认情况下，在 Java 方法体中，成员变量出现的格式是：this.成员变量，而调用成员方法的格式是：this.成员方法。

**例 3.10**　this 关键字引用成员变量和成员方法。
```
public class ThisKeyWordDemo1{
    int x,y;
    ThisKeyWordDemo1(int x){
        //使用 this 调用成员变量，"="左边的 x 是成员变量，右边的 x 是局部变量
        this.x=x;
    }
    void f(){
        int x = 10;
        this.y = 30;                              //调用成员变量的默认格式
```

```
            System.out.println("局部变量 x="+x);              //成员变量被隐藏
            System.out.println("y="+y);
            this.g();                                        //调用成员方法的默认格式
        }
        void g(){
            System.out.println("成员变量 x="+this.x);         //使用 this 调用成员变量
        }
        public static void main(String[] args){
            ThisKeyWordDemo1 td=new ThisKeyWordDemo1(20);
            td.f();
        }
    }
```

程序运行结果：
局部变量 x=10
y=30
成员变量 x=20

由于成员变量和成员方法与当前对象的隶属逻辑关系很明确，所以通常情况下，成员变量和成员方法前面的 this 可省略不写。但需注意的是，当成员变量与局部变量同名时，成员变量前面的 this 不能省略。所以例 3.10 中，成员变量 y 以及成员方法 g()前面的 this 都可以省略，但成员变量 x 前面的 this 不能省略。

下面是一个使用 this 作为方法参数的例子。

**例 3.11**　使用 this 作为方法的参数。

```
    class Data{
        private String msg;
        Data(String s){
            msg=s;
        }
        public String getMsg(){
            return msg;
        }
        public void printData(){
            DataPrinter dp=new DataPrinter();
            dp.print(this);                                  //this 代表当前对象的引用
        }
    }
    class DataPrinter{
        void print(Data d){
            System.out.println(d.getMsg());
        }
    }
    public class ThisKeyWordDemo2{
        public static void main(String[] args){
            Data d=new Data("Hello from Java!");
            d.printData();                                   //d 为当前对象
        }
    }
```

程序运行结果：
Hello from Java!
在 Java 中，this 除了可以用作对当前对象的引用外，还可以调用重载构造方法。

**例 3.12**　使用 this 调用重载构造方法。

```java
public class ThisKeyWordDemo3{
    private String name;
    private double salary;
    public ThisKeyWordDemo3(String name,double salary){
        this.name=name;
        this.salary=salary;
    }
    public ThisKeyWordDemo3(String name){
        this(name,3600.0);                              //使用this关键字调用重载构造方法
    }
    public String toString(){
        return name+"的薪水是："+salary;
    }
    public static void main(String[] agrs){
        ThisKeyWordDemo3 td1=new ThisKeyWordDemo3("Tom",10000);
        ThisKeyWordDemo3 td2=new ThisKeyWordDemo3("Jerry");
        System.out.println(td1);
        System.out.println(td2);
    }
}
```

程序运行结果：
Tom 的薪水是：10000.0
Jerry 的薪水是：3600.0

## 3.4　静态变量与静态方法

　　类的成员变量和成员方法都与其对象密切相关，不同的对象各自为成员变量分配内存空间，只有第一个对象创建后才为各成员方法分配入口地址，以后创建的对象就共享这一入口地址。但是，有部分类中的变量与方法是属于类的，不属于对象私有的，被称为类变量与类方法，习惯上也称为静态变量与静态方法。在程序中任何变量或者代码都是在编译时由系统自动分配内存来存储的，而所谓静态，就是指在编译后所分配的内存会一直存在，直到程序退出内存才会释放这个空间，也就是只要程序在运行，那么这块内存就会一直存在。

### 3.4.1　静态变量与静态方法的定义

　　在成员变量、成员方法的前面加上 static 关键字，表明该变量、该方法是属于类的，是静态变量与静态方法。若无 static 修饰，则是实例变量或实例方法。代码样式如下：

**1. 静态变量定义**

static　成员变量；

**2. 静态方法定义**

［访问修饰符］static［返回值类型］方法名（参数列表）｛
　　方法体
｝

## 3.4.2 静态变量的使用

创建一个类的多个对象时，每个对象不会为静态变量各自分配空间，而是多个对象共享一个静态变量所占有的内存空间，因此，类的任何一个具体对象访问静态变量取得的值都是相同的；任何一个对象去修改静态变量（类变量）时，都是对同一内存单元进行操作。如图 3-11 所示。

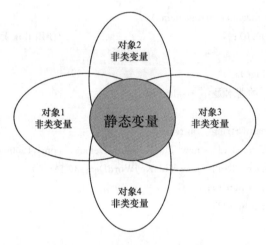

图 3-11　静态变量示意图

静态成员随类加载时被静态地分配内存空间、方法的入口地址，通常通过"类名.静态成员"方式访问。

**例 3.13**　静态变量的使用。

```
class Person{
    String name;
    int age;
    static int count;    //静态变量
    public Person(String name, int age){
        this.name=name;
        this.age=age;
        count++;
    }
    public void CountNum() {
        System.out.println("现在人数为:"+count);
    }
}

public class test {
    public static void main(String[] args) {
```

```
            Person p1=new Person("张三", 19);
            Person p2=new Person("李四", 20);
            Person p3=new Person("王五", 18);
            p1.CountNum();
            System.out.println("直接输出静态变量:"+Person.count);
        }
    }
```

程序是输出结果为：

现在人数为：3

直接输出静态变量：3

上述例子中，分别使用 Person 类的构造方法构建了三个 Person 类的对象实例，每构建对象一次，静态变量 count 的值就自加 1，所以通过 p1 引用成员方法 CountNum 的时候，输出的内容不是 1 而是 3。如果想直接操作静态变量 count，可以使用类名 Person.count 的方式进行操作，不过要有对应的权限才可以进行。

## 3.4.3 静态方法的使用

静态方法的使用格式有两种：

1. 类名.类方法名([实参列表])；   //推荐使用
2. 对象名.类方法名([实参列表])；

当声明一个方法和变量是 static 后，类和方法就意味着不与包含它的类的任何对象相关联。所以，即使没有创建某个类的任何对象，也可以调用 static 方法和访问 static 变量。通常情况下，必须创建一个对象，并使用创建的对象来访问其中的数据或方法；但是，由于 static 方法使用前不需要创建任何对象，所以对于 static 方法不能简单地调用其他非 static 方法或变量。在同一个类中存在一个 static 变量和一个非 static 变量，一个 static 方法和非 static 方法。static 方法可以访问 static 变量，但不可以访问非 static 变量。非 static 方法可以访问 static 变量和非 static 变量。

**例 3.14** 静态方法的使用。

```
class Person{
    String name;
    int age;
    static int count=0;    //静态变量
    public Person(String name, int age){
        this.name=name;
        this.age=age;
        count++;
    }
    public static void CountNum()    //静态方法
    {
        System.out.println("现在人数为:"+count);
    }
}
public class test {
```

```java
        String str="这是非静态成员";//非静态变量
    public static void main(String[] args) {
        Person p1=new Person("张三", 19);
        Person p2=new Person("李四", 20);
        Person p3=new Person("王五", 18);
        p1.CountNum();//正确,在静态方法中可以通过对象访问静态方法(但是不推荐)
        p1.count++;//正确,在静态方法中可以通过对象访问静态变量
        Person.CountNum();//正确,在静态方法中可以访问静态变量(推荐)
        System.out.println("直接输出静态变量:"+Person.count);//正确,静态方法中可以直接访
                                                          //问静态成员
        System.out.println("李四的年纪为:"+p2.age);//正确,在静态方法中可以通过对象访问非
                                                  //静态变量
        //System.out.println(str);//错误,静态方法不能直接访问非静态变量
        //test();   //错误,静态方法不能直接访问非静态方法
    }
    public void test()   //非静态方法
    {
        System.out.println("这是非静态方法"+Person.count);//正确,在非静态方法中可以访问静
        //态变量
        Person.CountNum();//正确,在非静态方法中可以调用静态方法
    }
}
```

程序运行结果如下:

现在人数为:3

现在人数为:4

直接输出静态变量:4

李四的年纪为:20

由上面的例子看出,尽管 static 作用于某个变量会改变数据创建的方式(因为一个 static 字段对每个类来说都只有一个存储空间,而非 static 字段对每个类的对象都有一个存储空间)。但是 static 作用于某个方法,差别却没那么大。static 方法的一个重要用法就是不用创建任何对象就可以通过类名直接调用它。上例中,如果要在静态方法 main 中调用非静态方法和访问静态成员,可以考虑使用如下语句(使用匿名对象来引用):

```
System.out.println(new test().str);
new test().test();
```

## 3.4.4 static 块的使用

static 块会在类被加载的时候执行且仅会被执行一次,一般用来初始化静态变量和调用静态方法。

**例 3.15** 静态块的使用。

```java
class Person{
    String name;
    public Person(String name){
```

```
        this.name=name;
    }
    //静态块
    static{
        System.out.println("static 语句块执行");
    }
}
public class test {
    public static void main(String[] args) {
        Person p1=new Person("张三");
        Person p2=new Person("李四");
        Person p3=new Person("王五");
    }
}
```

程序运行后只输出了一条"静态方法被执行"语句,因为在 Java 虚拟机的生命周期中一个类只被加载一次,又因为静态块是伴随 Person 类加载执行的,所以不管构建多少次 Person 类的对象实例,静态块都会被执行且只执行一次。

如果当一个类中有多个静态块的时候,按照静态块的定义顺序,从前往后执行,而且先执行完静态块语句的内容,才会执行调用语句。

**例 3.16**  静态块的执行顺序示例。

```
public class test {
    static{
        System.out.println(1);
    }
    static {
        System.out.println(2);
    }
    public static void main(String args[]){
        System.out.println(5);
    }
    static {
        System.out.println(3);
    }
    static {
        System.out.println(4);
    }
}
```

程序的运行结果为:
输出 1,2,3,4,5

## 3.5 包

包是 Java 所提供的一种资源管理机制。通过包,可实现访问级别控制和命名空间管理。

### 3.5.1 使用包的必要性

Java 是跨平台的网络编程语言,编写的类或应用程序常在网络中使用。对于世界各地应用 Java 语言的程序员来说,他们极有可能对不同的类使用了相同的名字。例如 Date 类,系统在两个地方给出了不同定义,一个是在 java.util 类库,另一个是在 java.sql 类库。当我们在应用程序中直接使用"Date date=new Date();"语句时,JVM 将不知道调用哪个类库中的 Date 类。产生这个问题的原因是:存在着类命名冲突。

为避免类和接口命名冲突,Java 提供了包机制,允许将相关的类和接口放在一个特定的包中,访问类或接口时需要包含所属包的信息,这样就可以通过包名来限定类名,从而避免命名冲突。此外,使用包还可以进行访问级别控制:同一个包中的类,相互之间有不受限制的访问权限,而在不同包中,只有 public 类可被其他类访问。

### 3.5.2 创建 Java 包

Java 包的创建需要使用包声明语句,格式如下:

package 包名;

例如创建 com.java.sun 包:package com.java.sun;

说明:

1. 包名可以是一个合法的标识符,也可以是由含有多个层次结构的标识符构成,各标识符之间使用"."隔开。

2. 包名通常使用小写字母。

3. 每个源文件最多只能有一条包声明语句,并且必须放在源文件的所有语句的前面,即必须放在源文件的开始位置。

4. 源文件声明包后,源文件中定义的所有类和接口将被放入所声明的包中。

5. 如果源文件中没有声明包,那么,所定义的类或接口将被放入默认包中。默认包是一个无名称的包,它不属于任何包,任何默认包中的类或对象都可以访问它。

6. 访问属于某个包的类需要使用类全名,即包名和类名。

7. 为尽可能减少类命名冲突,Java 建议以反转的 Internet 域名为包名,如域名为 www.sise.com.cn,则包名可以 cn.com.sise 为前缀,例如可创建名称为 cn.com.sise.graphics 的包。

### 3.5.3 常用的 Java 内置包

除我们自己创建的包外,Java 还提供了大量的内置包,其中包含了大量的类、接口等,这是一个"聚宝盆",在编程时要尽可能使用它们,这样能够极大地提高开发效率。

常用的 Java 内置包有:

**1. java.lang**

Java 语言包是 Java 的核心类库,它包含了运行 Java 程序不可缺少的类,如 String 类、包装类、Object 类、Math 类等,它是默认导入包。

**2. java.awt**

它包含用于创建用户界面和绘制图形图像的所有类,这些均是"重量级"组件。

**3. javax.swing**

它是 Java 的扩展类库,包含了用于创建用户界面的"轻量级"组件。

**4. java.applet**

它包含了操作 Java Applet 所必需的类。

**5. java.io**

它提供了进行文件、输入流、输出流操作的类与接口。

**6. java.util**

它包含了各种实用工具类和接口,如 Random、Date、Calendar、Collection 等。

**7. java.net**

它包含了构建网络应用程序时所必需的类,如 Socket、ServerSocket、URL 等。

**8. java.sql**

它提供了数据库操作的 API,如 DriverManager、Connection、Statement 等。

**9. java.text**

它使用与自然语言无关的方式来处理文本、日期、数字和消息的类和接口,如 DateFormat、NumberFormat 等。

### 3.5.4 访问包成员

编写源文件时,除了使用自己编写的类外,还可能用到 Java 类库中的各种类以及他人编写的类,这些类通常与我们编写的源文件分属于不同的包中。我们知道,包提供了访问级别控制,在同一个包中的类相互之间有不受限制的访问权限;而在不同的包中,只有 public 类才能被访问。所以,如果想让某个包中的类被包外其他的类访问时,应将这个类设为 public,使用下列方式中的一种可以在包外访问该类。

**1. 通过包名限定的类全名来访问该类**

例如:java.util.Date date=new java.util.Date();

这种方式的不足之处是:当类全名需要在源程序中出现多次或比较长时,书写麻烦,容易出错,可读性也较差。

**2. 通过 import 语句导入该类**

例如:import java.util.Date;//导入特定的 Date 类

   Date date=new Date();//直接使用类名 Date 访问

**3. 通过 import 语句导入该类所属的整个包**

例如:import java.awt.*;

   import java.awt.event.*;

说明:

(1)使用 import 语句一次只能导入包的某个指定类或接口,或者导入一个包中的全部类或接口。

(2)import 语句只能导入语句中指定包中的类或接口,不能导入子包的类。

例如:import java.awt.*;,导入的只是属于 java.awt 包中的所有类和接口,但不包括 java.awt 包中的子包中的类和接口,所以如果要访问 java.awt.event 子包中的所有类和接口,则需要使用 import java.awt.event.*;语句。

(3)一个源文件可包含多条 import 语句,它们放在 package 语句和 class 关键字之间。

(4) java.lang 包默认自动加载,不需要再使用 import 语句导入。

**例 3.17** 包的创建及包成员的访问。

```
//导入程序中需要用到的各个包外类。
import java.applet.Applet;
import java.awt.Graphics;
import java.util.Date;
public class ImportDemo extends Applet{
    Date date=new Date();
    public void paint(Graphics g){
        g.drawString("现在时间是:"+date.toString(),20,80);
    }
}
```

本例创建的是一个 Applet 程序,所以需要导入 Applet 类;程序中还需要使用 Graphics 对象来调用文本绘制方法,所以需要导入 Graphics 类;另外,还要获取系统当前时间,又要用到 Date 类。因此,使用三条 import 语句。

## 本章小结

在本章中,主要介绍了类、对象以及用于资源管理的包机制。

类是对具有相同属性和行为的对象的抽象,是对象的模板。定义类包括类声明和类体两部分。其中,类体又包含变量声明、方法定义两个内容。类声明需要指定类名并使用关键字 class、访问修饰符和类型修饰符。类的访问修饰符的作用是指定其他类对该类的可访问性,包括 public 和缺省两种。

变量的类型由变量声明指定,每个变量在使用之前,都必须先声明。使用 static 声明的变量为类变量或静态变量,否则为实例变量。实例变量是指针对类的不同实例,有不同值的变量;而类变量由所有实例所共享。在 Java 中,所有成员变量在使用前都必须有确定的值。当我们声明变量不显式初始化时,系统将以一个默认值对变量进行初始化。

方法的类型修饰符最常见的也是缺省和 static,使用 static 声明的方法称为类方法或静态方法,否则为实例方法。实例方法是指用于操作类的实例变量、类变量、其他实例方法和类方法的方法。类方法则指只能操作类变量和其他类方法的方法。一个方法在正常执行后,可有返回值也可没有返回值。当方法有返回值时,需要在方法名前使用返回值的相应数据类型声明方法,同时,还需要在方法体中使用 return 语句返回一个值。如果方法执行后没有值返回,则需要在方法名前使用关键字 void 来声明方法,此时方法体中可以不使用 return 语句。当方法有多个参数时,参数之间使用逗号隔开,没有参数时,小括号也要照写。声明方法时给定的参数称为虚参,调用方法时给定的参数称为实参,实参和虚参必须一一对应。

变量的有效范围由变量的声明位置所决定。类体中的任何方法之外声明的变量称为成员变量,在类体某个方法体内部或方法参数列表中声明的变量称为局部变量。成员变量在整个类内部有效,局部变量只在声明它的方法内有效。成员变量在使用前可以不用显式初始化,局部变量在使用前必须显式初始化。如果局部变量名与成员变量名相同时,成员变量被隐藏。若想在方法体中使用被隐藏的成员变量,须使用 this 关键字。

封装性是 Java 的主要特点之一。使用访问器(getter)和设置器(setter)可以很容易地实现信息隐藏和封装。访问器用于获取实例变量的值，设置器用于设置实例变量的值。访问器和设置器都必须使用 public 访问修饰符。

构造方法是一种特殊的方法，它的名字必须和类名完全相同，且不返回任何值。构造方法的主要作用是初始化新创建的对象。Java 类至少有一个构造方法，如果定义类时没有显式定义构造方法，系统会自动提供一个缺省构造方法。缺省构造方法没有参数，且方法体为空。如果用户显式定义了类的构造方法，缺省构造方法将失效。

方法重载是指一个类可定义多个同名而参数列表不相同的方法的特性。当调用重载方法时，JVM 自动根据当前方法的参数调用形式在类的定义中为其匹配参数形式一致的方法。方法重载有两种类型：构造方法重载和一般方法重载。

对象可以通过"."操作符操作对象的各个成员。

调用方法时，需要将实际值传给虚参。给方法传递实际值的方式有：按值传递、按引用传递和向方法传递命令行参数。按值传递是指方法传递的实际值只是一些基本数据类型的值或常量，方法体中的代码不会对实参有任何影响。按引用传递是指方法传递的是一个对象、接口或数组的引用，此时被调用方法中的代码将直接访问初始对象、接口或数组。Java 中的 main 方法可以接收命令行参数，在运行程序时，可以通过键盘输入以空格来分隔数据传给 main 方法的字符串数组参数。

this 关键字表示对当前对象的引用，可以出现在类的实例方法和构造方法的方法体或参数中。当成员变量与局部变量同名时，必须使用 this 引用成员变量。此外还可以使用 this 关键字调用重载构造方法以及访问被隐藏的成员变量。

包是 Java 所提供的一种资源管理机制。使用 package 关键字来创建包。想让某个包中的类被包外其他的类访问，应将这个类设为 public。同时，还要使用以下三种方式中的其中一种在包外访问该类：通过包名限定的类全名来访问该类、通过 import 语句导入该类和通过 import 语句导入该类所属的整个包。如果在一个程序中存在使用两个不相关包中的同名类时，不能使用导入类的方式，需要使用类全名来访问类。

# 第4章  Java API实用类

学习 Java，有两项重要内容：一是 Java 语法知识，这是编写程序时应遵守的规则；二是 Java 类库，它们是程序构成的"要件"。本章将介绍一些常用类，例如：字符串类、基本数据类型的包装类、数学类、日期日历类等。学习 Java 类时，先要了解它的基本功能，再熟知其重要属性、构造器和常用方法，并经常查阅 API 文档。当然，最根本的途径是多读代码、多写程序。

本章重点：String、StringBuffer、StringBuilder、Math、包装类、日期日历类的基本用法。难点：涉及的类较多，要分清不同的类功能，掌握对应的使用方法不是一件容易的事情。

● 学习目标

- 掌握 String 类的基本用法；
- 熟悉 StringBuffer 类和 StringBuilder 类的基本用法；
- 掌握 Math 类的基本用法；
- 熟悉包装类的功能、重要属性、主要构造器和常用方法；
- 熟悉日期日历类的基本用法。

## 4.1  String 类

Java 的类、接口通常存放在某一包（package）中，例如：java.util，Date 类就位于 java.util 包。在众多的包中，有一个比较特殊的包，那就是 java.lang，该包包含了 Java 语言所需要的基本类、接口等，本章介绍的 String、StringBuffer、StringBuilder、Math、包装类都存放在此处。由于该包的类或接口在编程时经常被使用，所以，在 Java 语言中默认该包自动导入，也就是说该包中的类或接口可以直接使用，不用书写"import java.lang.Xxxx;"语句（Xxxx 代表类或接口）。

### 4.1.1  字符串的概念

字符串（String）是由多个字符构成的字符序列。字符串不同于字符，字符（char）是一种基本类型，它只包含一个字符，用单引号（' '）括住，如：'A'、'm'、'我'等都是字符；而字符串是一种对象类型，包含的字符数量可以是 0 个、一个或多个，字符串常量通常用双引号（""）括住，如："java"、"IBM"、"A"、"刘欢"等都是字符串。不难看出，字符串比字符能表示更多的信息，在程序中大量使用。

字符串对应的类是 String，位于 java.lang 包中。前面提过，该包自动导入，不必书写 import 语句。需要注意的是：在 C++等高级语言中，可以把字符串看成是字符数组，而这一点在 Java 中是行不通的，因为字符（char）、字符串（String）、数组是三种不同的数据类型。

1. 字符串常量（又称字符串字面常数）：即是用双引号（""）括住的字符序列。该表示法简单、实用，例如：

String str1="Java 程序设计";//str1 是 String 类的实例

现在,如果再定义一个字符串:String str2="Java 程序设计";,那么,str2 与 str1 的关系如何?它们是同一个字符串,还是不同字符串?

实际上,为了提高程序运行速度,Java 采用了"对象池"来存放字符串常量,即开辟一个专门的字符串池(String Pool)来存放字符串,如果用户要创建一个字符串常量,系统首先会在字符串池中查找有无相同内容的字符串存在,如果有,就把原有字符串取出使用;若无,就在字符串池中生成一个新字符串。由此可知,str1 和 str2 指向的是同一内容,如图 4-1 所示。

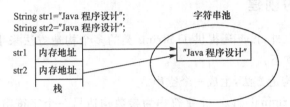

图 4-1  字符串常量指向的对象示图

我们已经知道,通过 new 关键字调用构造方法(又称为构造器,下同)可以在堆中生成对象。这种方法同样适用于 String 类,例如:String str3 = new String("Java 程序设计");和 String str4 = new String("Java 程序设计");都可以生成字符串对象。

即使是同一个类,构造参数相同(例如 new 语句),但每次生成的对象也不一样。很明显,str3、str4 指向了不同的对象,如图 4-2 所示。

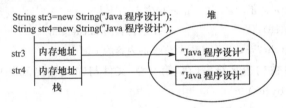

图 4-2  构造方法生成字符串对象示图

因此,我们可以得出结论:用构造器生成的字符串对象与字符串常量之间存在着差异。

2. 字符串的内容。

字符串的内容是不可改变的,这就是说,字符串一旦生成,它的值及所分配的内存空间就不能再被改变。如果硬性改变其值,就会产生一个新的字符串,原对象引用所指的内容会随之变化,如图 4-3、图 4-4 所示。

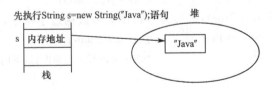

图 4-3  s 指向所生成的字符串对象

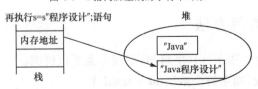

图 4-4  s 指向新生成的字符串对象

由上可知,语句 s=s+"程序设计";执行后,对象引用 s 指向了新生成的字符串对象,而原对象的值仍为"Java",并没有改变,只是没有对象的引用指向它,故不能再被使用,成为垃圾,只待系统回收,这就是字符串内容的不可改变性。在学习 String 的有关方法时,请牢记这一点。如果字符串内容经常被改变,就会产生很多垃圾,从而影响系统的运行效率。引入 StringBuffer 类,可以解决这一问题,有关内容在下一节继续介绍。

### 4.1.2 字符串的创建

除了字符串常量以外,Java 还提供了 String 类的多个构造方法来生成字符串对象,现将常用的构造方法列举如下:

1. String():默认构造方法,生成一个空串。
2. String(String original):以一个字符串为参数构造另一个字符串,即进行字符串拷贝,例如:

  String s1="Java"; String s2=new String(s1); //s2 的内容为"Java"

3. 以字符数组为参数构造字符串

  (1) String(char[] value):value 为源字符数组。
  (2) String(char[] value,int offset,int count):value 含义同(1),offset 是 value 的开始下标,count 是字符个数,例如:

  char ch[]={'a','b','c','d','e','f','g','h','i','j'};
  String s1=new String(ch);   //s1 的内容为"abcdefghij"
  String s2=new String(ch,2,3);  //s2 的内容为"cde"

4. 以字节数组为参数构造字符串(在"第 9 章 文件与输入输出流"中会用到)

  (1) String(byte[] bytes)
  (2) String(byte[] bytes, String charsetName)
  (3) String(byte[] bytes, int offset, int length)

其中:bytes 是字节数组,offset 是 bytes 的开始下标,length 是字节个数,charsetName 是字符编码(如:ISO-8859-1,GB2312 等),如不指明则为系统默认的字符编码。例如:

  byte bt[]={65,66,67,68,69,70,71,72,73,74,};
  String s1=new String(bt);   //s1 的内容为"ABCDEFGHIJ"
  String s2=new String(bt,3,4);  //s2 的内容为"DEFG"

5. String(StringBuffer buffer):以缓冲字符串为参数构造字符串,例如:

  StringBuffer buff=new StringBuffer();  //生成 StringBuffer 空串
  buff.append(true);   //为 StringBuffer 添加内容,下同
  buff.append(1.23);
  String s=new String(buff);  //s 的内容为"true1.23"

### 4.1.3 字符串的常用方法

String 类提供了多个方法来操作字符串,下面分类予以说明。

**1. 获取字符串的长度(即字符个数):int length( )**

例如:String s ="Java 程序设计";,则 s.length( )的结果为 8。
又如:字符串常量"test"的长度为 4,则"test".length( )的结果是 4。

## 2. 字符串的比较

(1) 判断两个字符串的内容是否相同

①boolean equals (Object anObject):区分字符串大小写。

②boolean equalsIgnoreCase (Object anObject):不区分字符串大小写。

例如：

"Hello". equals("Hello");                //结果为 true

"Hello". equals("hello");                //结果为 false

"Hello". equalsIgnoreCase("hello");      //结果为 true

(2) 按字典顺序比较两个字符串的大小

①int compareTo (String anotherString):区分字符串大小写。

②int compareToIgnoreCase (String anotherString):不区分字符串大小写。

如果当前字符串较小,则返回一个负整数;若相等,则返回 0;若大于,则返回一个正整数。

例如：

String s1="java p", s2="java P";         //注意:p 的大小写

s1. compareTo("java q");                  //结果为－1

s1. compareTo(s2);                        //结果为 32

s1. compareToIgnoreCase(s2);              //结果为 0

(3) 判断字符串是否以指定的字符串开头或结尾

①boolean startsWith(String prefix):是否以指定字符串开头。

②boolean endsWith(String suffix):是否以指定字符串结尾。

③boolean startsWith(String prefix, int toffset):判断是否从偏移量 toffset 处以指定字符串开头(偏移量的计算从 0 开始)。

例如：

String url="http://www. sina. com. cn";

url. startsWith("http");                  //结果为 true

url. endsWith("com" );                    //结果为 false

url. startsWith("www",7);                 //结果为 true

(4) 运算符"=="与 equals()的比较

①运算符"==":比较两个字符串引用是否指向同一个对象。

②equals():比较两个字符串的内容是否完全相同。

为了比较"=="与 equals()之间的差异,现用一个例子来说明。

**例 4.1** 字符串的比较。代码如下:

```
public class StringCompare {
    public static void main(String args[]) {
        String s1 = "abc";
        String s2 = "abc";
        String s3 = new String("abc");
        String s4 = new String("abc");
        System. out. println("s1==s2 ?:" + (s1 == s2));
        System. out. println("s1==s3 ?:" + (s1 == s3));
        System. out. println("s3==s4 ?:" + (s3 == s4));
        System. out. println("s1. equals(s2) ?:" + s1. equals(s2));
```

```
                System.out.println("s1.equals(s3) ?:" + s1.equals(s3));
                System.out.println("s3.equals(s4) ?:" + s3.equals(s4));
                System.out.println("s1.compareTo(s3) ?:" + s1.compareTo(s3));
        }
}
```

程序运行结果：

s1==s2 ?：true

s1==s3 ?：false

s3==s4 ?：false

s1.equals(s2) ?：true

s1.equals(s3) ?：true

s3.equals(s4) ?：true

s1.compareTo(s3) ?：0

请你解释这一结果。

**3. 字符串的提取(通常要用变量来指向提取结果)**

(1)获取一个字符串中指定位置的字符：char charAt(int index)，其中 index 值的范围：0～-1。

例如："Hello".charAt(1);           //结果为'e'

(2)将字符串转换为字符数组。

①void getChars(int srcBegin, int srcEnd, char[] dst, int dstBegin)：将源字符串中从开始位置 srcBegin 到结束位置 srcEnd 之前的字符复制到目标字符数组 dst 中，dst 的开始位置是 dstBegin，复制的字符个数为 srcEnd-srcBegin。例如：

String s="广州大学华软软件学院";

char[] buf=new char[10];

s.getChars(4, 6, buf, 0);   //结果为：buf[0]= '华'，buf[1]= '软'

②char[] toCharArray()：将字符串对象中的所有字符转换到一个字符数组中，功能与 getChars()类似。例如：

char[] buf= "Hello".toCharArray();  //字符数组 buf 包含五个元素，依次为：'H'、'e'、'l'、'l'、'o'

(3)将字符串转换为字节数组：byte[] getBytes();根据系统平台的默认字符编码将字符串的字符依次转换为字节，并存储到一个字节数组中。例如：

byte[] buf = "Hello".getBytes();

(4)按正则表达式分解字符串数组：String[] split(String regex)，例如：

String [] str1="boo:and:foo".split(":");    //结果为:{"boo","and","foo"}

(5)获取字符串的子串

①String substring(int beginIndex)：从指定下标起到最后位置的所有字符。

②String substring(int beginIndex, int endIndex)：从指定位置 beginIndex 到 endIndex 之前的子串，例如：

"362101197612090957".substring(6);      //结果为:"197612090957"

"362101197612090957".substring(6, 14);  //结果为:"19761209"

**4. 字符串的查找**

(1)单个字符串的查找

①int indexOf(int ch)：从开始位置查找指定字符，返回第一次出现"ch"的位置(下标)，找

不到则返回-1。

②int indexOf(int ch, int fromIndex)：从 fromIndex 位置开始查找"ch"字符,其余与①相同。

(2)子串的查找

①int indexOf(String str)：功能与(1)的①类似,只是查找的是字符串。

②int indexOf(String str, int fromIndex)：功能与(1)的②类似,只是查找的是字符串。

例如：String s="Java is a programming language.";
   s.indexOf('a');     //结果为：1
   s.indexOf('a', 4);    //结果为：8
   s.indexOf("is");     //结果为：5
   s.indexOf("prop");   //结果为：-1（找不到）

如果查找方向是从后向前,则有类似的四个方法,它们的功能不难理解：

int lastIndexOf(int ch)

int lastIndexOf(int ch, int fromIndex)

int lastIndexOf(String str)

int lastIndexOf(String str, int fromIndex)

例如：s.lastIndexOf('a');    //结果为：27（s仍为前面的字符串,下同）
   s.lastIndexOf('a', 20);  //结果为：15

**5. 字符串的修改**

对字符串进行修改时请注意,字符串内容具有"不可改变性",如果硬性修改,就会产生新字符串,而原串内容不变。因此,进行字符串修改时,通常要将得到的内容赋给某一字符串引用,否则,将无法操作。

(1)字符串的连接(类似于"+")：String concat(String str)

例如：String str="This".concat(" is a demo.");

原串仍为"This",新串为"This is a demo.",这里用"str"来引用。如果没有声明"str"变量,则修改后的内容就会成为垃圾,只能等待系统来收回其所占资源。

(2)字符串中有关字符的替换：String replace(char oldChar, char newChar)

例如："java".replace('a','b');  //产生的新串内容为"jbvb"

(3)去除字符串开头处、结尾处的空格(但不会去除中间的空格)：String trim()

例如：" Hello, Mr Wang.".trim();  //产生的新串内容为"Hello, Mr Wang."

(4)将字符串中的所有英文字母转换成小写：String toLowerCase()

例如："Hello".toLowerCase();  //新串的内容为"hello"

(5)将字符串中的所有英文字母转换成大写：String toUpperCase()

例如："Hello".toUpperCase();  //新串的内容为"HELLO"

**6. 字符串与基本类型的互换**

(1)将基本类型转换成字符串：static String valueOf(基本类型数据)

说明：这是类的静态方法,它的调用不依赖于对象。调用格式：类名.静态方法([参数表])

例如：String s1= String.valueOf(123);  //s1 内容为："123"
   String s2= String.valueOf(false); //s2 内容为："false"
   String s3= s1+s2;     //s3 内容为："123false"

(2) 将字符串形式的数据转换成基本类型的数据(例如:"12.3"可转换成 12.3,但"a1b2.3"则无法转换)。此时,要用到基本类型的包装类(即基本类型对应的对象类型),转换的基本格式为:

```
//包装类名.parseXxxx(字符串)
static byte parseByte(String s);            //将字符串转换成 byte 类型数据
static short parseShort(String s);          //将字符串转换成 short 类型数据
static int parseInt(String s);              //将字符串转换成 int 类型数据
static long parseLong(String s);            //将字符串转换成 long 类型数据
static float parseFloat(String s);          //将字符串转换成 float 类型数据
static double parseDouble(String s);        //将字符串转换成 double 类型数据
例如:byte bt=Byte.parseByte("23");          //bt 为 23
     int n=Integer.parseInt("456");         //n 为 456
     double d=Double.parseDouble("78.901"); //d 为 78.901
```

String 类中包含的方法确实很多,只要了解其大体功能及对应的英语单词即可,实际编程时可查阅 API 文档,多看多用就能熟悉掌握。

## 4.2 StringBuffer 类和 StringBuilder 类

### 4.2.1 引入 StringBuffer 的原因

上一节在介绍 String 类时,介绍到其内容的"不可改变性"。若要修改字符串的内容,并使原串内容不受影响,生成的新对象如果没有引用指向它,就会失去意义而无法操作。当这样的操作很频繁时,势必影响系统的运行效率。但是,在一些特定情况下对字符串的频繁操作是不可避免的,例如文本编辑器,会经常对字符串进行增、删、改操作。如何兼顾程序运行效率而又不影响字符串的操作呢? Java 提供了 StringBuffer 类来解决这一问题。

StringBuffer 也是一个字符序列,类似于 String,但与 String 不同的是,StringBuffer 可以改变其长度和内容。当在 StringBuffer 中进行附加、插入、替换、删除、查询等操作时,得到的结果将存放在 StringBuffer 中,不会产生新对象,非常适合大型文本的处理。StringBuffer 还具有线程安全性,由于采用了同步机制,不允许多个线程同时对 StringBuffer 进行增加或修改操作。不过这多少会影响程序运行效率,于是从 JDK 5.0 起新增了一个 StringBuilder 类,该类有着与 StringBuffer 完全相同的 API,但是它不具有线程安全性,在同等情况下程序执行效率会更高一些。由于这两个类功能相同,只在安全性、执行效率上存在一些差异,学习时只要掌握其中一个即可。本节只介绍 StringBuffer 类,它位于 java.lang 包中。

### 4.2.2 StringBuffer 对象的创建

StringBuffer 类的常用构造方法有三个,具体如下:

(1) StringBuffer( ):建立一个不包含任何文本的 StringBuffer 对象,其内容可以以后添加,初始容量为 16 字节。

(2) StringBuffer(int capacity):建立一个容量为 capacity 的 StringBuffer 对象,不包含任何文本。

(3)StringBuffer(String str):以参数"str"来创建 StringBuffer 对象。

例如:StringBuffer sb=new StringBuffer("12345");
    System.out.println(sb.length());        //输出其长度:5
    System.out.println(sb.capacity());      //输出其容量:21(即 5+16)

说明:随着文本的增加,字符串的长度在不断增大。当长度大于 StringBuffer 对象的现有容量时,Java 会自动增加其容量。所以,在进行 StringBuffer 的增加、删除操作时,不必考虑其容量问题。

### 4.2.3 StringBuffer 类的常用方法

StringBuffer 类的常用方法可分为:对象自身操作、增加、删除、修改、查询、排序等,现列举如下:

**1. 对象自身操作**

(1)获取和设置 StringBuffer 的长度

①int length( ):返回所包含字符串的长度(即字符个数)。

②void setLength(int newLength):设置包含字符串的长度。如果 newLength 比当前字符串的长度大,将在字符串尾部加空字符('\u0000'),假如 newLength 比当前字符串的长度小,则将字符串长度缩短为 newLength。

(2)获取 StringBuffer 的容量大小:int capacity( ),其返回值=字符串长度+16。

现在用一个例子来验证这些方法。

**例 4.2** 输出 StringBuffer 的长度与容量。代码如下:

```
public class StringBufferDemo {
    public static void main(String args[]) {
        StringBuffer sb = new StringBuffer("abcdefghijklmnopqrstuvwxyz");
        System.out.println("字符串的内容为:" + sb.toString());
        System.out.println("sb.length()=" + sb.length());
        System.out.println("sb.capacity()=" + sb.capacity());
        System.out.println();
        System.out.println("设置 sb 的新长度为 20 后");
        sb.setLength(20);
        System.out.println("字符串的内容为:" + sb.toString());
        System.out.println("sb.length()=" + sb.length());
        System.out.println("sb.capacity()=" + sb.capacity());
    }
}
```

程序运行结果:

字符串的内容为:abcdefghijklmnopqrstuvwxyz
sb.length()= 26
sb.capacity()= 42
设置 sb 的新长度为 20 后
字符串的内容为:abcdefghijklmnopqrst
sb.length()= 20
sb.capacity()= 42

说明：先以 26 个小写字母为参数创建 StringBuffer 对象 sb，接着输出其长度与容量（为什么结果为 42？）。再重新设置 sb 的长度，新长度比原长度小，故删除了一些字符，但容量保持不变。

**2. 增加字符串**

（1）增加字符串的功能之一是在尾部追加各种类型的数据，并转换为字符串。

基本格式：void append(数据)，例如：

StringBuffer append(boolean b)

StringBuffer append(char c)

StringBuffer append(double d)

StringBuffer append(int i)

StringBuffer append(Object obj)

例如：StringBuffer sb＝new StringBuffer()；

   sb.append(12)；     //包含的字符串为："12"

   sb.append(true)；    //包含的字符串为："12true"

（2）增加字符串的功能之二是在指定位置上插入各种类型的数据，并转换为字符串。

基本格式：void insert(int offset，数据)，其中，offset 为插入点下标。例如：

StringBuffer insert(int offset, char c)

StringBuffer insert(int offset, double d)

StringBuffer insert(int offset, int i)

StringBuffer insert(int offset, Object obj)

例如：StringBuffer sb＝new StringBuffer("abcdef")；

   sb.insert(0,12)；    //包含的字符串为："12abcdef"

   sb.insert(4, true)；   //包含的字符串为："12abtruecdef"

**3. 删除字符或字符串**

（1）StringBuffer deleteCharAt(int index)：删除指定位置的字符。

（2）StringBuffer delete(int start，int end)：删除从 start 位置到 end 之间（不包括 end 位置）的字符串。

**4. 替换字符串**

StringBuffer replace(int start，int end，String str)：用"str"替换从 start 位置到 end 之间（不包括 end 位置）的字符串。

**5. 获取或设置指定位置的字符**

（1）char charAt(int index)：获取下标为 index 的字符。

（2）void setCharAt(int index, char ch)：用"ch"设置 index 位置的字符。

**6. 获取字符串的子串**

（1）String substring(int beginIndex)：获取从 beginIndex 位置开始到结尾的所有字符。

（2）String substring(int beginIndex, int endIndex)：获取从 beginIndex 位置到 endIndex 之间（不包括 endIndex 位置）的字符串。

**7. 将包含的字符串逆序：StringBuffer reverse( )**

例如：StringBuffer sb＝ new StringBuffer("abcdef")；

   sb.reverse()；     //包含的字符串为："fedcba"

**8. 将 StringBuffer 对象转换成 String 对象：String toString( )**

通常在输出 StringBuffer 内容时要执行此操作。

例如：StringBuffer sb= new StringBuffer("abcdef");
System.out.println(sb.toString());  //输出结果：abcdef

再次提醒：与 String 不同，StringBuffer 进行增加、删除、修改等一系列操作后，受影响的是其本身，并不会产生新对象。例 4.3 可以说明这一点。

**例 4.3**  StringBuffer 的增加、删除、修改等操作。代码如下：

```
public class StringBufferModified {
    public static void main(String args[]) {
        char ch[] = { 'a', 'b', 'c', 'd', 'e' };
        StringBuffer sb = new StringBuffer("12345");
        sb.append("ABCDE"); // sb 包含的字符串为："12345ABCDE"
        sb.insert(0, ch); // sb 包含的字符串为："abcde12345ABCDE"
        System.out.println("增加字符串后,sb 包含的字符串为：" + sb.toString());
        sb.replace(5, 10, "00000"); // sb 包含的字符串为："abcde00000ABCDE"
        System.out.println("替换字符串后,sb 包含的字符串为：" + sb.toString());
        sb.delete(5, 10); // sb 包含的字符串为："abcdeABCDE"
        System.out.println("删除字符串后,sb 包含的字符串为：" + sb.toString());
        sb.reverse(); // sb 包含的字符串为："EDCBAedcba"
        System.out.println("逆序后,sb 包含的字符串为：" + sb.toString());
    }
}
```

程序运行结果：
增加字符串后,sb 包含的字符串为：abcde12345ABCDE
替换字符串后,sb 包含的字符串为：abcde00000ABCDE
删除字符串后,sb 包含的字符串为：abcdeABCDE
逆序后,sb 包含的字符串为：EDCBAedcba

## 4.2.4 StringBuilder 类

StringBuilder 类也是一个可变的字符序列。此类提供一个与 StringBuffer 兼容的 API，但不保证同步。该类被设计用作 StringBuffer 的一个简易替换，用在字符串缓冲区被单个线程使用的时候，这种情况很普遍。

在 Java 中，首先出现的是 StringBuffer，而 StringBuilder 类来源于 JDK 1.5 及以后的版本，JDK 1.4（包括 1.4）之前是不存在该类的。请注意不要在 JDK 1.4 的环境里使用 StringBuilder 类，否则会出错。

如果可能，建议优先采用该类，因为在大多数实现中，它比 StringBuffer 要快。在 StringBuilder 上的主要操作是 append 和 insert 方法。每个方法都能有效地将给定的数据转换成字符串，然后将该字符串的字符添加或插入到字符串生成器中。append 方法始终将这些字符添加到生成器的末端；而 insert 方法则在指定的位置添加字符。

将 StringBuilder 的实例用于多个线程是不安全的。如果需要这样的同步，则建议使用 StringBuffer。StringBuilder 类可以用于在无须创建一个新的字符串对象情况下修改字符串。StringBuilder 不是线程安全的，而 StringBuffer 是线程安全的。但 StringBuilder 在单线程中的性能比 StringBuffer 高。

**1. StringBuilder 类的常用属性和方法**

(1)属性

int Capacity{get;set;} //获取或设置可包含在当前实例所分配的内存中的最大字符串

int Length{get;set;} //获取或设置当前 System.Text.StringBuilder 对象的长度

int MaxCapacity{get;} //获取此实例的最大容量

(2)实例方法

StringBuilder Append(<type> value); //在此实例追加指定值

StringBuilder AppendFormat(String format,params object[] args); //追加格式化后的值

StringBuilder AppendLine(); //追加行终止符

StringBuilder AppendLine(String value); //追加字符串,默认后面接行终止符

StringBuilder Clear(); //从当前实例中移除所有字符

void CopyTo(int sourceIndex, char[] destination, int destinationIndex, int count);

//将此实例指定段中的字符复制到字符数组的指定段中

StringBuilder Insert(int index, <type> value); //将字符串插入到实例中指定字符位置

StringBuilder Remove(int startIndex,int length); //将指定范围的字符从此实例中移除

StringBuilder Replace(String oldValue,String newValue);

//将此实例中所有指定字符串的匹配项替换为其他指定字符串

String ToString(); //将此实例的值转换为 System.String

**2. StringBuilder 类的使用**

(1)创建

通过用一个重载的构造函数方法初始化变量,可以创建 StringBuilder 类的新实例,例如:

StringBuilder MyStringBuilder = new StringBuilder("Hello World!");

(2)设置容量和长度

虽然 StringBuilder 对象是动态对象,允许扩充它所封装的字符串中字符的数量,但是可以为它可容纳的最大字符数指定一个值。此值称为该对象的容量,不应将它与当前 StringBuilder 对象容纳的字符串长度混淆在一起。

例如,可以创建 StringBuilder 类的带有字符串"Hello"(长度为 5)的一个新实例,同时可以指定该对象的最大容量为 25。当修改 StringBuilder 时,在达到容量之前,它不会为自己重新分配空间。当达到容量时,将自动分配新的空间且容量翻倍。可以使用重载的构造函数之一来指定 StringBuilder 类的容量。以下代码示例指定将 MyStringBuilder 对象扩充到最大 25。

StringBuilder MyStringBuilder = new StringBuilder("Hello World!", 25);

另外,可以使用读/写 Capacity 属性来设置对象的最大长度。以下代码示例使用 Capacity 属性来定义对象的最大长度。

MyStringBuilder.Capacity = 25;

EnsureCapacity 方法可用来检查当前 StringBuilder 的容量。如果容量大于传递的值,则不进行任何更改;但是,如果容量小于传递的值,则会更改当前的容量以使其与传递的值匹配。

也可以查看或设置 Length 属性。如果将 Length 属性设置为大于 Capacity 属性的值,则自动将 Capacity 属性更改为与 Length 属性相同的值。如果将 Length 属性设置为小于当前 StringBuilder 对象内的字符串长度的值,则会缩短该字符串。

(3)常用方法使用

①Append()方法

Append()方法可用来将文本或对象的字符串表示形式添加到由当前 StringBuilder 对象

表示的字符串的结尾处。以下示例将一个 StringBuilder 对象初始化为"Hello World",然后将一些文本追加到该对象的结尾处。该字符串将根据需要自动分配空间。

StringBuilder MyStringBuilder = new StringBuilder("Hello World!");
MyStringBuilder. Append(" What a beautiful day.");
System. out. print(MyStringBuilder);

此示例将 Hello World! What a beautiful day. 显示到控制台。

②AppendFormat()方法

AppendFormat()方法将文本添加到 StringBuilder 的结尾处,而且实现了 IFormattable 接口,因此可接收格式化部分中描述的标准格式字符串。可以使用此方法来自定义变量的格式并将这些值追加到 StringBuilder 的后面。以下示例使用 AppendFormat()方法将一个设置为货币值格式的整数值放置在 StringBuilder 的结尾。

int MyInt = 25;
StringBuilder MyStringBuilder = new StringBuilder("Your total is ");
MyStringBuilder. AppendFormat("{0:C} ", MyInt);
System. out. print(MyStringBuilder);

此示例将 Your total is $25.00 显示到控制台。

③Insert()方法

Insert()方法将字符串或对象添加到当前 StringBuilder 中的指定位置。以下示例使用此方法将一个单词插入到 StringBuilder 的第六个位置。

StringBuilder MyStringBuilder = new StringBuilder("Hello World!");
MyStringBuilder. Insert(6,"Beautiful ");
System. out. print(MyStringBuilder);

此示例将 Hello Beautiful World! 显示到控制台。

④Remove()方法

可以使用 Remove()方法从当前 StringBuilder 中移除指定数量的字符,移除过程从指定的索引处开始。以下示例使用 Remove()方法缩短 StringBuilder。

StringBuilder MyStringBuilder = new StringBuilder("Hello World!");
MyStringBuilder. Remove(5,7);
System. out. print(MyStringBuilder);

此示例将 Hello 显示到控制台。

⑤Replace()方法

使用 Replace()方法,可以用另一个指定的字符来替换 StringBuilder 对象内的字符。以下示例使用 Replace()方法来搜索 StringBuilder 对象,查找所有的感叹号字符(!),并用问号字符(?)来替换它们。

StringBuilder MyStringBuilder = new StringBuilder("Hello World!");
MyStringBuilder. Replace('!','?');
System. out. print(MyStringBuilder);

此示例将 Hello World? 显示到控制台。

如果程序对附加字符串的需求很频繁,不建议使用"+"来进行字符串的串联。可以考虑使用 java. lang. StringBuilder 类,使用这个类所产生的对象默认会有 16 个字符的长度,也可以自行指定初始长度。如果附加的字符超出可容纳的长度,则 StringBuilder 对象会自动增加长度以容纳被附加的字符。如果有频繁附加字符串的需求,使用 StringBuilder 类能使效率大大提高。例如如下代码:

```
public class AppendStringTest
{
    public static void main(String[] args)
    {
        String text = "";
        long beginTime = System.currentTimeMillis();
        for(int i=0;i<20000;i++)
            text = text + i;
        long endTime = System.currentTimeMillis();
        System.out.println("执行时间:"+(endTime-beginTime));
        StringBuilder sb = new StringBuilder("");
        beginTime = System.currentTimeMillis();
        for(int i=0;i<20000;i++)
            sb.append(String.valueOf(i));
        endTime = System.currentTimeMillis();
        System.out.println("执行时间:"+(endTime-beginTime));
    }
}
```

此段代码输出:

执行时间:1547

执行时间:16

## 4.3 Math 类

Math 类的功能是调用数学函数,进行较为复杂的计算。

### 4.3.1 Math 类的简介

Math 类位于 java.lang 包中,它继承了 Object 类,包含基本的数学计算,如指数、对数、平方根和三角函数,由于它是 final 类,所以不能再被继承。Math 类的属性、方法绝大多数是静态(static)的,在使用时不必创建对象,直接采用"Math.属性"或"Math.方法([参数表])"格式调用即可。

静态常量:

E:e 的近似值,为 double 类型。

PI:圆周率的近似值,为 double 类型。

常用方法:

(1)求绝对值:返回值类型 abs(参数);

说明:参数为 double、float、int、long 类型,返回值、参数类型相同。

(2)求两个数中的较大者:返回值类型 max(参数 1,参数 2);

说明:参数同为 double、float、int、long 类型,返回值、参数类型相同。

(3)求两个数中的较小者:返回值类型 min(参数 1,参数 2);,说明同(2)。

(4)将实数四舍五入为整数。

①long round(double a);相当于(long)Math.floor(a + 0.5d);

②int round(float a);相当于(int)Math.floor(a + 0.5f);

(5)求平方根:double sqrt(double a);当 a 小于 0 或 NaN 时,返回 NaN;

(6)求参数幂项:double exp(double x);

(7)求乘方:double pow(double x,double y);

(8)求对数。

①double log(double a);以 e 为底

②double log10(double a);以 10 为底

(9)生成[0,1)的随机小数:double random();利用它进行适当变换后可得任意区间上的随机整数。

(10)求三角函数与反三角函数值

①三角函数值:double sin(double a);double cos(double a);double tan(double a);

②反三角函数值:double asin(double a);double acos(double a);double atan(double a);

## 4.3.2 Math 类的应用举例

现在,通过两个例子来说明 Math 类的应用。

**例 4.4** Math 类的使用。代码如下:

```
public class MathDemo {
    public static void main(String[] args) {
        System.out.println(Math.E);// 输出 e 值
        System.out.println(Math.PI);// 输出 PI 值
        System.out.println(Math.exp(2));// 输出 e 平方
        System.out.println(Math.random());// 产生 0~1 随机数
        System.out.println(Math.sqrt(10.0));// 求 10 的平方根
        System.out.println(Math.pow(2,3));// 计算 2 的 3 次方
        System.out.println(Math.round(99.4));// 四舍五入
        System.out.println(Math.abs(-8.88));// 求绝对值
    }
}
```

程序运行结果:

2.718281828459045

3.141592653589793

7.38905609893065

0.022307878164142814

3.1622776601683795

8.0

99

8.88

说明:随机数在每次输出时都不一样。

在 Math 类的众多方法中，随机数生成方法"random()"的使用比较灵活，利用它可以模拟随机事件的发生，例如：抽奖、发扑克牌等。"random()"只能生成[0,1)的随机小数，若要生成指定区间的随机整数，需要进行放大、平移、取整等操作，具体如下：

设 a、b 分别为两个整数（且 a<=b），由于 Math.random()值在[0,1)，那么，(b−a+1)∗Math.random()的值会在[0，b−a+1)范围内，加上 a 进行平移操作，a+(b−a+1)∗Math.random()的值将在[a，b+1)中。最后取整，得到[a,b]范围的随机整数。

这里，再举一个稍为复杂、更实用的例子：假设有一个字符串，它由 26 个英文大写字母组成，现欲随机输出该字符串的所有字符。该如何实现呢？

根据题意，字符串中的所有字符都要输出，既不能遗漏，也不能重复。可考虑将字符串中的所有字符存放到一个字符数组中，每一字符均会从该字符数组中挑选、输出，已输出的字符值要更改为''，让它不再参与后续字符的挑选。要保证字符的随机输出，可根据可选字符（即字符数组中挑选之后的剩余字符）的个数 $n_i$，来产生[1,$n_i$]范围的随机整数 $r_i$，然后通过循环从字符数组第 1 个元素（下标为 0）起开始计数查找，如果数组元素为''，说明它已在前面输出，不能再入选，跳过；若数组元素不为''，说明该字符要参与本次挑选，计数器增加 1；当计数器值等于 $r_i$ 时，说明这一位置的字符就是所需要的字符，记录它的值并输出，之后将该位置的字符值更改为''，结束本次查找。此时，可选字符的个数 $n_{i+1}=n_i-1$，再类似地进行后续字符的查找、输出，直至所有字符输完为止。

**例 4.5** 随机打印字符串。代码如下：

```
public class RandomDemo {
    // 用静态方法实现随机输出字符串功能
    public static String random_print_str(String str) {
        int n = str.length();// 得到源字符串长度
        char[] source = str.toCharArray();// 将源字符串内容存放于一个字符数组中
        char[] result = new char[n];// 定义一个用于存放结果的字符数组
        int rand_pos;// 存放每次产生的随机位置
        int count;// 计数
        // 用二重循环来获得随机字符串:外循环保证所有字符被输出,内循环保证每次输出的字符都是随机的
        for (int i = 0; i < n; i++) {
            // source 中去除内容为''的字符,称为剩余字符
            // 根据剩余的字符个数来生成随机数,即产生[1,ni]的随机整数
            rand_pos = (int) (1 + Math.random() * (n - i));
            count = 0;// 计数复位为 0
            for (int j = 0; j < n; j++) {// 查找剩余字符中处于第 rand_pos 位字符
                if (source[j] != '') {
                    count++;
                    if (rand_pos == count) {// 已找到对应位置
                        result[i] = source[j];
                        source[j] = '';// 该位置字符已输出,下一次字符输出时不予考虑
                        break;// 已找到字符,并处理完毕.结束内循环
                    }
                }
            }
        }
```

```
            }
            return new String(result);// 由 result 字符数组生成结果字符串,并返回
        }
        public static void main(String[] args) {
            char alpha[] = new char[26];
            for (int i = 0; i < 26; i++)
                alpha[i] = (char) ('A' + i);
            // 生成源字符串,调用 random_print_str()静态方法
            String s_str = new String(alpha);
            String r_str = random_print_str(s_str);
            System.out.println("随机输出 26 个英文字母(大写):");
            System.out.println(r_str);
        }
    }
```

程序运行结果:(再次运行结果有变化)
随机输出 26 个英文字母(大写):
QMWORSBVZFDTLEUXNJAIKGHCPY

思考题:请在本例基础上,编程模拟游戏"拖拉机"的发牌过程。(假设:人数为 4,两副扑克牌,庄家底牌为 8 张)

## 4.4 包装类

### 4.4.1 引入包装类的原因

在第 2 章讲编程基础时,介绍了八种基本数据类型:boolean、byte、short、int、long、char、float、double。考虑到程序运行效率及日常使用习惯,Java 没有把它们定义为对象类型,例如:3+5 表示加法,就非常直观。而 Java 是面向对象的编程语言,"万事万物皆对象"是它的一个重要观点,像 Vector、Hashtable 等容器类的元素必须是对象类型,使用基本类型数据并不符合要求。如何解决这一问题呢?或者说,怎样为基本类型数据找到对应的对象呢?包装类具备相应功能。

包装类其实是简称,严格意义上说,应该是基本数据类型的包装类,它们为基本数据类型提供类的功能,共包含八个类,即 Boolean、Byte、Short、Integer、Long、Character、Float、Double,分别对应着八种基本数据类型。你是否已经看出这些类的命名规律?除了 Integer、Character 外,其余六个类的类名都是将对应的基本数据类型名的首字母大写而得来的。

包装类位于 java.lang 包中,不需要使用 import 语句来导入。由于包装类的成员个数较多,如果逐一讲解,会导致篇幅大、重复内容多等,因此,我们采用"先同后异"的方式来介绍,即先讲述包装类的共同特征,再指出个别类的特殊之处。

### 4.4.2 包装类的类常量、构造器和常用方法

将八种基本数据类型进行分类,可以发现,byte、short、int、long 表示的是整数、double、float 表示的是浮点数。boolean 和 char 有特殊用途,boolean 表示"真""假",只有 true 和 false

两个值,char 用 16 位的 Unicode 编码表示,只能包含一个字符。熟知这些内容,有助于理解每个基本数据类型对应的包装类的属性和方法。

**1. 类常量**

Boolean 类用 true、false 两个常量,其他七个类分别用 MIN_VALUE、MAX_VALUE 来表示对应基本类型的最小值、最大值,例如:Integer 类的最小值和最大值是 $-2^{31}$ 和 $2^{31}-1$,即 int 类型数据的范围是 $[-2^{31}, 2^{31}-1]$。所有的包装类都有一个常量 TYPE,它代表着对象属于哪一个包装类。Float、Double 类还定义了常量 NaN(Not a Number)来表示非数字。

**2. 构造方法**

(1)所有的包装类都可以用其对应的基本类型数据为参数,来构造相应对象。

格式:new 包装类类名(基本类型数据)

例如:Boolean bl=new Boolean(true);
　　　Integer ii=new Integer(123);
　　　Float ff=new Float(78.9f);
　　　Character ch=new Character('A');

(2)除 Character 外,都提供了以 String 类型为参数的构造方法。

例如:Boolean bl2=new String("false");　　//参数不限大小写
　　　Double dd=new Double("2345.678");

**3. 常用方法**

(1)将包装类对象转换为基本数据类型

除 Boolean、Character 外,其余六个类都是抽象类 Number 的直接子类,它们继承了 Number 类的以下六个方法,实现从包装类对象到基本数据类型的转换。

①byte byteValue()

②short shortValue()

③long longValue()

④int intValue()

⑤float floatValue()

⑥double doubleValue()

**注意**:它们都是对象方法,不带参数。

例如:Double obj_dd=new Double("2345.678");
　　　double d=obj_dd.doubleValue();　　//结果为 2345.678
　　　int i=obj_dd.intValue();　　　　　//结果为 2345

(2)包装类对象与字符串的相互转换

①包装类对象转换为字符串。

String toString()为对象方法。它覆盖了 Object 类的对应方法,返回基本类型形式的字符串。

②除 Boolean、Character 类外,其余六个类还提供了将字符串转换为对象类型的静态方法:valueOf(String s);

返回值类型与对应的包装类的类型相同。

例如:Long obj_ll=Long.valueOf("2345L");
　　　Double obj_dd=Double.valueOf("12.345");

(3)基本类型数据与字符串的相互转换

①将基本类型数据转换为字符串的静态方法:String toString(基本类型数据);

②Integer、Long 类还提供了将整数转换为指定进制字符串的静态方法。

String toString(int 或 long 型数据, int radix):参数 radix 为基数,常用的有:2、8、10、16。

String toBinaryString(int 或 long 型数据):转换为二进制形式的字符串。

String toOctalString(int 或 long 型数据):转换为八进制形式的字符串。

String toHexString((int 或 long 型数据):转换为十六进制形式的字符串。

例如:System. out. println(Integer. toString(254,2));//输出:11111110

　　　System. out. println(Integer. toBinaryString(254));//输出:11111110,实现与上一语句相同的功能

　　　System. out. println(Integer. toHexString(254));//输出:fe,用十六进制表示

③将字符串转换为对应的基本类型数据的静态方法:parseXxxx(String s);

这一方法已在前面章节多次被提到,且经常使用,请务必掌握。

### 4.4.3 Character 类的独特之处

Character 类对应着 char 型,而 char 型数据是用 16 位的 Unicode 编码表示的,只含一个字符,通常没有数量概念,这就决定了 Character 类的独特之处,例如,对字符属性进行判断或转换就是该类的重要功能。所以,它拥有多个以"is"或"to"开头的方法,现选择其中几个进行示范:

(1)static boolean isDigit(char ch):判断 ch 是否为数字。

(2)static boolean isLetter(char ch):判断 ch 是否为字母。

(3)static boolean isLetterOrDigit(char ch):判断 ch 是否为字母或数字。

(4)static boolean isLowerCase(char ch):判断 ch 是否为小写字符。

(5)static boolean isUpperCase(char ch):判断 ch 是否为大写字符。

(6)static boolean isSpaceChar(char ch):判断 ch 是否为空白字符。

(7)static char toLowerCase(char ch):将 ch 转换为小写字符。

(8)static char toUpperCase(char ch):将 ch 转换为大写字符。

## 4.5 日期日历类

编写程序时有可能用到时间,Java 提供了日期日历类来满足这方面需求。本节将介绍三个类:Date(日期)类、GregorianCalendar(格里高利日历)类、SimpleDateFormat(简单日期格式)类。

### 4.5.1 Date 类

Date 类位于 java.util 包中,它代表的是时间轴上的一个点,用一个 long 型的数据来度量,该数据是 Date 对象代表的时点距离 GMT(格林尼治标准时间)1970 年 1 月 1 日 00 时 00 分 00 秒的毫秒数。Date 类具有操作时间的基本功能,例如:获取系统当前时间。由于该类在设计上存在严重缺陷,它的多个方法已过时、废弃,相关功能已转移到其他类(如:日历类 Calendar)中实现。因此,我们只介绍它的基本用法。

**1. 构造方法**

(1) Date()：构造日期对象，代表的是系统当前时间。

(2) Date(long date)：用 long 型参数构造对象。参数 date 是指距离 GMT 1970 年 1 月 1 日 00 时 00 分 00 秒时点的长度，单位为毫秒。（注：1 秒＝1000 毫秒）

**2. 常用方法**

(1) boolean after(Date when)：判断当前对象代表的时点是否晚于 when 代表的时点。

(2) boolean before(Date when)：判断当前对象代表的时点是否早于 when 代表的时点。

(3) long getTime()：返回当前对象代表的时点距离 GMT 1970 年 1 月 1 日 00 时 00 分 00 秒时点的毫秒数。

(4) void setTime(long time)：用参数重新设置时点，新时点距离 GMT 1970 年 1 月 1 日 00 时 00 分 00 秒时点的长度为 time 毫秒。

**3. 应用举例**

**例 4.6** Date 类的使用。代码如下：

```
import java.util.Date;
public class DateDemo {
    public static void main(String[] args) {
        Date currentDate = new Date();
        System.out.println("当前日期：" + currentDate);
        Date newDate = new Date(10000000000000L); // 距离起点的长度为 100 亿秒
        System.out.println("新的日期：" + newDate);
        System.out.println("当前日期早于新日期：" + currentDate.before(newDate));
        System.out.println("当前日期晚于新日期：" + currentDate.after(newDate));
        System.out.println("当前日期距离 GMT 1970.1.1 00:00:00 的毫秒数：" + currentDate.getTime());
    }
}
```

程序运行结果：（运行结果与当前系统时间有关）

当前日期：Sat Feb 27 20:36:16 CST 2010
新的日期：Sun Nov 21 01:46:40 CST 2286
当前日期早于新日期：true
当前日期晚于新日期：false
当前日期距离 GMT 1970.1.1 00:00:00 的毫秒数：1267274176046

## 4.5.2　GregorianCalendar 类

由于 Date 类在设计上有缺陷，日期时间处理用得更多的是 Calendar 及其子类。Calendar 类位于 java.util 包中，它提供了多个方法来获取、设置、增加日历字段值，具有比 Date 类更强大的功能。Calendar 是抽象类，不能直接用 new 关键字来创建对象，但它提供了一个静态工厂方法 getInstance() 来得到其子类对象，例如：Calendar rightNow = Calendar.getInstance();。Calendar 的子类 GregorianCalendar 类在编程中经常使用，它提供了操作日期、时间更具体、更高效的方法。

Gregorian 日历就是我们现在使用的公历,由罗马教皇格里高利十三世正式颁布,史称格里高利日历。GregorianCalendar 类是 Calendar 的一个具体子类,位于 java.util 包中,它支持多种日历,功能强大。

**1. Calendar 类常量**

(1)星期几:SUNDAY、MONDAY、TUESDAY、WEDNESDAY、THURSDAY、FRIDAY、SATURDAY。

(2)月份:JANUARY、FEBRUARY、MARCH、APRIL、MAY、JUNE、JULY、AUGUST、SEPTEMBER、OCTOBER、NOVEMBER、DECEMBER。

(3)上午、下午、上午_下午:AM、PM、AM_PM。

(4)年、月、日、时、分、秒:YEAR、MONTH、DATE、HOUR、MINUTE、SECOND。

(5)一天中的第几个小时(0~23):HOUR_OF_DAY。

**2. GregorianCalendar 类构造方法**

(1)GregorianCalendar():使用系统当前时间来构造对象。

(2)GregorianCalendar(int year, int month, int dayOfMonth):使用年、月、日来构造对象。

(3)GregorianCalendar(int year, int month, int dayOfMonth, int hourOfDay, int minute, int second):使用年、月、日、时、分、秒来构造对象。

**注意**:月份是用 0~11 表示,即 0 表示 1 月,11 表示 12 月,也可以用常量表示,如:Calendar.FEBRUARY 等。

**3. GregorianCalendar 类常用方法**

(1)int get (int field):得到指定字段的值,参数 field 通常用常量表示。

例如:

Calendar cal=new GregorianCalendar(2010,10,12,20,0,0);//以 2010 年 11 月 12 日 20 时为参数创建对象
int year=cal.get(Calendar.YEAR);            //得到年份
int month=cal.get(Calendar.MONTH);          //得到月份,0 表示 1 月……
int day=cal.get(Calendar.DAY_OF_MONTH);     //得到天数
int hour=cal.get(Calendar.HOUR_OF_DAY);     //得到小时数
System.out.println(year+"年"+(month+1)+"月"+day+"日"+hour+"时");
//输出:2010 年 11 月 12 日 20 时

(2)void set(int field, int val):设置指定字段的值,参数要求同上。

例如:

Calendar cal=new GregorianCalendar(2010,10,12,20,0,0);//以 2010 年 11 月 12 日 20 时为参数创建对象
cal.set(Calendar.YEAR, 2012);               //重新设置年份

(3)Date getTime():得到对应的 Date 对象。

(4)long getTimeInMillis():返回距离 GMT 1970.1.1 00:00:00 的毫秒数。

**4. 应用举例**

**例 4.7** GregorianCalendar 类字段的设置与访问。代码如下:

import java.util.*;
public class CalendarDemo{

```java
    public static void main(String[] args) {
        Calendar calendar = new GregorianCalendar();// 以当前时间创建对象
        Date now = calendar.getTime();
        System.out.println("当前时间:" + now);
        // 输出指定字段的值
        System.out.println("YEAR:" + calendar.get(Calendar.YEAR));
        System.out.println("MONTH:" + calendar.get(Calendar.MONTH));
        System.out.println("DATE:" + calendar.get(Calendar.DATE));
        System.out.println("AM_PM:" + calendar.get(Calendar.AM_PM));
        System.out.println("HOUR:" + calendar.get(Calendar.HOUR));
        System.out.println("HOUR_OF_DAY:" + calendar.get(Calendar.HOUR_OF_DAY));
        System.out.println("MINUTE:" + calendar.get(Calendar.MINUTE));
        System.out.println("SECOND:" + calendar.get(Calendar.SECOND));
        System.out.println("重新设置小时数后:");
        calendar.set(Calendar.HOUR, 10);
        System.out.println("HOUR:" + calendar.get(Calendar.HOUR));
        System.out.println("HOUR_OF_DAY:" + calendar.get(Calendar.HOUR_OF_DAY));
    }
}
```

程序运行结果:(运行结果会随时间而变化)
当前时间:Sat Jun 19 21:45:07 CST 2010
YEAR:2010
MONTH:5
DATE:19
AM_PM:1
HOUR:9
HOUR_OF_DAY:21
MINUTE:45
SECOND:7
重新设置小时数后:
HOUR:10
HOUR_OF_DAY:22

从输出结果可以看出,这一程序是以 2010 年 5 月 19 日 21:45:07 为参数创建日历对象的,先输出指定字段的值,然后重新设置了时间,再输出日历对象的小时数。

请你思考以下问题:
(1)为什么输出的月份数为 5? 有无错误?
(2)设置日历对象的小时数为 10 后,为什么字段 HOUR_OF_DAY 的输出结果为 22?

### 4.5.3 SimpleDateFormat 类

通过前面两小节的学习,你或许感觉到日期时间的操作并不简单,涉及年、月、日、时、分、秒、星期等子项。对于这些内容的输出格式,因人而异,随环境而变化,例如:输出时间,你可以选择"yyyy-MM-dd hh:mm:ss"格式,也可以采用"yyyy 年 MM 月 dd 日 hh 时 mm 分 ss 秒"的格式，甚至可以只输出其中的几项。上一小节采用了"先读取时间分量，再输出"的方法来处理，每一项内容都要用 get() 方法来获取，之后将它们连接起来、再输出，操作比较麻烦。有无更简单的方法来实现这一目标呢？答案是肯定的，日期格式类可以做到这一点。这里仅介绍 SimpleDateFormat 类的基本用法。

SimpleDateFormat 类是 DateFormat 的一个具体子类，位于 java.text 包中。该类具有两大转换功能，一是按用户设置的格式来输出日期，实现从日期到文本的转换；二是将文本解析为日期，实现从文本到日期的转换。用户通过设置"输出模式"可控制输出日期的格式，输出模式为字符串形式，由模式字母和固定字符组成，例如："yyyy年 MM月 dd日 hh时 mm分"，模式字母区分大小写，模式字母的个数代表输出内容的位数，这些内容会随日期不同而变化（相当于变量），而非模式字符则固定不变（相当于常量）。常用的模式字母及含义见表 4-1。

表 4-1　　　　　　　　　　常用模式字母及其含义

| 模式字母 | 含义 | 模式字母 | 含义 | 模式字母 | 含义 | 模式字母 | 含义 |
|---|---|---|---|---|---|---|---|
| y | 年份 | M | 月份 | d | 天数 | E | 星期 |
| h | 小时 | m | 分钟 | s | 秒钟 | a | Am/Pm |

**1. 构造方法**

(1) SimpleDateFormat()：使用系统默认的模式来构造对象。

(2) SimpleDateFormat(String pattern)：使用设定的模式来构造对象。

**2. 常用方法**

(1) void applyPattern(String pattern)：设置输出模式。

(2) String format(Date date)：将日期按指定模式输出，结果为字符串类型。

(3) Date parse(String source)：将日期形式的字符串转换成 Date 类型。

**3. 应用举例**

通常，按如下步骤来使用 SimpleDateFormat 类：

(1) 创建 SimpleDateFormat 对象，此处可以设置输出模式，也可以不设置。

(2) 调用 applyPattern() 方法设置输出模式，这一步也可以跳过。

(3) 调用 format() 方法得到格式化的日期字符串。

(4) 输出日期字符串。

对于一些重要时刻，人们常常以"倒计时"方式来提醒自己。第 31 届夏季奥林匹克运动会将于 2016 年 8 月 5 日 20 时在巴西里约热内卢开幕，我们运用 SimpleDateFormat 类来编写一个"倒计时"程序。

**例 4.8**　SimpleDateFormat 类的使用。代码如下：

```
import java.util.*;
import java.text.*;
public class SimpleDateFormatDemo {
    public static void main(String[] args) {
        Calendar now = new GregorianCalendar();// 以系统当前时间来创建日历对象
        //创建 SimpleDateFormat 对象
        SimpleDateFormat formatter = new SimpleDateFormat();
        formatter.applyPattern("现在时间：yyyy年 MM月 dd日 HH时 mm分 ss秒");// 设置输出模式
        String str = formatter.format(now.getTime());// 转换成 Date 类型，并输出
```

```
        System.out.println(str);
        // 以第 31 届夏季奥林匹克运动会开幕时间为参数,创建另一个日历对象
        Calendar Asian16 = new GregorianCalendar(2016, 8, 5, 20, 0, 0);
        // 得到这两个时间点之间相差的毫秒数
        long distance = Asian16.getTimeInMillis() - now.getTimeInMillis();
        int days = (int) (distance / (24 * 60 * 60 * 1000)); // 转换为天数
        // 剩余的毫秒数转换为"总秒数",再依次得到时、分、秒
        long seconds = (distance % (24 * 60 * 60 * 1000)) / 1000;
        int hh = (int) (seconds / (60 * 60)); // 得到小时数
        int mm = (int) ((seconds % (60 * 60)) / 60); // 得到分钟数
        int ss = (int) ((seconds % (60 * 60)) % 60); //得到秒数
        System.out.println("距离 2010 年 11 月 12 日第 16 届亚运会开幕还有:" + days + "天" + hh
            + "时" + mm + "分" + ss + "秒");
    }
}
```

程序运行结果:(程序运行结果会随时间而变化)

现在时间:2010 年 06 月 19 日 21 时 53 分 06 秒

距离 2010 年 11 月 12 日第 16 届亚运会开幕还有:145 天 22 时 6 分 53 秒

说明:所谓"倒计时",实质上就是两个时间点相隔的长度。程序中先创建了两个日历对象来表示"当前时间"和"开幕时间",然后调用有关方法分别得到这两个时点与"原点"(即 GMT 1970 年 1 月 1 日 00:00:00)的距离,再将这两个距离相减得到"当前时间"与"开幕时间"相差的毫秒数,最后换算成天数、小时数、分钟数、秒数。美中不足的是,输出内容是程序运行瞬间的结果,要查看最新结果,需不断地运行程序。如果利用线程或定时器知识,就可以让运行结果"动"起来,不妨去尝试一下。

至此,我们讲完了字符串、数学类、包装类、日期日历类的基本用法。这些类在编程时经常用到,请务必掌握。

# 本章小结

本章对 Java 中的常用类:String、StringBuffer、StringBuilder、StringTokenizer、Math、基本数据类型的包装类、日期日历类进行了介绍。

字符串在程序中经常使用,要区分字符串常量与调用构造器生成的字符串对象的不同之处。字符串的一个重要特性是其内容的不可改变性,若要修改其内容,就会产生新对象,当这样的操作很频繁时就会影响系统的运行效率,这一问题可由 StringBuffer 类来解决。String 类的构造器有多个,它们适用于不同的场合。String 类提供的方法较多,使用灵活,要逐一掌握不是一件容易的事情,可按功能进行分类、结合单词的拼写、一些简单例子,掌握典型用法即可。

StringBuffer 类可以弥补 String 类的不足,其内容可以任意修改,增加、删除、修改、查询是它的主要操作。当存放的内容超过 StringBuffer 的容量时,它能自动扩展。从 JDK 5.0 起还新增了一个与 StringBuffer 功能相同的类——StringBuilder,它的执行效率更高,但不具备多线程的安全性。

Math 类的主要功能是计算,包括绝对值、平方根、指数、对数、随机数、三角函数与反三角函数值等运算,也可获得 e 和 PI 的近似值。不过,这些属性与方法都是静态(static)的,调用格式为:Math.属性 或 Math.方法([参数表])。

引入包装类的目的是为基本类型数据提供对象类型,八个包装类的名称很容易记忆。包装类提供了一些"共性"的常量、构造方法和常用方法,请予以理解。重点掌握三类方法:包装类对象与基本类型数据的相互转换、包装类对象与字符串的相互转换、基本类型数据与字符串的相互转换。

日期日历类提供了时间操作功能,通常用距离 GMT 1970 年 1 月 1 日 00 时 00 分 00 秒的毫秒数来表示时间。Date 类具有操作时间的基本功能,但由于在设计上存在严重缺陷,它的多个方法已过时并废弃,相关功能已转移到日历类中实现;GregorianCalendar 类是日历类的一个具体子类,它定义了多个字段常量,通过 get(int field)、set(int field, int val)方法可得到、设置时间分量的值。SimpleDateFormat 类为用户提供了通过定义"输出模式"来控制日期输出格式的方法。

# 第 5 章 继承和多态性

继承(Inheritance)反映了类型之间的一种联系,它很好地模拟了现实世界中的分类别、多层次的对象关系,是面向对象程序设计的一个主要特征。继承也让面向对象程序具有多态性特征,即可以用相同的代码在不同的情况下执行不同的业务逻辑,这主要表现在用不同对象调用同一方法,具有不同的形态特性。

### 学习目标

- 理解继承的概念;
- 掌握子类的创建;
- 理解各种访问修饰符的作用,熟悉访问修饰符对子类继承性的影响;
- 掌握子类的继承性;
- 熟悉 is-a 和 has-a 关系的区别;
- 熟悉成员变量的隐藏和方法重写;
- 掌握使用 super 访问被隐藏了的父类成员以及父类构造方法;
- 理解继承的层次结构,熟悉构造方法的执行顺序;
- 掌握 final 关键字的三种功能;
- 理解多态性、子类对象及其向上转型对象的关系,并掌握向上转型对象的创建和使用;
- 熟悉 instanceof 运算符;
- 熟悉并会运用 equals()方法、hashCode()方法和 toString()方法。

## 5.1 继承的概念

继承是面向对象程序设计的一个主要特征,是一种由已有的类创建新类的机制。它允许创建分等级、分层次。利用继承,我们可以先创建一个具有一系列相关对象的一般特性的通用类,然后根据该通用类再创建具有特殊特性的新类。新类继承通用类的状态和行为,并根据需要增加自己的新状态和行为。由继承而得到的类称为子类或派生类,被继承的通用类称为父类、超类或基类。继承反映了类型之间的静态联系,它很好地模拟了现实世界中的分类别、多层次的对象关系。在编程技术中,继承是一种代码复用技术,它使得我们可以在一定的基础上进行开发工作,而不需要一切从零开始。

C++支持多重继承,即一个子类可以有多个超类。在 Java 中,只支持单一继承,即一个子类只有一个超类,不允许多重继承,但通过接口,也可以间接实现多继承。有关接口的内容我们将在第 6 章详细介绍。

## 5.2 子类的创建

子类的创建与我们前面所介绍的类的创建几乎是一样的,也包含了类的声明和类体两个部分,不同的地方是需要在声明子类时体现子类的继承性。子类继承性是通过在子类的声明语句后面使用关键字"extends"来体现的。创建子类的一般语法格式如下:

［访问修饰符］［类型修饰符］class 子类名 extends 超类{
　　　［子类成员变量声明］
　　　［子类方法定义］
}

例如:
class Manager extends Employee{
　　...
}

上述例子声明 Manager 类为 Employee 类的子类,Employee 类是 Manager 类的超类。
注:如果一个类的声明中没有使用 extends 关键字,则会被系统默认为继承 Object 类。

## 5.3 访问修饰符和继承性

子类能继承超类的状态和行为,即子类能继承超类的成员变量和方法。子类继承超类的成员变量和方法,就像它们是在子类中直接声明和定义的一样,可以被子类定义的方法操作。在前面有关章节内容的讨论中,我们知道类的每个成员都被赋予一定的访问权限,通过访问权限可以使类的成员不被其他类以未授权方式访问。所以虽然子类能继承超类的成员变量和方法,但并不意味着超类的所有成员变量或方法都能被子类继承,子类的继承性需要由类成员访问修饰符来决定。下面我们来讨论子类的继承性和访问修饰符的关系。

### 5.3.1 访问修饰符

在定义类时,需要使用访问修饰符来声明类、成员变量和方法。不同的访问修饰符赋予其他类以不同的访问权限访问这些项目。

**1. 类访问修饰符**

声明类时可使用两种访问修饰符:public 和缺省。使用 public 修饰符声明的类为公有类,使用缺省修饰符(即没有任何修饰符)声明的类为友好类。公有类可以被包内和包外的任意类访问,即在任意类中,public 类都是可见的。友好类只能被同一个包中的类访问,在同一个包的类中是可见的。所以如果希望包中的成员能被包外的类访问,必须将类声明为 public。
例如:
package mypackage1;
public class A {
　　...
}
package mypackage2;
import mypackage1.A;
class B{
　　A a; //合法,A 是 public 类,在任意类中可见
　　...
}

```
package mypackage3;
import mypackage1.A;
import mypackage2.B;
class C{
    A a;  //合法,A 是 public 类,在任意类中可见
    B b;  //非法,B 是友好类,在包外类中不可见
    ...
}
package mypackage2;
import mypackage1.A;
import mypackage3.C;
class D{
    A a;  //合法,A 是 public 类,在任何类中可见
    B b;  //合法,B 是友好类,但和 D 在同一个包中
    C c;  //非法,C 是友好类,在包外类中不可见
    ...
}
```

**2. 类成员访问修饰符**

声明类成员变量和方法时,可使用的访问修饰符有四种:private、public、proteced 和缺省。

(1)private 访问修饰符

使用 private 声明的成员变量和方法称为私有变量和私有方法,例如:

```
package animalworld;
class Cat {
    private float weight;
    private static int legs;
    private void eat(){
        System.out.println("我喜欢吃鱼");
    }
}
```

私有变量和私有方法只能在声明它们的类中使用,在类外不可见,如:

```
package animalworld;
class Mouse{
    private String color;
    private void play(){
        System.out.println("我喜欢猫");
    }
    public static void main(String[] args){
        Mouse Jerry=new Mouse();
        Cat tom=new Cat();
        tom.weight=23f;        //非法,在 Cat 类的外部访问它的私有变量
        tom.legs=4;            //非法,在 Cat 类的外部访问它的私有变量
        tom.eat();             //非法,在 Cat 类的外部调用它的私有方法
        Jerry.color="黑色";    //合法,在本类中访问私有变量
```

```
            Jerry.play();              //合法,在本类中调用私有方法
        }
}
```

(2) public 修饰符

使用 public 声明的成员变量和方法称为公有变量和公有方法,例如:

```
package animalworld;
public class Cat {
    public float weight;
    public static int legs;
    public void eat(){
        System.out.println("我喜欢吃鱼");
    }
}
```

在任何可见公有变量和公有方法(公有成员)所属的类中,这些公有成员可通过所属类的实例对象(针对所有成员)或类名(针对类成员)来访问,即当类为公有类时,这些公有成员能在任何类中被它们所属类的对象访问,如果是类成员,则还能被所属类的类名直接访问;当类为友好类时,公有成员必须在与它们的所属类处在同一个包的类中才能被所属类的对象或类名直接访问。例如:

```
package animalworld;
public class Mouse{
    void g(){
        Cat tom=new Cat();
        tom.weight=23f;            // 合法,使用对象公有变量
        Cat.legs=4;                // 合法,使用类名直接访问公有类成员变量
        tom.eat();                 // 合法,使用对象调用公有方法
    }
}
```

(3) protected 访问修饰符

使用 protected 声明的成员变量和方法称为受保护的变量和受保护的方法,例如:

```
package animalworld;
public class Cat {
    protected float weight;
    protected void eat(){
        System.out.println("我喜欢吃鱼");
    }
}
```

受保护的成员变量和方法能够被同一个包的任何类访问。此外,受保护的成员变量和方法也可以被处在其他包中的所属类的子类继承,所以这些受保护的成员能够通过继承被包外的子类对象访问。需要注意的是,这些受保护的成员在包外的子类中不能被超类对象访问。例如:

```
package mypackage1;
public class Animal {
    protected float weight;
```

```java
        protected void eat(){
            System.out.println("不同动物喜好的食物各不相同");
        }
    }
    package mypackage2;
    import mypackage1.Animal;
    public class Cat extends Animal{
        public static void main(String[] args){
            Animal animal=new Animal();
            Cat tom=new Cat();
            animal.weight=3f;        //非法,在包外使用超类对象访问受保护的包外成员变量
            animal.eat();            //非法,在包外使用超类对象访问受保护的包外成员方法
            tom.weight=2.5f;         //合法,子类对象通过继承访问受保护的包外成员变量
            tom.eat();               //合法,子类对象通过继承访问受保护的包外成员方法
        }
    }
    package mypackage1;
    class Mouse {
        void f(){
            Animal animal=new Animal();
            animal.weight=2f;        //合法,在相同包中使用对象访问受保护的成员变量
            animal.eat();            //合法,在相同包中使用对象访问受保护的成员方法
        }
    }
```

🐸 **注意**：假设某个类 A 的 protected 成员是从超类继承来的,则 A 的该 protected 成员在同一个包中的类,如 other 类中的访问性需要追溯到该 protected 成员所属的"祖先"类,如果 other 类与这个"祖先"类处在相同的包中,则 A 类继承的 protected 成员可以在 other 类中通过 A 类对象来访问。例如：

```java
    package mypackage1;
    public class Animal {
        protected float weight;
        protected void eat(){
            System.out.println("不同动物喜好的食物各不相同");
        }
    }
    package mypackage2;
    import mypackage1.Animal;
    public class Cat extends Animal{
        protected void sleep(){
            System.out.println("猫通常是蜷曲着身子睡觉");
        }
        public static void main(String[] args){
            Cat tom=new Cat();
```

```
        tom.weight=23f;          //合法,weight 变量是继承自 Animal 的 protected 成员
        tom.eat();               //合法,eat()方法是继承自 Animal 的 protected 成员
        tom.sleep();             //合法,子类对象访问自己定义的 protected 方法
    }
}
package mypackage2;
public class Mouse {
    public static void main(String[] args){
        Cat tom=new Cat();
        tom.weight=23f;          //非法,weight 变量继承自 Animal 的 protected 成
                                 //员,Mouse 和 Animal 分属在不同的包中
        tom.eat();               //非法,eat()方法是继承自 Animal 的 protected 成员,但
                                 //Mouse 和 Animal 分属在不同的包中
        tom.sleep();             //合法,sleep()方法是 Cat 类定义的 protected 方法,而
                                 //Cat 类和 Mouse 类在同一个包中
    }
}
package mypackage1;
import mypackage2.Cat;
public class ProtectedDemo {
    public static void main(String[] args){
        Cat tom=new Cat();
        tom.weight=23f;          //合法,weight 变量是继承自 Animal 的 protected 成员,而
                                 //Animal 类和 ProtectedDemo 类在同一个包中
        tom.eat();               //合法,eat()方法是继承自 Animal 的 protected 成员,
                                 //而 Animal 类和 ProtectedDemo 类在同一个包中
        tom.sleep();             //非法,sleep()方法是 Cat 类自己定义的 protected 方法,Cat 类
                                 //和 ProtectedDemo 类不在同一个包中
    }
}
```

(4) 缺省访问修饰符

不使用 private、protected 及 public 声明的成员变量和方法称为友好变量和友好方法。

友好变量和友好方法能够在同一个包的其他类中被所属类的对象或类名访问,而不能被任何包外类的对象或类名访问。例如:

```
package mypackage1;
public class Cat{
    float weight;
    static int legs;
    void eat(){
        System.out.println("我喜欢吃鱼");
    }
}
package mypackage1;
```

```
class Mouse {
    void f(){
        Cat tom=new Cat();
        tom.weight=23f;           //合法,Cat 类和 Mouse 类在同一个包中
        Cat.legs=4;               //合法
        tom.eat();                //合法
    }
}
package mypackage2;
import mypackage1.Cat;
class Dog {
    void g(){
        Cat tom=new Cat();
        tom.weight=23f;           //非法,weight 是 Cat 类的友好变量,而 Cat 类和 Dog 类不在
                                  //同一个包中
        Cat.legs=4;               //非法
        tom.eat();                //非法
    }
}
```

各种访问修饰符的使用范围和访问级别统计见表 5-1。

表 5-1　　　　　　　访问控制表(Y 表示可访问)

| 修饰符 | 使用范围 | 位置 | | |
| --- | --- | --- | --- | --- |
| | | 同一类 | 同一包 | 不同包 |
| private | 方法、变量 | Y | | |
| 缺省 | 类、接口、方法、变量 | Y | Y | |
| protected | 方法、变量 | Y | Y | Y(只有子类) |
| public | 类、接口、方法、变量 | Y | Y | Y(任何类) |

## 5.3.2　子类的继承性

　　子类能继承超类的成员变量和成员方法。在继承过程中,需要注意的是,类的每一个成员都被赋予了一定的访问权限,成员访问权限不同,子类对它的继承性也不同。子类对超类的继承性主要有以下三种情况:

　　1. 在同一个包中,子类能继承超类的所有非 private 成员。例如:

```
package mypackage1;
class Animal {
    public int legs;
    protected float weight;
    String color;
    private void f(){
        ...
```

```
        }
    }
    package mypackage1;
    class Cat extends Animal{
        void g(){
            Cat tom=new Cat();
            tom.legs=4;              //合法,继承了公有变量
            tom.weight=23f;          //合法,继承了受保护的变量
            tom.color="白色";         //合法,继承了友好变量
            tom.f();                 //非法,私有方法没有被继承,不能被访问
        }
    }
```

2. 在不同包中,子类只能继承超类的 public 和 protected 成员。例如:

```
    package mypackage1;
    public class Animal {            //类的访问修饰符必须为 public,才能被其他包中的类可见
        public int legs;
        protected float weight;
        String color;
        private void f(){
            ...
        }
    }
    package mypackage2;
    import mypackage1.Animal;
    class Cat extends Animal{
        public static void main(String[] args){
            Cat tom=new Cat();
            tom.legs=4;              //合法,不同包可以继承公有变量
            tom.weight=23f;          //合法,不同包可以继承受保护的变量
            tom.color="白色";         //非法,不同包不可以继承友好变量
            tom.f();                 //非法,私有方法没有被继承,不能访问
        }
    }
```

## 5.4 is-a 和 has-a 之间的联系

is-a 和 has-a 是表示类之间相互联系的两种方式,is-a 表示了类之间的静态联系,而 has-a 则表示了类之间的动态联系。is-a 表示的是一种属于关系,是"一般和具体"的关系,而 has-a 表示的则是一种包含关系,是"整体和部件"的关系。在 Java 中,继承就是一种 is-a 关系,而聚合(组合)则是一种 has-a 关系。比如,狗是一种动物,计算机包含有 CPU、主板、显示器、硬盘等。在这里,狗和动物的关系是 is-a 关系,而计算机和 CPU、主板、显示器、硬盘的关系则是

has-a 关系,图 5-1 和图 5-2 用 UML 图表示了这两种关系。

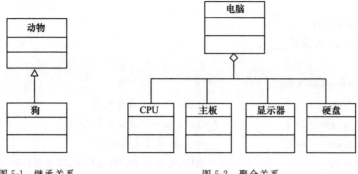

图 5-1　继承关系　　　　　　图 5-2　聚合关系

在 UML 图中,继承关系使用空心三角箭头表示,且由子类指向超类;聚合关系使用空心菱形表示,并由部件指向整体。

is-a 关系的例子请参见本章前面的有关继承性的例子,聚合关系的例子如下所示。

```
class Computer{
    double price;
    String manufacturer;
    Memory memory;                   //在 Computer 类中声明 Memory 对象
    ...
    Computer(){
        memory=new Memory();
        memory.Store();
        ...
    }
}
class Memory{
    float capacity;
    String type;
    ...
    void Store(){
        System.out.println("该内存条的容量为 2G");
    }
}
```

## 5.5　成员变量的隐藏和方法重写

子类继承超类后,自动继承超类的非私有成员变量和成员方法,但如果在子类中定义了与超类同名的成员变量,且这些成员变量在超类中是非私有的,则超类的这些成员变量不能被子类继承,此时称子类的成员变量隐藏了超类的成员变量。同时,如果在子类中定义了一个方法,这个方法的名字、返回类型和参数声明与超类的某个方法完全相同,并且超类的这个方法是非私有的,此时超类的这个方法被子类隐藏而不能被子类继承,这时称子类的这个方法覆盖(Override)或重写了超类的同名方法。

子类通过成员变量的隐藏和方法的重写可以把超类的状态和行为改变为自身的状态和行为。如果子类重写了超类的方法,则运行时系统调用子类重写的方法,否则调用继承的方法。

**例 5.1** 成员变量的隐藏和方法覆盖。

```
class A {
    int number=30;
    int f(int x,int y){
        return x+y;
    }
    int g(int x,int y){
        return x-y;
    }
}
class B extends A{
    int number=20;                            //隐藏了超类的 number
    //重写了超类的 f()方法
    int f(int x,int y){
        return x*y;
    }
}
public class MemberHiddenDemo {
    public static void main(String[] args){
        B b=new B();
        System.out.println("调用 f()的结果:"+ b.f(3,6));//调用子类重写后的 f()方法
        System.out.println("调用 g()的结果:"+b.g(6,3));//调用子类从超类继承过来的 g()方法
        System.out.println("number="+b.number);       //调用子类声明的成员变量
    }
}
```

程序运行结果:

调用 f()的结果:18
调用 g()的结果:3
number=20

在重写超类方法时应注意以下两点:

1. 重写超类的方法时,可以保持或提升访问级别,但不允许降低方法的访问级别,例如:

```
class A {
    int number=30;
    int f(int x,int y){
        return x+y;
    }
    int g(int x,int y){
        return x-y;
    }
}
class B extends A{
```

```
    private int f(int x,int y){                    //非法,降低了访问级别
        return x*y;
    }
    protected int g(int x,int y){                  //合法,提高访问级别
        return x-y+20;
    }
}
```

2. 在子类中,如果要访问被子类隐藏的超类的成员变量和被重写的超类的方法,可以使用关键字super,具体请参见下一节内容。

## 5.6 super 关键字

在 Java 中,super 关键字可在子类中用来表示对直接超类的引用,所以当我们想在子类中使用被隐藏了的超类的成员变量和被重写的超类方法时,可以使用 super 关键字。super 关键字在具体使用时有两种形式:一是调用超类的构造方法,二是访问已被子类成员隐藏的超类成员。

**1. 使用 super 调用超类的构造方法**

在子类继承超类时,除了超类的私有成员不能被子类继承外,超类的构造方法也不能被子类继承。如果想在子类中使用超类的构造方法,需要使用 super 关键字。

在子类中使用 super 调用超类的构造方法时,super 语句必须放在子类的构造方法中,并且作为子类构造方法的第一条语句。调用超类构造方法的格式是:super(参数列表);。

**例 5.2** 在子类中使用 super 调用超类的构造方法。

```
class People{
    String name;
    int age;
    People(String name,int age){
        this.name=name;
        this.age=age;
        System.out.println("我是"+name+",今年"+age+"岁");
    }
}
class Employee extends People{
    String position;
    Employee(String name,int age,String position){
        super(name,age);                           //使用super调用超类构造方法
        this.position=position;
        System.out.println("我的职务是"+position);
    }
}
public class SuperCallDemo1 {
    public static void main(String[] args){
```

```
            Employee emp=new Employee("赵刚",35,"高级经理");
    }
}
```

程序运行结果：

我是赵刚,今年 35 岁

我的职务是高级经理

**注意**:(1) 在子类的构造方法中,如果没有显式使用 super 关键字调用超类的某个构造方法,系统会默认在子类中执行 super()语句,即系统会自动调用超类默认的或自定义的不带参数的构造方法。如果这时超类没有提供不带参数的构造方法,就会出现编译错误。(2)子类中 super 通过参数来匹配调用超类的构造方法,所以,使用 super 调用超类构造方法时,必须保证超类中定义了相对应的构造方法。下面将以例 5.3、例 5.4 和例 5.5 来说明这个问题。

**例 5.3** 在子类中 super 通过参数来匹配调用超类的构造方法。

```
class People{
    String name;
    int age;
    People(){
        System.out.print("我是 People 类的无参构造方法,");
    }
    People(String name){
        System.out.print("我是 People 类的具有一个参数的构造方法,");
    }
    People(String name,int age){
        System.out.print("我是 People 类的具有两个参数的构造方法,");
    }
    People(People p){
        System.out.print("我是 People 类的具有对象参数的构造方法,");
    }
}
class Employee extends People{
    String position;
    Employee(){
        super();                    //调用超类的无参构造方法
        position="工人";
        System.out.println("我的职务是:"+position);
    }
    Employee(String name){
        super(name);                //调用超类的具有一个参数的构造方法
        position="会计";
        System.out.println("我的职务是:"+position);
    }
    Employee(String name,int age){
        super(name,age);            //调用超类的具有两个参数的构造方法
```

```java
            position="工程师";
            System.out.println("我的职务是:"+position);
        }
        Employee(Employee emp){
            super(emp);              //调用超类的具有对象参数的构造方法
            position=emp.position;
            System.out.println("我的职务是:"+position);
        }
    }
    public class SuperCallDemo2 {
        public static void main(String[] args){
            Employee emp1=new Employee();
            Employee emp2=new Employee("李明");
            Employee emp3=new Employee("张健",33);
            Employee emp4=new Employee(emp2);
        }
    }
```

程序运行结果：

我是 People 类的无参构造方法,我的职务是:工人
我是 People 类的具有一个参数的构造方法,我的职务是:会计
我是 People 类的具有两个参数的构造方法,我的职务是:工程师
我是 People 类的具有对象参数的构造方法,我的职务是:会计

**例 5.4** 构造方法调用出错。

```java
    class People{
        String name;
        int age;
        People(String name,int age){
            this.name=name;
            this.age=age;
        }
    }
    class Employee extends People{
        String position;
        Employee(){          //出错,Employee 类中没有显式使用 super 调用超类的构造方法,这时系
            position="经理";  //统将自动调用超类的无参构造方法,但此时超类不提供无参构造方法
        }
    }
```

如果对例 5.4 的 People 类做一点修改,在 People 类中添加一个无参构造方法,则例 5.4 将不会出错。例 5.5 就是添加了一个无参构造方法的例子。

**例 5.5** 在例 5.4 中添加一个无参构造方法来修正例 5.4 的问题。

```java
    class People{
        String name;
        int age;
```

```
        //添加一个无参构造方法
        People(){
            name="王鹏";
            age=26;
            System.out.println("我叫"+name+",今年"+age+"岁");
        }
        People(String name,int age){
            this.name=name;
            this.age=age;
            System.out.println("我叫"+name+",今年"+age+"岁");
        }
}
class Employee extends People{
    String position;
    Employee(){            //OK,在此构造方法中将自动调用 People()无参构造方法
        position="经理";
        System.out.println("我的职务是"+position);
    }
}
public class SuperCallDemo3 {
    public static void main(String[] args){
        Employee emp1=new Employee();
    }
}
```

程序运行结果：

我叫王鹏,今年 26 岁

我的职务是经理

**2. 使用 super 访问已被子类成员隐藏的超类的成员变量和被重写的超类方法**

子类中使用 super 访问被隐藏的成员变量和被重写的超类方法的格式如下：

访问被隐藏的成员变量：super.成员变量名；

访问被隐藏的方法：super.方法名；

**例 5.6** 使用 super 访问被隐藏的超类的成员变量和被重写的超类方法。

```
class A{
    int n=10,sum=0;
    int f(){
        for(int i=1;i<=10;i++){
            sum+=i;
        }
        return sum;
    }
```

```
    }
    class B extends A{
        int result=1;
        int n=20;              //隐藏超类成员变量 n
        int f(){               //重写超类 f()方法
            for(int i=1;i<=10;i++){
                result *=i;
            }
            return result;
        }
        void g(){
            int m=super.n;     //调用超类成员变量 n
            int c=super.f();   //调用超类 f()方法
            int d=f();         //调用子类中的已重写过的 f()方法
            System.out.println("变量 n 被隐藏前的值为:"+m+",被隐藏后的值为:"+n);
            System.out.println("f 方法重写前的返回值是:"+c+",重写后的返回值是:"+d);
        }
    }
    public class SuperCallDemo4 {
        public static void main(String[] args){
            B b=new B();
            b.g();
        }
    }
```

程序运行结果:

变量 n 被隐藏前的值为:10,被隐藏后的值为:20

f 方法重写前的返回值是:55,重写后的返回值是:3628800

## 5.7 继承的层次性

### 5.7.1 继承的层次结构

在 Java 中,不允许多重继承,但却允许多层继承,即一个子类又可以是其他类的超类,从而形成类的多级继承层次结构。

下面我们来看一个多层继承的例子。

**例 5.7** 多层继承。

```
class Vehicle {
    public void start(){
        System.out.println("Starting......");
```

```java
    }
}
class Automobile extends Vehicle{
    public void drive(){
        System.out.println("Driving......");
    }
}
class Car extends Automobile{
    public void c_drive(){
        System.out.println("Car......");
    }
}
class Bus extends Automobile{
    public void b_drive(){
        System.out.println("Bus......");
    }
}
class Truck extends Automobilc{
    public void t_drive(){
        System.out.println("Truck......");
    }
}
class Aircraft extends Vehicle{
    public void fly(){
        System.out.pirntln("Flying......");
    }
}
class Whirlybird extends Aircraft{
    public void whirl(){
        System.out.println("Whirling......");
    }
}
class Jet extends Aircraft{
    public void zoom(){
        System.out.println("Zooming......");
    }
}
```

上述示例存在三层继承，使用 UML 图可表示，如图 5-3 所示。

从上面的继承结构图中，我们可以看出，一个 Java 类最多只能有一个超类，但可以有多个子类。

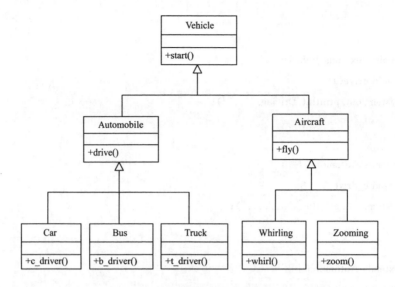

图 5-3 继承结构的 UML 图

## 5.7.2 构造方法的执行顺序

构造方法的主要功能是在创建对象时,给对象成员变量赋值。我们知道,子类可以继承超类的非私有成员变量和成员方法,但不能继承超类的构造方法,这就使得子类创建对象时,从超类继承来的成员变量不能由子类负责赋值,而必须由超类的构造方法来赋值。由此就出现了有趣的事:子类在创建对象中对子类成员变量赋值时,也应该调用超类的构造方法给继承来的成员变量赋值。到这里,大家可能已经猜到了,子类创建对象时应该要同时执行子类和超类的构造方法。接下来,大家可能要问,这两种构造方法执行时有没有顺序上的规定呢?我们说,有的。在 Java 中是这样规定构造方法的执行顺序的:首先执行超类的构造方法对继承来的成员变量赋值,然后由子类的构造方法对自己定义的成员变量赋值,也就是说超类构造方法和子类构造方法是各司其职,谁定义的变量,就由谁负责赋值。在多层继承中,子类构造方法的执行顺序是按创建时的顺序,从上往下执行。对执行顺序规定其实就是我们在上一节中介绍的使用 super 调用超类的构造方法时,super 语句必须是子类构造方法中的第一条语句。

**例 5.8** 构造方法的执行顺序。

```
class A{
    A(){
        System.out.println("构造 A 类对象");
    }
}
class B extends A{
    B(){
        System.out.println("构造 B 类对象");
    }
}
class C extends B{
    C(){
        System.out.println("构造 C 类对象");
```

```
    }
}
class D extends C{
    D(){
        System.out.println("构造 D 类对象");
    }
}
public class ConstructMethodCallDemo {
    public static void main(String[] args){
        D d=new D();
    }
}
```
程序运行结果：
构造 A 类对象
构造 B 类对象
构造 C 类对象
构造 D 类对象

从程序的运行结果中可看出，构造 D 类的对象时，首先执行 A 类的构造方法，然后是 B 类、C 类，最后才是 D 类。这样的执行是合理的，因为当你创建子类时，是从一般到特殊的过程，也就是说，类 B 是类 A 的特殊化，类 C 是类 B 的特殊化，类 D 又是类 C 的特殊化。

## 5.8　final 关键字

到目前为止，我们已经知道，在声明类、成员变量和方法时，都可以使用 final 关键字。根据 final 关键字出现的位置的不同，final 关键字分别具有以下三种功能：

1. 阻止类的继承。
2. 阻止方法的重写。
3. 创建常量。

### 5.8.1　使用 final 阻止继承

在定义类时，如果使用 final 关键字声明类，那么这个类将不能被子类继承。例如：

```
final class A {
    public void f(){
        System.out.println("使用 final 声明 A 类");
    }
}
//编译出错,不能创建 A 的子类
class B extends A{
    public void f(){
        System.out.println("创建 A 的子类");
    }
}
```

## 5.8.2 使用 final 阻止方法的重写

在某些情况下,我们可能不希望某个方法被子类重写。这时,可以在定义方法时,将该方法声明为 final 型。例如:

```
class A {
    public final void f(){
        System.out.println("使用final声明f方法");
    }
}
//编译出错,不能重写 f 方法
class B extends A{
    public void f(){
        System.out.println("重写f方法");
    }
}
```

## 5.8.3 使用 final 创建常量

声明成员变量时,可以使用 final,这样成员变量将转变为一个具有固定值的常量。需要注意的是,使用 final 声明变量时,需要同时给变量赋值。此后,该变量在整个程序执行期间将保持声明时所赋的值,不能更改该值。例如:

```
public class FinalVariableDemo {
    final int NO=10;        //声明常量
    public void f(){
        NO=20;              //非法,修改常量的值
        System.out.println("创建常量");
    }
}
```

## 5.9 多态性

多态性(Polymorphism)是指类的属性或功能在各个子类中可以具有彼此不同的具体形态,如对于动物类的叫声,狗类是"汪汪汪",猫类是"喵喵喵",青蛙类是"呱呱呱"等。描述对象的多态性常常需要使用到被称为"向上转型"的对象。下面我们首先来讨论向上转型对象。

### 5.9.1 向上转型对象

所谓向上转型对象,是指引用子类对象的超类类型变量。例如:假设类 A 是类 B 的超类,则当我们创建一个类 B 对象,并把对这个对象的引用放到类 A 的变量中,即:

```
A a;
B b=new B();
a=b;
```

或

```
A a=new B();
```

这时,称 a 为子类对象 b 的向上转型对象(这就好比说:狗是动物)。

对象的向上转型对象的实体是子类负责创建的,但向上转型对象会失去原对象的一些属性和功能,主要表现如下:

1. 向上转型对象不能操作子类新增的成员变量(失掉了一些属性),不能使用子类新增的方法(失掉了一些功能)。

2. 向上转型对象可以操作子类继承或重定义的成员变量,也可以操作子类继承或重写的方法。向上转型对象操作子类的这些成员,其作用等价于子类对象去调用这些成员。因此,如果子类重写了超类的某个方法后,向上转型对象调用这个方法时,一定是调用这个重写的方法。

图 5-4 描述了子类对象及其向上转型对象的关系(箭头指向表示可操作)。

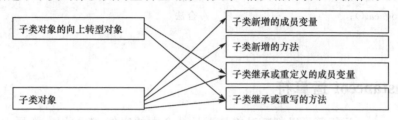

图 5-4 子类对象及其向上转型对象的关系

使用向上转型对象时,需特别注意以下几点:

1. 不要将超类创建的对象和子类对象的向上转型对象混淆,即:

(A a = new B())! = new A()

2. 可以将对象的向上转型对象强制转换为一个子类对象,这时该子类对象又具备了子类的所有属性和功能,如:

A a=new B();
B b=(B)a;

3. 不可以将超类创建的对象的引用赋值给子类对象(即不能说动物是狗)。如:

A a=new A();
B b=a;//非法

对向上转型对象的操作如下例所示。

**例 5.9** 对向上转型对象的操作。

```
class Animal{
    void sleep(){
        System.out.println("sleeping......");
    }
}
class Dog extends Animal{
    int leg;
    void sleep(){
        System.out.println("呼呼大睡");
    }
    void eat(){
        System.out.println("喜欢啃骨头");
    }
}
```

```java
public class PolymorphismDemo1 {
    public static void main(String[] args){
        Animal animal=new Animal();      //animal 为 Animal 对象
        animal.sleep();                  //调用 Animal 对象中的 sleep(),输出:sleeping......
        animal=new Dog();                //animal 为 Dog 对象的向上转型对象
        animal.sleep();;                 //调用 Dog 对象中的 sleep(),输出:呼呼大睡
        animal.leg=4;                    //非法,调用 Dog 对象新增的成员变量
        animal.eat();                    //非法,调用 Dog 对象新增的成员方法
        Dog dog=(Dog)animal;             //把向上转型对象强制转换为子类的对象
        dog.leg=4;                       //合法
        dog.eat();                       //合法
    }
}
```

## 5.9.2 instanceof 运算符

使用 instanceof 运算符可以判断对象是否是某个类的实例,常常用在类层次的强制类型转换的情况下。instanceof 运算符使用的一般格式为:对象 instanceof 类类型。

如果对象的类型是指定的类类型或能强制转换成指定的类型,则 instanceof 运算符得到的值为 true,否则为 false。

**例 5.10** instanceof 运算符的使用。

```java
class Animal{
    ...
}
class Dog extends Animal{
    ...
}
public class InstanceofDemo {
    public static void main(String[] args){
        Animal animal;
        animal=new Animal();
        if(animal instanceof Animal){
            System.out.println("animal 的类型是 Animal");
        }else{
            System.out.println("animal 的类型不是 Animal");
        }
        animal=new Dog();
        if(animal instanceof Dog){
            System.out.println("animal 的类型可以转换为 Dog");
        }else{
            System.out.println("animal 的类型不能转换为是 Dog");
        }
    }
}
```

运行结果如下:

animal 的类型是 Animal

animal 的类型可以转换为 Dog

从上述程序的运行结果可看出,某个类对象的向上转型对象同时是该类及其超类的实例。

### 5.9.3 多态性

实现对象的多态性有两种途径,分别是编译时多态性和运行时多态性。

**1. 编译时多态性**

编译时多态性也称静态多态性,表现为方法重载和变量的隐藏。在前面有关章节中我们已对这两方面的内容做了详细的介绍,这里不再进一步介绍。

**2. 运行时多态性**

运行时多态性也称动态多态性,表现为方法的重写。实现动态多态性可以通过向上转型对象调用各子类重写的方法,使得运行后,各子类对象可以得到彼此不同的功能行为。

例 5.11 通过动物不同的叫声演示了运行时多态性。

**例 5.11** 运行时多态性演示。

```java
class Animal{
    void cry(){
        System.out.println("动物叫:…");
    }
}
class Dog extends Animal{
    void cry(){
        System.out.println("狗叫:汪汪汪…");
    }
}
class Cat extends Animal{
    void cry(){
        System.out.println("猫叫:喵喵喵…");
    }
}
class Frog extends Animal{
    void cry(){
        System.out.println("青蛙叫:呱呱呱…");
    }
}
public class PolymorphismDemo2 {
    public static void main(String[] args){
        Animal animal=new Animal();      //创建 Animal 对象
        animal.cry();
        animal=new Dog();                //创建 Dog 对象的向上转型对象
```

```
            animal.cry();
            animal=new Cat();              //创建 Cat 对象的向上转型对象
            animal.cry();
            animal=new Frog();             //创建 Frog 对象的向上转型对象
            animal.cry();
        }
    }
```
程序运行结果：

动物叫:…

狗叫:汪汪汪…

猫叫:喵喵喵…

青蛙叫:呱呱呱…

从上述程序中，可以看出，通过向上转型对象调用各个子类重写的方法，可以实现不同的功能行为。

## 5.10 Object 类

在 Java 中，所有类都默认继承自 java.lang.Object 类，编程人员创建的任何类都是 Object 类的直接或间接子类。Java 在 Object 类中提供了一些对所有类均可用的方法，其中以下三种方法是比较常用的。

1. equals()方法。

2. hashCode()方法。

3. toString()方法。

### 5.10.1 equals()方法

equals()方法用于比较两个对象的引用是否相同，相同时返回 true，否则返回 false。下面以继承 Object 类的 StringBuffer 类为例来演示 equals()方法的使用。

**例 5.12** equals()方法的使用。

```
public class EqualsDemo {
    public static void main(String[] args){
        StringBuffer sb1=new StringBuffer("hello");
        StringBuffer sb2=sb1;                        //sb1 和 sb2 具有相同的对象引用
        System.out.println(sb1.equals(sb2));         //输出 true
        StringBuffer sb3=new StringBuffer("hello");  //新建一个对象引用赋给 sb3
        System.out.println(sb1.equals(sb3));         //输出 false
    }
}
```

在上述程序中，StringBuffer 对象 sb1 把对象引用赋给了 sb2，两者是对同一个对象的引用，所以 sb1.equals(sb2)的结果是 true。而 sb3 获得了新建对象的引用，sb1 和 sb3 具有不同的对象引用,所以 sb1.equals(sb3)的结果是 false。

我们可以重写 Object 类提供的 equals()方法的实现。默认情况下,它将检查两个对象的引用,通过重写它来检查对象中存储的值。例如 String 类就对该方法进行了重写,使用它来比较两个对象中的值是否相等。又例如:

```
public class EqualsDemo {
    public static void main(String[] args){
        String s1=new String("hello");
        String s2=s1;                          //s1 和 s2 具有相同的对象引用
        System.out.println(s1.equals(s2));    //输出 true
        String s3=new String("hello");         //s3 具有新的对象引用,但实体中存储的
                                               //值与 s1 的相同
        System.out.println(s1.equals(s3));    //输出 true
    }
}
```

String 中的 equals()方法是用来比较当前字符串对象的实体与参数所指定的字符串对象的实体是否相等,而不是比较两个对象的引用。当然如果两个对象的引用相等,则它们的对象实体必然相等。如果对象引用不相同,但存储的值相同,则两个字符串对象的实体也相等。所以这两种情况下的字符串对象都是相等的,因而返回值都为 true。

## 5.10.2 hashCode()方法

Java 中创建的每一个对象都有一个对应的哈希码,它作为对象在内存中的唯一标识。要查找对象的哈希码,可以使用 hashCode()方法,该方法返回表示对象哈希码的整数值。使用 Object 类的 equals()确认相等的两个对象,它们使用 hashCode()方法返回的整数值也相同。需要注意的是,对于不相等的对象,它们的哈希码可以相同,也可以不相同。

**例 5.13** 使用 hashCode()获取对象的哈希码。

```
public class HashCodeDemo {
    public static void main(String[] args){
        StringBuffer sb1 = new StringBuffer("hello");
        StringBuffer sb2 = sb1;
        System.out.print("sb1 和 sb2 相等吗?");
        if(sb1.equals(sb2)){
            System.out.println("Yes!");
        }else{
            System.out.println("No!");
        }
        System.out.println("sb1 的哈希码是:"+sb1.hashCode());
        System.out.println("sb2 的哈希码是:"+sb2.hashCode());
        StringBuffer sb3=new StringBuffer("hello");
        System.out.print("sb1 和 sb3 相等吗?");
```

```
            if(sb1.equals(sb3)){
                System.out.println("Yes!");
            }else{
                System.out.println("No!");
            }
            System.out.println("sb1 的哈希码是:"+sb1.hashCode());
            System.out.println("sb3 的哈希码是:"+sb3.hashCode());
    }
}
```

程序运行结果：

sb1 和 sb2 相等吗？Yes!

sb1 的哈希码是:7051261

sb2 的哈希码是:7051261

sb1 和 sb3 相等吗？No!

sb1 的哈希码是:7051261

sb3 的哈希码是:29855319

从程序的运行结果中，我们可以看到，对象引用相同的两个对象，它们的哈希码也相同；对象引用不同的两个对象，它们的哈希码不同。

### 5.10.3　toString()方法

使用 toString()方法可以获取有关对象的文本信息。使用 Object 类中的 toString()方法可显示由类全限定性名称和"@"以及对象的十六进制的哈希码组成的文本信息，如例 5.14 所示。

**例 5.14**　使用 toString()方法输出对象的文本信息。

```
package mypackage;
public class Cat{
    private String name;
    private int age;
    public Cat(String name,int age){
        this.name=name;
        this.age=age;
    }
    public static void main(String[] args){
        Cat cat=new Cat("Tom",2);
        System.out.println(cat);                    //自动调用从 Object 超类继承的 toString()
    }
}
```

程序运行结果：

mypackage.Cat@6b97fd

Object 类的子类可以重写此方法，以任何方式来为对象提供有关的文本信息。例如，Date

类对 toString()方法进行了重写,通过使用"星期 月 日 时:分:秒 时间标准 年"的方式来获取有关 Date 对象的文本信息。又如：

Date d=new Date();

System.out.println(d);

输出结果是:Tue Aug 19 22:13:12 CST 2008

下面我们将示例 5.14 修改成例 5.15。

**例 5.15**　修改例 5.14 后的代码。

```
package mypackage;
public class Cat{
    private String name;
    private int age;
    public Cat(String name,int age){
        this.name=name;
        this.age=age;
    }
    //重写从 Object 中继承过来的 toString()方法
    public String toString(){
        return"我是小猫咪,我的名字是"+name+",现在刚好"+age+"周岁。";
    }
    public static void main(String[] args){
        Cat cat=new Cat("Tom",2);
        System.out.println(cat);                    //调用重写后的 toString()
    }
}
```

程序运行结果：

我是小猫咪,我的名字是 Tom,现在刚好 2 周岁。

## 本章小结

在本章中,我们主要介绍了有关继承和多态性方面的内容。

继承是面向对象程序设计的一个主要特征,是一种由已有的类创建新类的机制。由继承而得到的类称为子类或派生类,被继承的通用类称为父类、超类或基类。子类继承超类是通过在子类的声明语句后面使用关键字 extends 来实现的。

使用 public 修饰符声明的类为公有类,使用缺省修饰符(即没有任何修饰符)声明的类为友好类。公有类可以被包内和包外的任意类访问,即在任意类中,public 类都是可见的。友好类只能被同一个包中的类访问,对同一个包中的类是可见的。声明类成员变量和方法时,可使用的访问修饰符有四种:private、public、proteced 和缺省。使用 private 声明的成员称为私有成员,只能在声明它们的类中使用,在类外不可见;使用 public 声明的成员称为公有成员,在所有可见该公有成员的所属类中均可通过对象或类名直接访问;使用 protected 声明的成员称为受保护的成员,它能够被同一个包的任何类访问或通过继承访问;不使用 private、protected 及 public 声明的成员称为友好成员,能够在同一个包的其他类中被所属类的对象或类名直接访问,而不能被任何包外类对象或类名访问。

子类的继承性需要由类成员访问修饰符来决定。在同一个包中,子类能继承超类的所有非 private 成员。在不同包中,子类只能继承超类的 public 和 protected 成员。

is-a 表示的是一种属于关系,是"一般和具体"的关系,而 has-a 表示的是一种包含关系,是一种"整体和部件"的关系。在 Java 中,继承就是一种 is-a 关系,而聚合(组合)则是一种 has-a 关系。

成员变量的隐藏是指在子类中定义了与超类同名的成员变量,且这些成员变量在超类中是非私有的。此时子类的成员变量隐藏了超类的成员变量,超类的这些成员变量不能被子类继承。方法重写是指在子类中定义了一个方法,这个方法的名字、返回类型和参数声明与超类的某个方法完全相同,并且超类的这个方法是非私有的。此时超类的这个方法只能被子类隐藏,而不能被子类继承,称子类的这个方法覆盖(Override)或重写了超类的同名方法。

super 关键字在子类中用来表示对直接超类的引用,可以使用它来访问在子类中被隐藏的超类的成员变量和被重写的超类方法以及调用超类的构造方法。super 访问被隐藏的成员格式为:super.成员名,调用超类构造方法的格式是:super(参数列表)。在子类的构造方法中,如果没有显示使用 super 关键字调用超类的某个构造方法,系统会默认在子类中执行 super() 语句。在子类中 super 通过参数匹配调用超类的构造方法。所以,使用 super 调用超类构造方法时,必须保证超类中定义了相对应的构造方法。

在 Java 中,允许多层继承,即一个子类可以是其他类的超类,从而形成类的多级继承层次结构。在多级继承层次结构中,构造方法的执行顺序是:首先按创建的顺序,从上往下执行超类的构造方法,并对继承来的成员变量赋值,然后由子类的构造方法对自己定义的成员变量赋值。

根据 final 关键字出现的位置不同,可以用来声明类、成员变量和方法。final 关键字具有阻止类的继承、阻止方法的重写和创建常量三种功能。使用 final 声明的类不能具有子类。使用 final 声明的方法不能被子类重写。使用 final 声明变量时,需要同时给变量赋值,此后,不能再更改该值。

多态性(Polymorphism)是指类的属性或功能在各个子类中可以具有彼此不同的具体形态。

向上转型对象是指引用子类对象的超类类型变量。向上转型对象只能访问超类定义了的方法和变量,在运行时实际调用的是子类中的相应成员,如果子类有重写超类的方法或重定义变量,就会表现出不同的行为和状态。

对象的多态性有编译时多态性和运行时多态性。编译时多态性也称静态多态性,表现为方法重载和变量的隐藏;运行时多态性也称动态多态性,表现为方法的重写。动态多态性的实现可以通过向上转型对象调用各子类重写的方法。运行后,各子类对象可以得到彼此不同的功能行为。

使用 instanceof 运算符可以判断对象是否是某个类的实例,常常用在类层次的强制类型转换的情况下。

在 Java 中，所有类都默认继承自 java.lang.Object 类，编程人员创建的任何类均是 Object 类的直接或间接子类。equals()、hashCode()和 toString()三种方法是 Object 类提供的在其他类中比较常用的方法。equals()方法用于比较两个对象的引用是否相同，可以通过重写来检查对象中存储的值。Java 中创建的每一个对象都有一个对应的哈希码，它作为对象在内存中的唯一标识，可以使用 hashCode()方法来查找对象的哈希码。使用 toString()方法可以获取有关对象的文本信息，Object 类中的 toString()方法的实现给出了由类全限定性名称和"@"以及对象的十六进制的哈希码组成的文本信息。重写此方法，以任何方式来为对象提供有关的文本信息。

# 第 6 章　抽象类与接口

　　为了提高代码的复用性，可以将一类事物中具有的共有属性和行为抽取出来，这一类事物中又可以细分成不同类别的事物(子类)，不同子类的行为实现方式可能各不相同，某些行为是大家所共有的。我们对实现方式各异的行为进行抽象时就不能具体指明行为的实现；而大家共有的行为，则可以指明行为的具体实现。为了达到抽象的目的，我们可以使用抽象类来表示这一类事物。

　　接口实际就是一个抽象类，但接口只关心功能，并不关心功能的具体实现。所以接口中的方法只有声明，而没有任何实现。Java 不支持多继承，使用接口就可以间接实现多继承。

● 学习目标
- 理解抽象类和接口的作用；
- 熟悉抽象类与具体类、接口的区别；
- 掌握抽象类和抽象方法的定义、抽象类的使用和引用；
- 掌握接口的定义、使用以及引用；
- 理解接口的继承并使用接口间接实现类的多重继承；
- 熟悉自动注释的使用。

## 6.1　抽象类

首先我们来看下面的一个例子(Fish 类和 Monkey 类见图 6-1、图 6-2)。

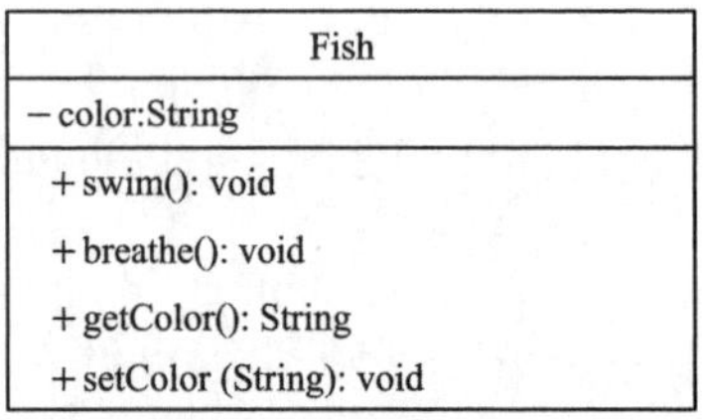

```
class Fish {
    private String color;
    public void breathe(){
        System.out.println("用鳃呼吸");
    }
    public String getColor(){
        return color;
    }
    public void setColor(String color){
        this.color=color;
    }
    public void swim(){
        System.out.println("游泳需要借助尾巴的摆动");
    }
}
class Monkey{
    private String color;
    private int leg;
```

| Fish |
|---|
| －color:String |
| ＋swim(): void |
| ＋breathe(): void |
| ＋getColor(): String |
| ＋setColor (String): void |

图 6-1　Fish 类图

```java
    public void breathe(){
        System.out.println("用肺呼吸");
    }
    public String getColor(){
        return color;
    }
    public void setColor(String color){
        this.color=color;
    }
    public void cry(){
        System.out.println("猴子叫:吱吱吱");
    }
}
```

图 6-2 Monkey 类图

从上述两个类的定义中,可以看出,Fish 类和 Monkey 类包含了共同的属性 color 以及方法 getColor()、setColor()和 breath()。为了减少代码的重复编写,提高代码的复用性,我们可以将上述共同的属性和方法抽取出来组成一个基本类(如 Animal 类),然后让 Fish 类和 Monkey 类分别继承这个基本类。如图 6-3 所示。

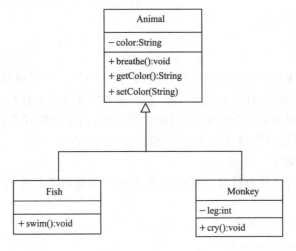

图 6-3 继承关系图

从图 6-3 可以看出,Animal 类具有 Fish 和 Monkey 两类动物的共同属性和行为,不过在 Animal 类中对某些行为的实现不能具体确定,如动物的呼吸方式。因为不同动物的呼吸方式可能不相同,如鱼用鳃呼吸,而猴子用肺呼吸,所以不能在 Animal 类中确定动物的呼吸方式。正因如此,使得 Animal 类无法实例化,像 Animal 类这样不能实例化的类称为抽象类,在抽象类中没有具体实现的方法称为抽象方法。从图 6-3,我们可以看出,抽象方法需要通过继承抽象类的子类来具体实现。

与抽象类相反的类是具体类。抽象类主要用来表示一类事物的共有属性和行为,因而不对应客观世界中的任何对象;而具体类表示的是某一具体类的对象的共有属性和行为,如 Fish 类、Monkey 类等,它们与客观世界的对象是一一对应的。表 6-1 列出了抽象类和具体类之间的区别。

表 6-1　　　　　　　　　抽象类和具体类的区别

| | 抽象类 | 具体类 |
|---|---|---|
| 作用 | 定义一类事物的一般特性，用于划分具体类 | 用于表示客观世界的对象 |
| 特点 | 不能实例化 | 可以实例化 |
| | 可以定义抽象方法 | 不能定义抽象方法 |
| | 可以提供也可以不提供继承的抽象方法的实现 | 必须提供所有方法的实现 |

了解了抽象类和抽象方法的相关概念后，下面我们来讨论抽象类和抽象方法的定义问题。

## 6.1.1　抽象类和抽象方法的定义

**1. 抽象类的定义**

抽象类是不能实例化的类，定义时需要使用 abstract 修饰符声明，定义的一般格式如下：

［访问修饰符］ class ＜类名＞{

　　［成员变量声明］

　　［方法定义］

}

例如：

public abstract class Figure{

　　//类体

}

抽象类主要用来表示一类事物的一般特性，它关注的是一类事物具有的共同功能。如果某类下的各个子类的功能实现方式完全相同，应在抽象类中给出方法的具体实现；如果该类下的各个子类的功能实现方式不完全相同，只能声明方法，而不能实现方法。由此可见，抽象类中可以包含抽象方法，也可以包含具体方法（即已实现的方法）。

**2. 抽象方法的定义**

抽象方法是指只有声明而没有实现的方法，在类中声明时需要使用 abstract 修饰符，定义的一般格式如下：

［访问修饰符］ 返回类型 方法名(参数列表)；

例如：abstract double getArea()；

**注意：** 抽象类不能定义为 final 类，因为抽象类不能实例化，需要通过子类来实例化；抽象方法也不能声明为 final 方法，因为要在子类中实现该抽象方法。

## 6.1.2　抽象类的使用

抽象类不能实例化，抽象类中定义的方法可以包含抽象方法，也可以不包含抽象方法。对于抽象方法的实现必须通过抽象类的子类来实现。所以对于抽象类使用的问题主要就是对它的继承以及对其中的抽象方法的重写问题。

需要注意的是，继承抽象类的子类必须全部实现抽象类所定义的抽象方法，否则该子类也必须声明为抽象类，例如：

abstract class X{

　　abstract void f()；

　　abstract void g()；

}
//只实现了抽象类 X 的 f()方法,而没有实现抽象方法 g(),所以要声明 Y 为抽象类
abstract class Y extends X{
  void f(){
    ...
  }
}
//实现了抽象类 X 的所有抽象方法,所以声明为具体类
class Z extends X {
  void f(){
    ...
  }
  void g(){
    ...
  }
}

另外,抽象类也可以继承其他抽象类。此时,抽象类可以实现超类的抽象方法,也可以不实现。

下面我们对本章开头列举的例子引入抽象类,并对 Fish 类和 Monkey 类做相应的修改,如例 6.1 所示。

**例 6.1**　抽象类的使用。

```
/* 使用 abstract 定义 Animal 为抽象类 */
abstract class Animal{
    private String color;
    abstract void breathe();
    public String getColor(){
        return color;
    }
    public void setColor(String color){
        this.color=color;
    }
}
//具体类 Fish 继承 Animal 抽象类时,必须实现 Animal 中的抽象方法 breathe()
class Fish extends Animal{
    //具体实现抽象方法 breathe()
    public void breathe(){
        System.out.println("用鳃呼吸");
    }
    public void swim(){
        System.out.println("游泳需要借助尾巴的摆动");
    }
}
//具体类 Monkey 继承 Animal 抽象类时,必须实现 Animal 中的抽象方法 breathe()
```

```
class Monkey extends Animal{
    private int leg;
    //具体实现抽象方法 breathe()
    public void breathe(){
        System.out.println("用肺呼吸");
    }
    public void cry(){
        System.out.println("猴子叫:吱吱吱");
    }
}
```
上述三个类之间的关系使用 UML 图表示,如图 6-4 所示:

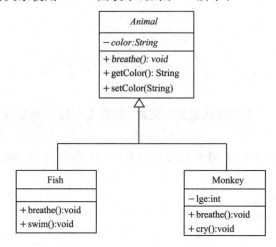

图 6-4　抽象类及其子类的 UML 图

在 UML 类图中,抽象类和抽象方法使用斜体表示。

### 6.1.3　抽象类引用

虽然我们不能实例化抽象类,但可以像具体类一样,创建抽象类引用。不同于具体类的是,抽象类引用来自继承它的子类的实例,即抽象类引用是一个抽象类子类对象的向上转型对象,通过这个抽象类型的向上转型对象,同样可以实现对象的多态性。使用抽象类型向上转型对象在运行时需调用子类对象中继承或重写的方法。

**例 6.2**　通过抽象类引用来实现多态性。
```
abstract class Figure{
    float width,height;
    Figure(float w,float h){
        width=w;
        height=h;
    }
    abstract float getArea();          //抽象方法
}
class Triangle extends Figure{
    Triangle(float bottom,float height){
```

```java
            super(bottom,height);
        }
        //实现抽象方法
        float getArea(){
            return width * height/2;
        }
    }
    class Rectangle extends Figure{
        Rectangle(float w,float h){
            super(w,h);
        }
        //实现抽象方法
        float getArea(){
            return width * height;
        }
    }
    public class AbstractReferenceDemo {
        public static void main(String[] args){
            Figure figure;                    //声明 Figure 类型变量
            figure=new Triangle(3.0f,6.0f);//创建抽象类型的 Triangle 子类对象的向上转型对象
            System.out.println("三角形的面积为:"+figure.getArea());
            figure=new Rectangle(3.0f,6.0f); //创建抽象类型的 Rectangle 子类对象的向上转型对象
            System.out.println("矩形的面积为:"+figure.getArea());
        }
    }
```

程序运行结果:

三角形的面积为:9.0

矩形的面积为:18.0

在上述程序中,我们创建了抽象类 Figure 的引用变量,然后使用此引用变量分别引用子类 Triangle 和 Rectangle 的对象,即分别创建了 Triangle 和 Rectangle 对象的向上转型对象,各子类的向上转型对象分别调用各自重写的 getArea()方法,从而实现了对象的多态性。

## 6.2 接　口

其实猴子除了具有前面所列的功能行为,如会叫喊、会呼吸外,还具有其他功能行为,如会攀爬树木等。如果将攀爬树木的行为放在另一个类如 Climbable 类中进行描述,那么,猴子同时具备 Animal 类和 Climbable 类的特征,也就是说,猴子不只是一个 Animal,它还是一个 Climbable。似乎猴子需要同时继承 Animal 类和 Climbable 类,但我们知道,Java 只允许单一继承,所以猴子不可能同时继承 Animal 类和 Climbable 类。解决这个问题的方法是将其中一个类定义为接口,然后通过实现接口来间接实现多重继承。那么什么是接口呢?我们又该如何定义以及如何实现接口呢?下面我们将一一进行详细的介绍。

## 6.2.1 接口的概念

接口的实质是一个抽象类,但与抽象类不同的是接口中只能包含常量的定义和方法的声明。接口只关心功能,并不关心功能的具体实现。所以在接口中的方法只有声明,没有实现。

## 6.2.2 接口的定义

定义接口的一般格式如下:
[访问修饰符] interface <接口名>{
 [常量定义列表]
 返回类型 方法名1(参数列表);
 返回类型 方法名2(参数列表);
 ...
}

定义接口需要使用关键字 interface,接口声明中的访问修饰符与类声明中的完全一样,即也包含 public 和缺省两种。使用 public 时,任何包中的类或接口都可以使用该接口;缺省时,只允许同一个包中的类或其他接口使用。声明接口的例子如下:

interface Figure{ }
public interface Figure{ }

**1. 接口方法声明及使用**

接口中声明的方法默认是公共的和抽象的,所以声明接口方法不必显式地使用 public 和 abstract 修饰符。

实现接口时必须实现接口中的所有方法。需要注意的是,因为接口方法默认是 public 的,所以在类实现接口方法时应在方法前添加修饰符 public,并且如果方法为非 void 时,还必须在实现方法中添加 return 语句。

**例 6.3** 接口方法声明及使用。

```
interface X{
    int val();
}
public class InterfaceMethodStateDemo implements X{
    int sum=0;
    //在接口方法中添加 public 修饰符实现接口方法,并添加 return 语句
    public int val(){
        for(int i=1;i<=10;i++){
            sum+=i;
        }
        return sum;
    }
}
```

**2. 接口常量声明及使用**

如果希望所有实现了接口的类都可以访问同一个常量,则可以在接口中声明常量。在接口中声明的常量默认是公共的、静态的和最终的,所以在声明常量时一般不需要再次声明为

public、static、final。声明接口常量的同时必须对常量赋值,常量一旦赋值后就永远不能再修改。实现了接口的类中可以直接访问接口常量,需要注意的是,在类中不能修改常量的值。下面我们通过例 6.4 演示接口常量的声明和使用。

**例 6.4** 接口常量的声明及使用。

```
interface Printable{
    int OP1=33;                    //在声明常量的同时必须对它赋初始值
    int OP2=12;
    void print();
}
public class InterfaceConstantDemo implements Printable {
    public void print(){
        OP1=26;                    //非法,不能修改接口常量的值
        System.out.println(OP2);   //合法,在实现类中可直接访问接口常量
    }
}
```

## 6.2.3 接口的使用

通过使用接口可以间接实现类的多重继承。一个类通过使用关键字 implements 在声明语句时声明自己使用一个或多个接口。使用多个接口时,各个接口之间要用逗号隔开。使用接口的格式如下:

[访问修饰符][类型修饰符] class 类名 implements 接口名 1,接口名 2,……

例如:class Monkey extends Animal implements Climbable,Sleepable

上述声明语句表示 Monkey 类继承了 Animal 类,同时实现了 Climbable 接口和 Sleepable 接口。

一个类如果使用了某个接口,则这个类一般需要实现该接口中的所有方法,即为这些方法提供方法体,如果没有实现接口中的所有方法,则该类必须声明为抽象类。在类中实现接口的方法时,方法的名字、返回类型、参数声明必须与接口中的完全一致。需要注意的是,接口中的方法默认为 public,所以类在实现接口时,必须使用 public 来修饰方法。另外,如果接口的返回类型不是 void,那么在类中实现该接口方法时,方法体中必须有一个 return 语句;如果是 void 型,则方法体的内容可以为空,即可以只有两个大括号,大括号内没有任何内容。

**例 6.5** 接口的定义及使用。

```
/*接口 Computable 中定义了一个常量和两个抽象方法*/
interface Computable {
    final int X=10;
    int add();
    void print();
}
class A implements Computable{
    private int y;
    public A(int y){
        this.y=y;
    }
```

```
    //实现抽象方法时添加 public 和 return 语句
    public int add(){
        return X+y;
    }
    //返回类型为 void,所以方法体可为空
    public void print(){ }
}
```

使用 UML 表示上述例子,如图 6-5 所示。

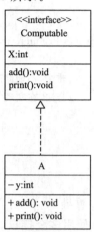

图 6-5　接口与实现类的 UML 图

UML 使用构造型"<<interface>>"来指示 Computable 是一个接口而不是类,类对接口的实现使用"------▷"符号来表示。

### 6.2.4　接口的继承

与类一样,接口也支持继承,同样可以创建接口的多级继承的层次结构。此时实现继承接口的类必须实现接口的所有方法,包括继承的接口方法。

**例 6.6**　接口继承示例。

```
interface X{
    void m1();
    void m2();
}
interface Y extends X{
    void m3();
}
/*接口 Y 继承了 X,所以实现 Y 时,还必须同时实现接口 X 中的方法 m1()和 m2()*/
class XY implements Y{
    public void m1(){
        System.out.println("实现 m1()方法");
    }
    public void m2(){
        System.out.println("实现 m2()方法");
```

```
        }
        public void m3(){
            System.out.println("实现 m3()方法");
        }
        public static void main(String args[]){
            XY xy=new XY();
            xy.m1();
            xy.m2();
            xy.m3();
        }
    }
```
程序运行结果：

实现 m1()方法

实现 m2()方法

实现 m3()方法

与类不同的是,接口除了支持单一继承外,还支持多重继承。

**例 6.7** 接口的多重继承示例。

```
interface X{
    void m1();
}
interface Y{
    void m2();
}
//接口 Z 多重继承 X 和 Y 接口
interface Z extends X,Y{
    void m3();
}
/*实现 Z 接口的类除了要实现 Z 本身声明的方法 m3()外,同时还必须实现所继承过来的方法 m1()和m2()*/
class XYZ implements Z{
    public void m1(){
        System.out.println("实现 m1()方法");
    }
    public void m2(){
        System.out.println("实现 m2()方法");
    }
    public void m3(){
        System.out.println("实现 m3()方法");
    }
}
```

## 6.2.5 使用接口实现多重继承

前面讲过,通过接口可间接实现类的多重继承。要实现这一功能,需要在类的声明中使用关键字 implements 来声明实现一个以上的接口。

**例 6.8**　使用接口实现类的多重继承。

```java
interface Climbable{
    final int SPEED=100;
    void climb();
}
interface Sleepable{
    void sleep();
}
abstract class Animal{
    abstract void breathe();
}
class Monkey extends Animal implements Climbable,Sleepable{
    //实现抽象类中的 breathe()抽象方法
    void breathe(){
        System.out.println("猴子使用肺呼吸");
    }
    //实现接口 Climbable 中的方法
    public void climb(){
        System.out.println("猴子是爬树高手,最快速度可达"+SPEED);
    }
    //实现接口 Sleepable 中的方法
    public void sleep(){
        System.out.println("猴子睡觉时会打呼噜");
    }
}
public class InterfaceDemo{
    public static void main(String[] args){
        Monkey monkey=new Monkey();
        monkey.breathe();
        monkey.climb();
        monkey.sleep();
    }
}
```

程序运行结果：

猴子使用肺呼吸

猴子是爬树高手,最快速度可达 100

猴子睡觉时会打呼噜

上述程序定义了 Climbable 和 Sleepable 两个接口以及一个抽象类 Animal,Monkey 类通过继承 Animal 类和实现 Climbable 和 Sleepable 两个接口,获得了呼吸、爬树及睡眠的功能行为。通过实现接口,获得了本应需要从多个类才能得到的一些功能行为,从而间接实现了多重继承。上述程序中的 Monkey 类和 Animal 类及 Climbable 和 Sleepable 接口之间的关系使用 UML 图可表示为图 6-6。

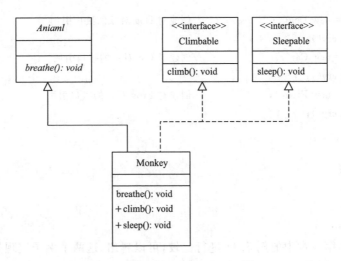

图 6-6 使用多个接口间接实现多重继承

## 6.2.6 使用接口引用

与超类变量可以引用子类对象一样,接口变量也可以引用实现它的类的对象。这样,该接口变量就可以调用接口中的方法。调用接口方法,其实就是通知相应的对象调用接口方法。通过接口引用,可实现对象的多态性。这一点跟我们在第 5 章中介绍的通过向上转型对象调用子类对象的方法很相似。下面我们通过使用接口引用来实现第 5 章中使用类的向上转型对象来实现动物叫声的多态性。

**例 6.9** 通过使用接口引用来实现动物叫声的多态性。

```
interface Animal{
    void cry();
}
class Dog implements Animal{
    public void cry(){
        System.out.println("狗叫:汪汪汪…");
    }
}
class Cat implements Animal{
    public void cry(){
        System.out.println("猫叫:喵喵喵…");
    }
}
class Frog implements Animal{
    public void cry(){
        System.out.println("青蛙叫:呱呱呱…");
    }
}
public class InterfaceCallBack {
    public static void main(String[] args){
        Animal animal;                    //声明一个接口变量
```

```
            animal=new Dog();           //创建对 Dog 对象的接口引用
            animal.cry();
            animal=new Cat();           //创建对 Cat 对象的接口引用
            animal.cry();
            animal=new Frog();          //创建对 Frog 对象的接口引用
            animal.cry();
        }
    }
```
程序运行结果：
狗叫:汪汪汪…
猫叫:喵喵喵…
青蛙叫:呱呱呱…

将上述示例与第 5 章中的例 5.11 进行比较,可以看出,这两个例子实现的功能完全相同,代码部分也很类似,两者的主要不同在于:例 6.9 是通过接口引用来实现多态性,而例 5.11 是通过向上转型对象来实现多态性。

### 6.2.7 标记接口

所谓标记接口,是指不带任何变量声明和方法定义的空接口。实现标记接口的类不需要实现任何方法,类定义中只需要使用 implements 关键字后接标记接口名称来声明即可。声明了实现标记接口的类将拥有该接口所定义的功能。Serializable 和 Cloneable 是两个常用的标记接口。当一个类实现了 Serializable 接口,则可以对其对象进行序列化和反序列化;而当一个类实现了 Cloneable 接口,则可以创建该类的复本。

## 6.3 抽象类与接口的区别

abstract class 和 interface 是 Java 语言中对于抽象类定义进行支持的两种机制,正是由于这两种机制的存在,才赋予了 Java 强大的面向对象能力。abstract class 和 interface 之间在对于抽象类定义的支持方面具有很大的相似性,甚至可以相互替换,因此很多开发者在进行抽象类定义时对于 abstract class 和 interface 的选择显得比较随意。

其实,两者之间还是有很大的区别的,对于它们的选择甚至反映出对于问题领域本质的理解,对于设计意图的理解是否正确、合理。本节将对它们之间的区别进行一番剖析,试图给开发者提供一个在二者之间进行选择的依据。

**1. 理解抽象类**

abstract class 和 interface 在 Java 语言中都是用来进行抽象类(本文中的抽象类并非从 abstract class 翻译而来,它表示的是一个抽象体,而 abstract class 为 Java 语言中用于定义抽象类的一种方法,请读者注意区分)定义的,那么什么是抽象类,使用抽象类能为我们带来什么好处呢?

在面向对象的概念中,我们知道,所有的对象都是通过类来描绘的,但是反过来却不是这样。并不是所有的类都是用来描绘对象的,如果一个类中没有包含足够的信息来描绘一个具体的对象,这样的类就是抽象类。抽象类往往用来表征我们在对问题领域进行分析、设计中得出的抽象概念,是对一系列看上去不同,但是本质上相同的具体概念的抽象。

比如：我们进行一个图形编辑软件的开发，就会发现问题领域存在着圆、三角形这样一些具体概念，它们是不同的，但是它们又都属于形状这样一个概念，形状这个概念在问题领域是不存在的，它就是一个抽象概念。正是因为抽象的概念在问题领域没有对应的具体概念，所以用于表征抽象概念的抽象类是不能够实例化的。

在面向对象领域，抽象类主要用来进行类型隐藏。我们可以构造出一个固定的一组行为的抽象描述，但是这组行为却能够有任意可能的具体实现方式，这个抽象描述就是抽象类，而这一组任意可能的具体实现方式则表现为所有可能的派生类。

模块可以操作一个抽象体。由于模块依赖于一个固定的抽象体，因此它可以是不允许修改的；同时，通过从这个抽象体派生，也可扩展此模块的行为功能。熟悉 OCP（Open-Closed Principle）的读者一定知道，为了能够实现面向对象设计的一个最核心的原则 OCP，抽象类是其中的关键所在。

**2. 从语法定义层面看**

在语法层面，Java 语言对于 abstract class 和 interface 给出了不同的定义方式，下面以定义一个名为 Demo 的抽象类为例来说明这种不同。使用 abstract class 的方式定义 Demo 抽象类的方式如下：

```java
//java 代码
abstract class Demo {
    abstract void method1();
    abstract void method2();
    ...
}
```

使用 interface 的方式定义 Demo 抽象类的方式如下：

```java
//java 代码
interface Demo {
    void method1();
    void method2();
    ...
}
```

在 abstract class 方式中，Demo 可以有自己的数据成员，也可以有非 abstract 的成员方法，而在 interface 方式的实现中，Demo 只能够有静态的、不能被修改的数据成员（也就是必须是 static final 的，不过在 interface 中一般不定义数据成员），所有的成员方法都是 abstract 的。从某种意义上说，interface 是一种特殊形式的 abstract class。从编程的角度来看，abstract class 和 interface 都可以用来实现"design by contract"的思想。但是在具体的使用上还是有一些区别的。

首先，abstract class 在 Java 语言中表示的是一种继承关系，一个类只能使用一次继承关系。但是，一个类却可以实现多个 interface。也许，这是 Java 语言的设计者在考虑 Java 对于多重继承的支持方面的一种折中考虑吧。

其次，在 abstract class 的定义中，我们可以赋予方法的默认行为。但是在 interface 的定义中，方法却不能拥有默认行为，为了绕过这个限制，必须使用委托，但是这会增加一些复杂性，有时甚至会造成很大的麻烦。

在抽象类中不能定义默认行为还存在另一个比较严重的问题，那就是可能会造成维护上的麻烦。因为如果后来想修改类的界面(一般通过 abstract class 或者 interface 来表示)以适应新的情况(比如,添加新的方法或者给已用的方法中添加新的参数)时,就会非常麻烦,可能要花费很多的时间(对于派生类很多的情况尤为如此)。但是如果界面是通过 abstract class 来实现的,那么可能就只需要修改定义在 abstract class 中的默认行为就可以了。

同样,如果不能在抽象类中定义默认行为,就会导致同样的方法实现出现在该抽象类的每一个派生类中,违反了"one rule, one place"原则,造成代码重复,同样不利于以后的维护。因此,在 abstract class 和 interface 间进行选择时要非常小心。

**3. 从设计理念层面看**

上面主要从语法定义和编程的角度论述了 abstract class 和 interface 的区别,这些层面的区别是比较低层次的、非本质的。本文将从另一个层面:abstract class 和 interface 所反映出的设计理念,来分析一下二者的区别。作者认为,从这个层面进行分析才能理解二者概念的本质区别所在。

前面已经提到过,abstract class 在 Java 语言中体现了一种继承关系,要想使得继承关系合理,父类和派生类之间必须存在"is a"关系,即父类和派生类在概念本质上应该是相同的。

对于 interface 来说则不然,并不要求 interface 的实现者和 interface 定义在概念本质上是一致的,仅仅是实现了 interface 定义的契约而已。为了使论述便于理解,下面将通过一个简单的实例进行说明。

考虑这样一个例子,假设在我们的问题领域中有一个关于 Door 的抽象概念,该 Door 具有两个动作 open 和 close,此时我们可以通过 abstract class 或者 interface 来定义一个表示该抽象概念的类型,定义方式分别如下所示:

使用 abstract class 方式定义 Door:

```java
//java 代码
abstract class Door {
    abstract void open();
    abstract void close();
}
```

使用 interface 方式定义 Door:

```java
//java 代码
interface Door {
    void open();
    void close();
}
```

其他具体的 Door 类型可以 extends 使用 abstract class 方式定义的 Door 或者 implements 使用 interface 方式定义的 Door。

看起来好像使用 abstract class 和 interface 没有大的区别。如果现在要求 Door 还要具有报警的功能。我们该如何设计针对该例子的类结构呢(在本例中,主要是为了展示 abstract class 和 interface 反映在设计理念上的区别,其他方面无关的问题都做了简化或者忽略)?下面将罗列出可能的解决方案,并从设计理念层面对这些不同的方案进行分析。

解决方案一:

简单地在 Door 的定义中增加一个 alarm 方法,如下:

//java 代码

或者
```java
//java 代码
interface Door {
    void open();
    void close();
    void alarm();
}
```
那么,具有报警功能的 AlarmDoor 的定义方式如下:
```java
//java 代码
class AlarmDoor extends Door {
    void open() { … }
    void close() { … }
    void alarm() { … }
}
```
或者
```java
//java 代码
class AlarmDoor implements Door {
    void open() { … }
    void close() { … }
    void alarm() { … }
}
```

这种方法违反了面向对象设计中的一个核心原则 ISP(Interface Segregation Principle),在 Door 的定义中把 Door 概念本身固有的行为方法和另外一个概念"报警器"的行为方法混在了一起。这样引起的一个问题是那些仅仅依赖于 Door 这个概念的模块会因为"报警器"这个概念的改变(比如:修改 alarm 方法的参数)而改变,反之依然。

解决方案二:

既然 open、close 和 alarm 属于两个不同的概念,根据 ISP 原则应该把它们分别定义在代表这两个概念的抽象类中。定义方式有:这两个概念都使用 abstract class 方式定义;两个概念都使用 interface 方式定义;一个概念使用 abstract class 方式定义,另一个概念使用 interface 方式定义。

显然,由于 Java 语言不支持多重继承,所以两个概念都使用 abstract class 方式定义是不可行的。后面两种方式都是可行的,但是对于它们的选择却反映出对于问题领域中的概念本质的理解,对于设计意图的反映是否正确、合理。我们一一来分析、说明。

如果两个概念都使用 interface 方式来定义,那么就反映出两个问题:

1. 我们可能没有理解清楚问题领域,AlarmDoor 在概念本质上到底是 Door 还是报警器?

2. 如果我们对于问题领域的理解没有问题,比如:我们通过对于问题领域的分析发现 AlarmDoor 在概念本质上和 Door 是一致的,那么我们在实现时就没能正确地揭示我们的设计意图,因为在这两个概念的定义上(均使用 interface 方式定义)反映不出上述含义。

如果我们对于问题领域的理解是:AlarmDoor 在概念本质上是 Door,同时它有具有报警的功能。我们该如何来设计、实现来明确地反映出我们的意思呢? 前面已经说过,abstract class 在 Java 语言中表示一种继承关系,而继承关系在本质上是"is a"关系。所以对于 Door 这个概念,我们应该使用 abstract class 方式来定义。另外,AlarmDoor 又具有报警功能,说明

它又能够完成报警概念中定义的行为,所以报警概念可以通过 interface 方式定义,代码如下所示:

```java
//java 代码
abstract class Door {
    abstract void open();
    abstract void close();
}
interface Alarm {
    void alarm();
}
class AlarmDoor extends Door
implements Alarm {
    void open() { … }
    void close() { … }
    void alarm() { … }
}
```

这种实现方式基本上能够明确地反映出我们对于问题领域的理解,正确地揭示我们的设计意图。其实 abstract class 表示的是"is a"关系,interface 表示的是"like a"关系,大家在选择时可以作为一个依据,当然这是建立在对问题领域的理解上的,比如:如果我们认为 AlarmDoor 在概念本质上是报警器,同时又具有 Door 的功能,那么上述的定义方式就要反过来了。

抽象类和接口总结:

(1)抽象类和接口都不能直接实例化,如果要实例化,抽象类变量必须指向实现所有抽象方法的子类对象,接口变量必须指向实现所有接口方法的类对象。

(2)抽象类要被子类继承,接口要被类实现。

(3)接口只能做方法申明,抽象类中既可以做方法申明,又可以做方法实现。

(4)接口里定义的变量只能是公共的静态常量,抽象类中的变量是普通变量。

(5)抽象类里的抽象方法必须全部被子类所实现,如果子类不能全部实现父类抽象方法,那么该子类只能是抽象类。同样,一个实现接口的时候,如不能全部实现接口方法,那么该类也只能为抽象类。

(6)抽象方法只能申明,不能实现。abstract void abc();不能写成 abstract void abc(){}。

(7)抽象类里可以没有抽象方法。

(8)如果一个类里有抽象方法,那么这个类只能是抽象类。

(9)抽象方法要被实现,所以不能是静态的,也不能是私有的。

(10)接口可继承接口,并支持多重继承,但类只能单一继承。

特别是对于公用的实现代码,抽象类有它的优点。抽象类能够保证实现的层次关系,避免代码重复。然而,即使在使用抽象类的场合,也不要忽视通过接口定义行为模型的原则。从实践的角度来看,如果仅依赖于抽象类来定义行为,往往会导致过于复杂的继承关系,而通过接口定义行为能够更有效地分离行为与实现,为代码的维护和修改带来方便。

## 6.4　自动注解

Annotation(注释)是 JDK 5.0 及以后版本引入的。它可以用于创建文档,跟踪代码中的依赖性,甚至执行基本编译时检查。注释是以"@注释名"在代码中存在的,根据注释参数的个数,我们可以将注释分为:标记注释、单值注释、完整注释三类。它们都不会直接影响到程序的语义,只是作为注释(标识)存在,我们可以通过反射机制编程实现对这些元数据的访问。另外,还可以在编译时选择代码里的注释是否只存于源代码级,或者它也能在 class 文件中出现。

元数据的作用:

如果要对于元数据的作用进行分类,目前还没有明确的定义,不过我们可以根据它所起的作用,大致可分为三类:

(1)编写文档:通过代码里标识的元数据生成文档。
(2)代码分析:通过代码里标识的元数据对代码进行分析。
(3)编译检查:通过代码里标识的元数据让编译器能实现基本的编译检查。

## 6.4.1 基本内置注释

**1. @Override**

使用@Override 的示例代码如下:

```
package com.iwtxokhtd.annotation;
/**
* 测试 Override 注解
* @author Administrator
*
*/
public class OverrideDemoTest {

    //@Override
    public String tostring(){
        return "测试注释";
    }
}
```

**2. @Deprecated**

@Deprecated 的作用是对不应该再使用的方法添加注释,当编程人员使用这些方法时,将会在编译时显示提示信息,它与 javadoc 里的@deprecated 标记有相同的功能,准确地说,它还不如 javadoc @deprecated,因为它不支持参数,使用@Deprecated 的示例代码如下:

```
package com.iwtxokhtd.annotation;
/**
* 测试 Deprecated 注解
* @author Administrator
*
*/
public class DeprecatedDemoTest {
    public static void main(String[] args) {
        //使用 DeprecatedClass 里声明被过时的方法
        DeprecatedClass.DeprecatedMethod();
```

```
        }
    }
class DeprecatedClass{
    @Deprecated
    public static void DeprecatedMethod() {
    }
}
```

**3. @SuppressWarnings**

@SuppressWarnings 参数有：

（1）deprecation：使用了过时的类或方法时的警告。

（2）unchecked：执行了未检查的转换时的警告。

（3）fallthrough：当 Switch 程序块直接通往下一种情况而没有 Break 时的警告。

（4）path：在类路径、源文件路径等中有不存在的路径时的警告。

（5）serial：当在可序列化的类上缺少 serialVersionUID 定义时的警告。

（6）finally：任何 finally 子句不能正常完成时的警告。

（7）all：关于以上所有情况的警告。

使用@SuppressWarnings 的示例代码如下：

```
package com.iwtxokhtd.annotation;
import java.util.ArrayList;
import java.util.List;
public class SuppressWarningsDemoTest {
    public static List list=new ArrayList();
    @SuppressWarnings("unchecked")
    public void add(String data){
        list.add(data);
    }
}
```

## 6.4.2 自定义注释

它类似于新建一个接口类文件，但为了区分，我们需要将它声明为@interface，如下例：

```
package com.iwtxokhtd.annotation;
public @interface NewAnnotation {}
```

使用自定义的注解类型，代码如下：

```
package com.iwtxokhtd.annotation;
public class AnnotationTest {
    @NewAnnotation
    public static void main(String[] args) {}
}
```

为自定义注解添加变量，代码如下：

```
package com.iwtxokhtd.annotation;
public @interface NewAnnotation {
    String value();
```

```
}
public class AnnotationTest {
    @NewAnnotation("main method")
    public static void main(String[] args) {
        saying();
    }
    @NewAnnotation(value = "say method")
    public static void saying() {}
}
```

定义一个枚举类型,然后将参数设置为该枚举类型,并赋予默认值,代码如下:

```
public @interface Greeting {
    public enum FontColor {
        BLUE, RED, GREEN
    };
    String name();
    FontColor fontColor() default FontColor.RED;
}
```

这里有两种选择,其实变数也就是在赋予默认值的参数上,我们可以选择使用该默认值,也可以重新设置一个值来替换默认值,代码如下:

```
public class AnnotationTest {
    @NewAnnotation("main method")
    public static void main(String[] args) {
        saying();
        sayHelloWithDefaultFontColor();
        sayHelloWithRedFontColor();
    }

    @NewAnnotation("say method")
    public static void saying() {}

    // 此时的 fontColor 为默认的 RED
    @Greeting(name = "defaultfontcolor")
    public static void sayHelloWithDefaultFontColor() {}

    // 现在将 fontColor 改为 BLUE
    @Greeting(name = "notdefault", fontColor = Greeting.FontColor.BLUE)
    public static void sayHelloWithRedFontColor() {}
}
```

### 6.4.3 注解的高级应用

**1. 限制注释的使用范围**

用@Target指定ElementType属性,代码如下:

```
package java.lang.annotation;
```

```java
public enum ElementType {
    TYPE,
    //用于类、接口、枚举,但不能是注释
    FIELD,
    //用于字段上,包括枚举值
    METHOD,
    //用于方法,不包括构造方法
    PARAMETER,
    //用于方法的参数
    CONSTRUCTOR,
    //用于构造方法
    LOCAL_VARIABLE,
    //用于本地变量或 catch 语句
    ANNOTATION_TYPE,
    //用于注释类型(无数据)
    PACKAGE
    //用于 Java 包
}
```

**2. 注解保持性策略**

Java 代码如下:

```java
//限制注解使用范围
@Target({ElementType.METHOD,ElementType.CONSTRUCTOR})
public @interface Greeting {
    //使用枚举类型
    public enum FontColor{
        BLUE,RED,GREEN
    };
    String name();
    FontColor fontColor() default FontColor.RED;
}
```

在 Java 编译器编译时,它会识别在源代码里添加的注释是否还会保留,这就是 RetentionPolicy。

编译器的处理有三种策略:

将注释保留在编译后的类文件中,并在第一次加载类时读取它,并将它保留在编译后的类文件中,但是在运行时忽略它,按照规定使用注释,但是并不将它保留到编译后的类文件中。

Java 代码如下:

```java
package java.lang.annotation;
public enum RetentionPolicy {
    SOURCE,
    //此类型会被编译器丢弃
    CLASS,
    //此类型注释会保留在 class 文件中,但 JVM 会忽略它
    RUNTIME
```

```
        //此类型注释会保留在 class 文件中,JVM 会读取它
}
//让保持性策略为运行时态,即将注解编码到 class 文件中,让虚拟机读取
@Retention(RetentionPolicy.RUNTIME)
public @interface Greeting {
    //使用枚举类型
    public enum FontColor{
        BLUE,RED,GREEN
    };
    String name();
    FontColor fontColor() default FontColor.RED;
}
```

**3. 文档化功能**

Java 提供的 Documented 元注释跟 javadoc 的作用是差不多的,其实它存在的好处是开发人员可以定制 javadoc 不支持的文档属性,并在开发中应用。它的使用跟前两个也是一样的,简单代码示例如下:

```
//让它定制文档化功能
//使用此注解时必须设置 RetentionPolicy 为 RUNTIME
@Documented
public @interface Greeting {
    //使用枚举类型
    public enum FontColor{
        BLUE,RED,GREEN
    };
    String name();
    FontColor fontColor() default FontColor.RED;
}
```

**4. 标注继承**

Java 代码如下:

```
//让它允许继承,可作用到子类
@Inherited
public @interface Greeting {
    //使用枚举类型
    public enum FontColor{
        BLUE,RED,GREEN
    };
    String name();
    FontColor fontColor() default FontColor.RED;
}
```

## 6.4.4 读取注解信息

本节属于重点掌握的内容,在系统中用到注解权限时非常有用,可以精确控制权限的粒度。

> **注意**：要想使用反射去读取注解，必须将 Retention 的值选为 RUNTIME。

Java 代码如下：

```java
package com.iwtxokhtd.annotation;
import java.lang.annotation.Annotation;
import java.lang.reflect.Method;
//读取注解信息
public class ReadAnnotationInfoTest {
    public static void main(String[] args) throws Exception {
        // 测试 AnnotationTest 类,得到此类的类对象
        Class c = Class.forName("com.iwtxokhtd.annotation.AnnotationTest");
        // 获取该类所有声明的方法
        Method[] methods = c.getDeclaredMethods();
        // 声明注解集合
        Annotation[] annotations;
        // 遍历所有的方法得到各方法上面的注解信息
        for (Method method : methods) {
            // 获取每个方法上面所声明的所有注解信息
            annotations = method.getDeclaredAnnotations();
            // 再遍历所有的注解,打印其基本信息
            System.out.println(method.getName());
            for (Annotation an : annotations) {
                System.out.println("方法名为:" + method.getName() + "其上面的注解为:"
                        + an.annotationType().getSimpleName());
                Method[] meths = an.annotationType().getDeclaredMethods();
                // 遍历每个注解的所有变量
                for (Method meth : meths) {
                    System.out.println("注解的变量名为:" + meth.getName());
                }
            }
        }
    }
}
```

## 6.4.5 使用注解的知名类库

我们将展示知名类库是如何利用注解的。一些类库如：JAXB、Spring Framework、Findbugs、Log4j、Hibernate、JUnit。它们使用注解来完成代码质量分析、单元测试、XML 解析、依赖注入和许多其他的工作。

本节将以 JUnit 类库为例来说明注解的使用。JUnit 这个框架用于完成 Java 中的单元测试。自 JUnit 4.X 开始,注解被广泛应用,成为 JUnit 设计的主干之一。

基本上,JUnit 处理程序是通过反射读取类和测试套件,按照在方法上、类上的注解顺序地执行程序。当然,还有一些用来修改测试执行的注解,其他注解包括用来执行测试、阻止执行、改变执行顺序等。

用到的注解非常多,但是我们常看到以下最重要的几个:

(1)@Test:这个注解向 JUnit 说明这个被注解的方法一定是一个可执行的测试方法。这个注解只能标识在方法上,并且被 JVM 保留至运行时。例如:

@Test public void testMe() {   //test assertions
    assertEquals(1,1);
}

(2)@Before:这个注解用来向 JUnit 说明被标记的方法应该在所有测试方法之前被执行。这对于在测试之前设置测试环境和初始化非常有用,同样只适用于方法上。例如:

@Before public void setUp()   {  // initializing variables
    count = 0;
    init();
}

(3)@After:这个注解用来向 JUnit 说明被注解的方法应该在所有单元测试之后执行。这个注解通常用来销毁资源、关闭、释放资源或者清理、重置等工作。例如:

@After public void destroy() {   // closing input stream
    stream.close();
}

(4)@Ignore:这个方法用来向 JUnit 说明被注解的方法应该不被当作测试单元执行。即使它被注解成为一个测试方法,也只能被忽略。例如:

@Ignore @Test public void donotTestMe(){
    count = -22;
    System.out.println("donotTestMe():" + count);
}

这个方法可能在开发调试阶段使用,一旦开始进入发布阶段便需要将被忽略的代码去掉。

(5)@FixMethodOrder:指定执行的顺序,正常情况下,JUnit 处理程序时按照完全随机的无法预知的顺序执行。当所有的测试方法都相互独立的时候,不推荐使用这个注解。但是,当测试的场景需要测试方法按照一定顺序的时候,这个注解就派上用场了。

## 6.4.6　总结

(1)要用好注解,必须熟悉 Java 的反射机制,从上面的例子可以看出,注解的解析完全依赖于反射。

(2)不要滥用注解。平常我们编程过程很少接触和使用注解,只有在做设计且不想让设计有过多的配置时才会用到注解。

## 本章小结

抽象类主要用来表示一组类的共有属性和行为,不对应客观世界中的任何对象;具体类表示的是某一类对象的共有属性和行为,它们与客观世界的对象是一一对应的。

抽象类是不能实例化的类,定义时需要使用 abstract 修饰符声明,抽象类中可以包含抽象方法,也可以包含具体方法。抽象方法是指只有声明而没有实现的方法,在类中声明时需要使用 abstract 修饰符。注意,抽象类不能定义为 final 类。

抽象方法的实现必须通过抽象类的子类来实现。对于抽象类的使用问题主要就是对它的继承以及对其中的抽象方法的重写问题。继承抽象类的子类必须实现抽象类所定义的全部抽象方法,否则该子类也必须声明为抽象类。

抽象类的引用来自继承它的子类的实例,即抽象类的引用是一个抽象类子类对象的向上转型对象,通过这个抽象类型的向上转型对象,可以实现对象的多态性。使用抽象类型向上转型对象在运行时将调用子类对象中继承或重写的方法。

接口的实质是一个抽象类,但接口只关心功能,并不关心功能的具体实现,所以在接口中的方法只有声明,而没有任何实现。

定义接口需要使用关键字 interface。在接口中声明的方法默认是公共的和抽象的。实现接口时必须实现接口中的所有方法。在类实现接口方法时应在方法前添加修饰符 public,并且如果方法为非 void 的时,还必须在实现方法中添加 return 语句。接口中声明的常量默认是公共的、静态的和最终的,声明接口常量的同时必须对常量赋值,常量一旦赋值后就永远不能再修改。

一个类通过使用关键字 implements 在声明语句时声明自己使用一个或多个接口。使用多个接口时,各个接口之间要用逗号隔开。一个类如果使用了某个接口,则这个类一般需要实现该接口中的所有方法,如果没有实现接口中的所有方法,则该类必须声明为抽象类。Java 不支持多继承,使用接口就可以间接实现多继承。

接口也支持单一继承和多重继承,实现继承接口的类必须实现接口的所有方法,包括继承过来的接口方法。

接口变量可引用实现它的类的对象,这样,该接口变量就可以调用被类实现了的接口中的方法,也就是通知相应的对象调用接口方法,从而通过接口引用实现对象的多态性。

标记接口是指不带任何变量声明和方法定义的空接口。实现标记接口的类不需要实现任何方法,类定义中只需要使用 implements 关键字后接标记接口名称来声明即可。Serializable 和 Cloneable 是两个常用的标记接口。

注解相当于一种标记,在程序中加了注释就等于为程序打上了某种标记,利用反射了解类和各种元素上的标记,根据标记的内容进行相应的操作。标记可以加在包、类、字段、方法、方法的参数以及局部变量上。

# 第 7 章 异常处理

即使是经验丰富的程序员在编写程序时也不可避免地会出现错误。出现的错误一般有三种情况:语法错误、逻辑错误和运行时错误。语法错误是由于没有遵循 Java 语言规则引起的,通过前面的学习,我们知道这种错误可由 Java 编译器来检测;逻辑错误是指当程序不按照预期方式运行时出现的错误,这种错误一般通过调试程序来检测;运行时错误是指在程序在运行时,如果出现严重问题,导致程序终止运行的错误,例如:除数为 0、数组的下标越界、需要存取的文件不存在或者网络突然中断等。通常把这种情况称为异常,而把针对异常情况的相关操作称为异常处理。

**学习目标**

- 理解异常处理的概念;
- 熟悉异常类型;
- 掌握如何在方法中声明异常;
- 掌握如何在方法中抛出异常;
- 使用 try…catch 代码块处理异常;
- 创建自己的异常类;
- 在 try…catch 代码块中使用 finally 子句。

## 7.1 异常与异常类型

异常(Exception)是程序在执行过程中发生的事件,它会中断程序指令的正常流程。按异常在编译时是否被检测来分,异常可以分为两大类:受检异常和非受检异常。受检异常是指程序在编译时被 Java 编译器所检测到的异常,而非受检异常则不能在编译时检测到。非受检异常包括运行时异常(Runtime Exception)和错误(Error)。

运行时异常只能在程序运行时被检测到,例如:除数为 0。通过例 7.1 来展示零做除数的异常情况。

**例 7.1** 零做除数的异常情况。

```
public class ExceptionByZero {
    public static void main(String[] args) {
        int a = 100;
        int b = 0;
        int c = a / b;  // 除数为 0 会产生异常
        System.out.println("a/b=" + c);
        System.out.println("a=" + a);
        System.out.println("b=" + b);
    }
}
```

当编译程序并没有发现任何错误信息时,编译命令如下:

javac ExceptionByZero.java

执行命令为:

java ExceptionByZero

执行时出现了异常,输出结果如下:

Exception in thread "main" java.lang.ArithmeticException:/ by zero
    at ExceptionByZero.main(ExceptionByZero.java:7)

在上面的实例中,当程序运行到语句"int c = a / b;"时,因为除数为0,所以产生了一个异常。程序中断,导致了下面的语句"System.out.println("a/b="+ c);"和"System.out.println("a="+ a);"及"System.out.println("b="+ b);"无法正常输出。

Java语言所定义的错误异常一般指各种致命性错误。一旦发生错误,则很难或根本就不可能由程序来恢复或处理。在Java语言中,异常是以对象形式来表示的,并定义相应的异常,如图7-1所示。

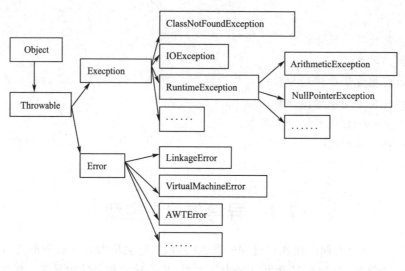

图7-1 异常类的层次结构图

所有的异常类都是JRE内置类Throwable的子类。Throwable把异常分成两个不同分支的子类,一个是Exception类,另一个是Error类。

Error类描述内部系统错误。这种错误很少出现,一旦出现,只能通知用户并试图终止程序。Error子类有LinkageError、VirtualMachineError、AWTError等。LinkageError子类表示一个类在某种程序上依赖其他类,但在编译完前面的类之后,后面的类已经变得不匹配。VirtualMachineError子类表示Java虚拟机终止,或者已经耗尽它继续操作所需的资源。AWTError是由GUI组件中的致命错误引起的。

Exception类用于用户程序可能捕捉和处理的异常情况。Exception具有许多子类,它们有ClassNotFoundException、IOexception、RuntimeException、CloneNotSupportedException和AWTException等。

Java的JRE提供了各种异常类,常用的异常类见表7-1。

表 7-1　　　　　　　　　　常用的异常类

| 常用的 Java 异常类 | 说明 |
| --- | --- |
| Exception | 异常层次结构的根类 |
| RuntimeException | 运行时异常，为许多 java.lang 异常的基类 |
| ArithmeticException | 算术错误情形，如以零做除数 |
| IllegalArgumentException | 方法接收到非法参数 |
| ArrayIndexOutOfBoundException | 数组大小小于或大于实际的数组大小 |
| NullPointerException | 尝试访问 null 对象成员 |
| ClassNotFoundException | 不能加载所需的类 |
| NumberFormatException | 数据转化格式异常，比如字符串到 float |
| IOException | I/O 异常的根类 |
| FileNotFoundException | 找不到文件 |
| EOFException | 文件结束 |
| InterruptedException | 线程中断 |

## 7.2　异常处理程序

为避免出现异常导致程序中止执行，Java 语言提供了相应的机制进行处理。当一个方法引发一个异常之后，可以将异常抛出，由该方法的直接或间接调用者处理这个异常。

Java 异常处理包括声明异常、抛出异常和捕获异常等内容，异常处理程序的基本形式如例 7.2 所示。

**例 7.2**　异常处理程序的基本形式。

```
method() throws Exception1,Exception2,…
{
    …
    try {
        … //程序块
    }
    catch (Exception1 e1) {
        … // 对 Exception1 进行处理
    }
    catch (Exception2 e2) {
        …// 对 Exception2 进行处理，处理了一部分
        throw(e2); //再抛出这个异常给上层的调用者
    }
    …
    finally {
        …
    }
}
```

异常处理可以让代码更健壮并易于维护。异常处理基本过程是用 try 语句块监视有可能会出现异常的语句，如果在 try 语句块内出现异常，catch 语句块可以捕获到这个异常并做处

理。catch 语句可以有多个，用来匹配多个异常，如果出现异常并且已成功匹配一个后 catch 语句，执行 catch 语句块时，仅执行完成匹配的 catch 语句块。catch 的类型是 Java 语言中定义的或者程序员自己定义的，表示代码抛出异常的类型。异常的变量名在实现上表示抛出异常的对象的引用。如果 catch 捕获并匹配了该异常，那么就可以直接用这个异常变量名来指向所匹配的异常，并且在 catch 语句块中直接引用。部分系统生成的异常在 Java 运行时自动抛出，也可以通过 throws 关键字声明该方法要抛出异常，然后在方法内部抛出异常对象。finally 语句块通常在执行 return 之前执行。

## 7.2.1 声明异常

声明异常是当方法执行时，声明方法中可能出现的异常。因为任何代码都有可能出现系统错误和运行时异常，所以 Java 不需要在方法中显式声明 Error 和 RuntimeException。但是，如果方法出现其他异常，则必须在方法声明中显式声明它们。

方法声明异常是通过关键字 throws 来声明的。例如在代码 7.2 中的语句：

method() throws Exception1,Exception2,…

关键字 throws 表示 method() 方法可能抛出 Exception1、Exception2 等多个异常。如果方法可能抛出多个异常，为清晰起见，我们可以在 throws 后面添加异常列表，用逗号隔开。如例 7.3 所示。

**例 7.3** 声明抛出多个异常的方法。

```
public class TestThrows {
    static void array(int size) throws NegativeArraySizeException,
        ArrayIndexOutOfBoundsException {
        int[] a = new int[size];
        System.out.println(a[10]);
    }
    static void test() {
        array(-10);
    }
    public static void main(String[] args) {
        try {
            test();
        } catch (ArrayIndexOutOfBoundsException e) {
            System.out.println("数组越界");
        } catch (NegativeArraySizeException e) {
            System.out.println("数组长度为负数");
        }
        System.out.println("End");
    }
}
```

上面的例子中，array(int size) 声明了两个异常：NegativeArraySizeException 和 ArrayIndexOutOfBoundsException；静态方法 test() 又调用了这个可能会出现异常的 array() 方法；最终在 main() 方法中调用 test() 时就必须对上面所声明的异常进行捕获和处理。

## 7.2.2 抛出异常

在声明的方法中,如果出现异常,可以通过关键字 throw 来抛出异常的对象,抛出异常的语法如下:

throw new ConstructorException();

ConstructorException()是指异常类的构造方法。通过 new ConstructorException()来构造一个异常类的对象,再通过 throw 来抛出这个对象。要注意的是:一个方法只能抛出方法声明中的异常,或者 Error、RuntimeException 和两者的子类(即使没有声明也可以)。

**例 7.4** 用方法抛出方法声明中的异常,或者 Error、RuntimeException 和两者的子类。

```
public class TestThrow{
    void method(){   //抛出 ArithmeticException 异常,合法
        throw new ArithmeticException();
    }
    /* void method1(){//抛出 IOException 异常,不合法
        throw new IOException();
    }*/
}
```

为什么 method()方法抛出 ArithmeticException 对象合法,而抛出 IOException 对象不合法呢? 原因是:ArithmeticException 是 RuntimeException 类的子类,所以程序是合法的;而 IOException 不是 RuntimeException 类的子类,故不合法。

## 7.2.3 捕获异常

通过上面的介绍,我们知道了如何声明异常、如何抛出异常。下面我们将介绍如何捕获异常。在 Java 语言中,用 try…catch 语句来捕获异常。格式如下:

```
try{
    可能会出现异常情况的代码;
}catch(Exception1 ex){
    处理出现的 Exception1 异常;
}
catch(Exception2 ex){
    处理出现的 Exception2 异常;
}
```

如果在 try 子句执行期间没有出现异常,则跳过 catch 子句;如果 try 代码块中的语句抛出异常,Java 则跳过剩下的语句,并开始搜索异常处理程序,一旦异常与 catch 子句中列出的其中一个异常匹配,则执行 catch 子句的代码;如果异常类型与 catch 子句中的任何异常都不匹配,Java 将退出该方法,并把异常传递到调用该方法的方法,并继续执行相同的过程来查找处理程序。如果在正被调用的方法链中没有找到处理程序,程序终止并在控制台上打印报错消息。

**例 7.5** 捕获异常。

```
public class TestException{
    void disp(){
```

```java
            System.out.println("hello");
        }
        public static void main(String[] args) {
            TestException obj = null;
            int a = 1, b = 0;
            System.out.println("Begin");
            try {
                obj.disp();//出现异常并被第一个catch所捕获
                int c = a / b;
                System.out.println(c);
            } catch (NullPointerException ne1) {
                ne1.printStackTrace();
            } catch (ArithmeticException ne) {
                System.out.println(ne.getMessage());
                throw ne;
            }
            System.out.println("End");
        }
    }
```

程序运行结果为：
Begin
java.lang.NullPointerException
    at TestException.main(TestException.java:11)
End

当程序运行到"obj.disp();"这一行时，null 对象调用成员方法时便会出现异常。由于这个语句是放在 try…catch 语句中，所以程序马上捕获到了这个异常，并且跳过了"int c = a / b; System.out.println(c);"这两行，开始从上到下搜索异常处理程序。在第一个 catch 子句中找到了与之匹配的异常处理，调用异常对象的 printStackTrace()方法，打印跟踪方法调用栈获得详细的异常信息，处理完后程序直接跳到"System.out.println("End");"这一行，直到程序结束。如果我们把上面程序示例 7.5 代码中的"int c = a / b;"和"obj.disp();"这两行代码调换位置，成为：

```java
    try {
        int c = a / b;
        obj.disp();
        System.out.println(c);
    }
```

程序运行结果为：
Begin
/ by zero
End

当程序运行到"int c = a / b;"时，出现了一个除数为 0 的异常。Java 程序捕获到了这个异常，并且通过第二个 catch 子句找到了匹配的异常处理。用调用异常对象的 getMessage()方法来返回 String 类型的异常信息。

使用多重 catch 语句时,异常子类一定要位于异常父类之前,否则子类的异常永远无法捕获到。例 7.6 所示的异常类排列位置不正确。

**例 7.6** 不正确的异常处理。
```
public void calculate() {
    try {
        int num = 0;
        int num1 = 10 / num;
    }catch (Exception e) {
        System.out.println("父类异常 catch 子句");
    }catch (ArithmeticException ae) {
        // 错误,不能到达以下代码
        System.out.println("这个子类的父类是 Exception 类,且不能到达");
    }
}
```

在这一代码块中,永远无法捕获到 ArithmeticException 异常。因为只要是异常,就首先匹配到 Exception,不再考虑后续位置的异常。改进的方法是:先放置异常子类,后放置异常父类。正确的处理顺序见例 7.7。

**例 7.7** 正确的异常处理。
```
public void calculate() {
    try {
        int num = 0;
        int num1 = 10 / num;
    } catch (ArithmeticException ae) { // 先搜索异常子类
        System.out.println("子类异常 catch 子句");
    } catch (Exception e) {//再搜索异常父类
        System.out.println("父类异常 catch 子句");
    }
}
```

在实际应用过程中,有时需要使用嵌套 try 块。当内层 try 块发生异常,内层 catch 语句未捕获到时,将一直搜索匹配的 catch 语句(包括外层 catch 语句),直到匹配成功。如例 7.8 所示。

**例 7.8** 嵌套 try 块。
```
public class NestedException {
    public static void main(String[] args) {
        try {
            int[] s = new int[5];
            try {
                System.out.println(s[-1]);
            } catch (NegativeArraySizeException ne) {
                System.out.println("inner catch");
                ne.printStackTrace();
            }
        } catch (ArrayIndexOutOfBoundsException ae) {
```

```
                System.out.println("outer catch");
                ae.printStackTrace();
            } finally {
                System.out.println("End");
            }
        }
    }
```

程序运行结果为：

outer catch

End

java.lang.ArrayIndexOutOfBoundsException：-1

当程序运行到 System.out.println(s[-1])时出现了 ArrayIndexOutOfBoundsException 异常，但在内部没有找到匹配的异常处理，程序自动到外部来找，直到找到相匹配的异常处理为止。

## 7.3 重新抛出异常

当方法中出现异常时，如果没有捕捉到异常，方法就立即退出。如果在退出之前，需要方法执行某个任务，那么就可以捕捉方法中的异常，然后重新把它抛出给结构中的实际处理程序。

```
try{
    可能会出现异常情况的代码；
}catch(Exception e){
    处理出现的 Exception 异常；
    throw e;//重新抛出异常
}
```

例如，一个机房网络管理员负责维护该机房的网络安全和畅通。如果网络出现异常，那么网络管理员首先进行维护，如果立刻恢复正常，那么异常处理完毕；不能恢复正常，只能继续抛出该异常，由他的上级或电信部门来处理。

```
try{
    巡察网络是否正常；
}catch(NetException ne){
    网络维护；
    if(未能恢复正常)
    throw ne;
}
```

在重新抛出异常中，要注意如下几点：

(1)程序执行到 throw 语句时立即终止，不再执行它后面的语句；

(2)在包含 throw 语句的 try 块后面寻找与其相匹配的 catch 子句来捕获抛出的异常；

(3)如果找不到则向上一层程序抛出并由 JVM 来处理。

## 7.4 finally 子句

由于异常会强制中断正常流程,这会使得某些不管在任何情况下都必须执行的步骤被忽略,从而影响程序的健壮性。例如,我们读取文件时正常的流程为:打开文件,读取文件,关闭文件。异常流程为:打开文件之后没有读取。ReadFile()方法表示如下:

```
public void ReadFile(){
    try{
        打开文件;
        读取文件;//可能会抛出异常
        关闭文件;
    }catch(FileException fe){   ……
    }
}
```

从上面的代码我们可以发现,如果在读取文件时抛出异常,那么关闭文件操作代码不会被执行,系统占用的资源不会被释放。这样的流程显然是不安全的。finally 代码块能保证特定的操作总是会被执行。它的形式如下:

```
public void ReadFile(){
    try{
        打开文件
        读取文件//可能会抛出异常
    }catch(FileNotFoundException e){   ……
    }finally{
        关闭文件
    }
}
```

finally 子句中的语句不管异常是否被抛出都要执行。如果程序中 try 块没有抛出异常,那么 catch 块都会被跳过,而 finally 子句会被执行。相反,如果在 try 块中有异常抛出了,那么会执行合适的 catch 块,然后执行 finally 子句。即使在 try 或 catch 块中执行了 return 语句,finally 子句也是要执行的。

## 7.5 自定义异常

Java 提供了多个异常类,但是,如果 Java 所提供的异常类无法适当地描述我们遇到的问题时,Java 允许编程人员创建异常类,以处理 Java 的异常类未包含的或我们自己的异常。我们可以通过扩展 Exception 类或 Exception 类的子类来自定义异常。在自定义异常时,应该注意以下几点:

(1) 自定义异常需要继承 Exception 及其子类;
(2) 若要抛出自定义的异常对象,使用 throw 关键字;
(3) 若要抛出用户自定义的异常,一定要将所调用的方法定义为可抛出异常的方法。

**例 7.9** 自定义异常。

```
class MyException extends Exception {
    void disp() {
        System.out.println("Exception is MyException");
    }
}
public class MyExceptionTest {
    static void go() throws MyException {
        throw new MyException();
    }
    public static void main(String[] args) {
        try {
            go();
        } catch (MyException e) {
            e.disp();
        } catch (Exception e) {
            System.out.println("一般异常");
        }
        System.out.println("End");
    }
}
```

输出结果为：

Exception is MyException
End

上面的例子通过继承 Exception 类来定义异常 MyException 类，类中定义了一个 disp() 方法用来输出信息。MyExceptionTest 类中 go() 方法用来声明要抛出 MyException 异常类。所以在 MyExceptionTest 类中 main() 方法调用 go() 方法时必须对其进行异常处理，并且捕获到 MyException 异常，由 MyException 的对象调用 disp() 方法进行处理。

在自定义异常时，有时会用到子类重写抛出异常（此异常是在超类中声明的）的方法。子类在重写的方法中可以执行以下操作之一：

(1) 子类可以与超类方法抛出相同类型的异常；

(2) 子类可以抛出超类方法所抛出的异常的子类；

(3) 子类中的方法抛出的异常数目可以少于超类中方法所抛出的异常数目，或者不需要抛出任何异常。

下面通过例 7.10 来说明。

**例 7.10** 定义异常类。

```
//定义第一个异常类
class ExceOne extends Exception {
    void disp() {
        System.out.println("Exception in ExceOne");
    }
}
```

```java
// 定义第二个异常类
class ExceTwo extends Exception {
    void disp() {
        System.out.println("Exception in ExceTwo");
    }
}
// 定义第三个异常类,它是第二个异常类的子类
class ExceThree extends ExceTwo {
    void disp() {
        System.out.println("Exception in ExceThree");
    }
}
class MyClass {
    // 方法声明异常 ExceTwo,ExceOne
    void fun(int i) throws ExceTwo, ExceOne {
        System.out.println(i);
    }
}
public class MyException extends MyClass {
    //重写超类的方法与声明异常的超类的方法有所不同
    //可以抛出超类方法所抛出的异常的子类 ExceThree
    //可以不抛出超类中方法所抛出的异常 ExceOne
    void fun(int i) throws ExceTwo, ExceThree {
        if (i < 0)
            throw new ExceThree();
        if (i > 100)
            throw new ExceTwo();
        else
            System.out.println("success!");
    }
    public static void main(String[] args) {
        MyException my = new MyException();
        try {
            my.fun(200);
        } catch (ExceThree e) {
            e.disp();
        } catch (ExceTwo e) {
            e.disp();
        } finally {
            System.out.println("Program End!");
        }
    }
}
```

程序运行结果为：
Exception in ExceTwo
Program End!

由于子类可以抛出超类方法抛出的异常的子类，子类中的方法抛出的异常数目可以少于超类中方法所抛出的异常数目，或者不需要抛出任何异常，所以在上面的例子中，MyException 类重写超类 MyClass 类的 fun(int i)方法时，子类的 fun(int i)方法可以不用声明超类 fun(int i)方法中声明的异常"ExceOne"；子类重写的方法也可以声明超类 fun(int i)方法中声明的异常的子类"ExceThree"。

## 本章小结

Java 的异常处理涉及五个关键字：try、catch、throw、throws 和 finally。

一般的异常处理流程由 try、catch、finally 三个代码块组成。try 代码块包含了可能发生异常的程序；catch 代码块用来捕获并处理异常。finally 代码块主要用于释放被占用的相关资源。

try、catch、finally 这三个关键字都不能单独使用。try 语句可以和 catch、finally 组成 try…catch…finally 或者 try…catch、try…finally 三种结构。catch 语句可以有一个或多个，finally 语句只能有一个。当有多个 catch 块时，Java 虚拟机会匹配其中一个异常类或其子类，并执行这个 catch 块，而不再执行其他的 catch 块。try、catch、finally 三个代码块中变量的作用域彼此独立，不能相互访问。如果需要这些块相互访问，则要将变量定义到块的外面。

throw 用于抛出异常或重新抛出异常。因此，throw 语句后不允许紧跟其他语句，即使有，这些语句也没有执行的机会。

throws 用于声明异常。如果方法可能抛出多个异常，可以在 throws 后面添加异常列表，用逗号隔开。

Java 允许编程人员创建异常类，以处理 Java 的异常类未包含的异常或处理它们自己的异常。自定义异常类必须通过扩展 Exception 类，或者 Exception 类的子类来定义。

# 第8章 Java泛型与Java集合

泛型(Generic Type 或者 Generics)是对 Java 语言类型系统的一种扩展,以支持创建可以按类型进行参数化的类。可以把类型参数看作是使用参数化类型时指定类型的一个占位符,就像方法的形式参数是运行时传递的值占位符一样。在集合框架(Collection Framework)中可以看到 Java 泛型的动机。

Java 语言中引入泛型使得 Java 语言有一个较大的功能增强,不仅语言、类型系统和编译器有了较大的变化,可以支持泛型,而且类库也进行了较大修改,所以许多重要的类,比如集合框架,都已经泛型化。这带来了很多好处,例如:

(1)类型安全。泛型的主要目标是提高 Java 程序的类型安全。通过使用泛型定义变量的类型限制,编译器可以在一个更高程度上验证类型假设。没有泛型,这些假设就只能由程序员来验证。

(2)消除强制类型转换。泛型的一个附带好处是消除源代码中的许多强制类型转换。这增强了代码可读性,并且减少了出错机会。

Java SE 5.0 之后增加了泛型支持,很大程度上是出于改进 Java 集合框架类的类型安全考虑的。

● 学习目标
- 熟悉 Java 泛型的基本概念;
- 掌握 Java 集合框架的基本组成;
- 掌握 Java 集合框架中主要接口、集合类的使用。

## 8.1 Java 泛型

### 8.1.1 Java 泛型基本概念

泛型是 Java SE 5.0 的新特性,泛型的本质是参数化类型,也就是说将所操作的数据类型指定为一个参数。这种参数类型可以用在类、接口和方法的创建中,分别称为泛型类、泛型接口和泛型方法。泛型的好处是在编译的时候检查类型是否安全,并且所有的强制转换都是自动和隐式的,以提高代码的重用率。但是与方法中的参数不同,泛型的类型参数只能是类类型(包括自定义类),不能是简单类型。

泛型类中的静态方法不能访问泛型类的类型参数。

**例 8.1** 定义一个普通的类。

```
class Foo{
    private String information;
    public Foo(){
    }
```

```java
    public Foo(String info){
        this.information = info;
    }
    public void setInfo(String info){
        this.information = info;
    }
    public String getInfo( ){
        return this.information;
    }
    public static void main(String[] args ){
        Foo f1=new Foo("Apple");
        System.out.println(f1.getInfo());
    }
}
```

运行结果：

Apple

Java 是强类型语言，因此，在上述程序中实例 Foo 的构造函数的实参只能是 String 类型；setInfo()函数的实参也只能是 String 类型；getInfo()函数的类型也只能是 String 类型。

**例 8.2** 定义一个 Java 泛型类。

```java
class Foo<T> {
    private T information;
    public Foo(){
    }
    public Foo(T info) {
        this.information = info;
    }
    public void setInfo(T info) {
        this.information = info;
    }
    public T getInfo() {
        return this.information;
    }
    public static void main(String[] args) {
        Foo f1 = new Foo<String>("Apple");
        System.out.println(f1.getInfo());
        Foo f2 = new Foo<Integer>(new Integer(100));
        System.out.println(f2.getInfo());
        Foo f3 = new Foo<Double>(new Double(22.58));
        System.out.println(f3.getInfo());
    }
}
```

运行结果：

Apple

```
100
22.58
```

这一程序定义了一个参数化类型的类 Foo<T>，参数 T 放到尖括号中，其功能类似于方法的形参。在实例化该类时要为参数 T 传入实参，T 的实参只能是类类型，包括自定义的类型，而不能是简单类型(Java 基本类型)。上面的程序的主方法中传入的实参为 String 类型、Integer 类型和 Double 类型。

泛型类的构造方法仍然和普通类的构造方法形式是一样的，不带参数。

泛型接口的定义与泛型类的定义类似。

当泛型接口、泛型类作为一个类的父接口或父类时，这些接口或类不能再使用类型参数。下面的代码是错误的：

```
class dog extends Foo<T>{
}
```

只有实参化的泛型接口或泛型类才能充当父接口或父类。下面的代码是正确的：

```
class dog extends Foo<String>{
    public T getInfo(){
        return "me"+super.getinfo();
    }
}
```

与 Java 方法中的形参不同，泛型类型参数可以不传入实参，而 Java 方法的形参在调用时必须传入实参。下面的代码也是正确的，其中 Foo 是上面定义的泛型类：

```
class dog extends Foo{
    public String getInfo(){
        return "me"+super.getinfo().toString();
    }
}
```

但是上面的代码在编译时，Java 编译器会发出警告，称为泛型警告，但不影响编译。可在编译时加上编译选项"-Xlint:unchecked"来查看详细的编译信息提示。

泛型不是协变的(Covariant)。Java 语言中的数组是协变的，例如，Integer 继承了 Number，即 Number 是 Integer 的超类型，那么 Number[] 也是 Integer[] 的超类型。而对于泛型，类型 Number 是 Integer 的超类型，但是 Foo<Number> 并不是 Foo<Integer> 的超类型，也就是说泛型不是协变的。

Java SE 5.0 以后的版本中，Java 类库中集合框架的所有类、接口都定义为泛型形式。

下面的代码示例展示了 JDK 5.0 中集合框架中的 Map 接口的定义的一部分：

```
public interface Map<K, V> {
    public void put(K key, V value);
    public V get(K key);
}
```

## 8.1.2 Java 泛型类型通配符

泛型不是协变的，如前所述，Integer 类是 Number 的子类，Foo<Integer> 不是 Foo<Number> 的子类。但是 Foo<Integer> 和 Foo<Number> 可以有共同的父类，它们共同

的父类可以是 Foo<?>。其中符号"?"称为 Java 泛型类型通配符。"?"可以匹配任何类型。但通配符"?"无法引用任何类型的实例,唯一例外的是 null,在 Java 中 null 是所有引用类型的实例。

```
class Test_1{
    public static void main(String[] args){
        Foo<?> f1=new Foo<Integer>();
        f1.setInfo(null);
        System.out.println(f1.getInfo());
    }
}
```

下面的程序是错误的,其中语句 f1.setInfo(new Integer(100))企图将通配符"?"引用到一个 Integer 类的实例。

```
class Test_2{
    public static void main(String[] args){
        Foo<?> f1=new Foo<Integer>();
        f1.setInfo(new Integer(100));
        System.out.println(f1.getInfo());
    }
}
```

受限制的泛型通配符可以设置通配符的上限和下限。

设置通配符的上限:Java SE 5.0 引入泛型后,extends 关键字有了另外的含义,使用 extends 关键字可以设置泛型通配符的上限,形式如下:

<? extends A>

其中的通配符"?"表示一个受限制的通配符,此处的"?"意为:通配符"?"只能是 A 类及其子类作为参数的泛型,而不再是任意类型作为参数的泛型的父类。

设置 Java 泛型通配符的下限:设置 Java 泛型通配符下限的关键字是 super,此处的关键字 super 不再表示 Java 继承中的超类的概念。设置 Java 泛型通配符下限的形式如下:

<? super A>

其中泛型通配符"?"表示一个受限的泛型通配符,意为:通配符"?"只能是 A 类及其父类作为参数的泛型的父类,而不再是任意类型作为参数的泛型的父类。

## 8.1.3 Java 泛型方法

泛型不仅应用于整个类上,而且可以在类中包含参数化方法,而这个方法所在的类可以是泛型类,也可以不是泛型类。也就是说,是否拥有泛型方法,与其所在的类是否是泛型没有关系。

泛型方法使得该方法能够独立于类而产生变化。以下是一个基本的指导原则:无论何时只要你能做到,应该尽量使用泛型方法。也就是说,如果使用泛型方法可以将整个类泛型化,那么就应该只使用泛型方法,因为它可以使程序更简单明了。另外,对于一个 static 方法而言,无法访问泛型类的类型参数,所以,如果 static 方法需要使用泛型,就必须使其成为泛型方法。

泛型方法的定义格式：
访问权限修饰符 <T,S,…> 返回类型 方法名(形参列表){
}

**例 8.3**　泛型方法的定义。

```
interface IFoo {
    public <T> T view(T str);
}
class Bar implements IFoo {
    public <T> T view(T s) {
        System.out.println(s);
        return s;
    }
}
class Test_3 {
    public static void main(String[] args) {
        Bar b = new Bar();
        b.view("Hello world!");
        b.view(new Integer(100));
        b.view(new Double(200.55));
        b.view(new Test_3().toString());
    }
}
```

运行结果：
Hello world!
100
200.55
Test_3@1fb8ee3

上面的程序中，在接口 IFoo 中定义了一个泛型方法，方法中定义了一个泛型参数 T，这个 T 类型形参可以在该方法中作为泛型使用。

与泛型类、泛型接口中的泛型类型参数不同，泛型方法中定义的泛型形参的作用域限于该方法内。而泛型类或泛型接口中定义的泛型形参的作用域为整个类或接口。

此外泛型方法在使用时无须传入泛型实参，这与泛型类和泛型接口也不同。

## 8.1.4　Java 泛型擦除和转换

Java 语言允许在使用泛型类时不指定泛型类型参数。如果没有为泛型类指定类型参数，则该类型参数被退化成一个"raw type(原始类型)"，退化后，默认成该类型参数声明时的第一个上限类型。

当把泛型类的实例赋给一个非泛型引用变量时，则泛型类的泛型参数被擦除，退化成非泛型实例。

**例 8.4**　泛型擦除和转换。

```
class Test_4 {
    public static void main(String[] args) {
```

```
        Foo f1 = new Foo();
        f1.setInfo(new Object());
        System.out.println(f1.getInfo());
        f1.setInfo("abc");
        System.out.println(f1.getInfo());
        f1.setInfo(123);
        System.out.println(f1.getInfo());
        f1.setInfo(new Test_4());
        System.out.println(f1.getInfo());
        f1.setInfo(new Integer(200));
        System.out.println(f1.getInfo());
        f1.setInfo(new String("Hello world!"));
        System.out.println(f1.getInfo());
    }
}
```

运行结果：
java.lang.Object@c17164
abc
123
Test_4@1fb8ee3
200
Hello world!

## 8.2　Java 集合

　　Java 中的集合框架提供了一套设计优良的接口和类，使程序员操作成批的数据或对象元素极为方便。这些接口和类有很多对抽象数据类型操作的 API，这是我们常用的且在数据结构中熟知的，例如 Maps、Sets、Lists、Arrays 等，并且 Java 用面向对象的设计对这些数据结构和算法进行了封装，这极大地减轻了程序员编程时的负担。程序员也可以以这个集合框架为基础，定义更高级别的数据抽象，比如栈、队列和线程安全的集合等，从而满足自己的需要。

　　Java SE 5.0 增加了泛型支持，很大程度上是为了让集合能记住其元素的数据类型。

　　在没有泛型之前，一旦把一个对象"丢进"Java 集合中，集合就会忘记对象的类型，把所有元素都当成 Object 类型处理。当程序从集合中取出元素后，需要进行强制类型转换，这种转换使得程序代码"臃肿"，转换不当会引发 ClassCastException 异常。

　　Java SE 5.0 改写了 Java 集合框架中全部接口和类，增加了泛型支持。

　　下面是改写后的 List 接口、Iterator 接口和 Map 接口的代码片段：
```
public interface List<E>{
    void add(E x);
    Iterator<e> iterator();
}
public interface Iterator<E>{
    E next();
```

```
    boolean hasNext();
}
public interface Map<K,V>{
    Set<Kk> ksetSet();
    V put(K key,V value)
}
```

### 8.2.1 Java 集合概述

Java 类库提供了十分复杂的集合框架，Java 集合框架如图 8-1 所示。

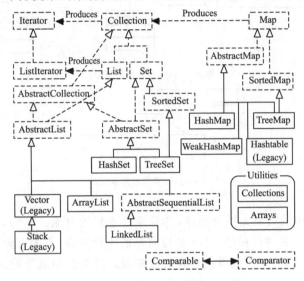

图 8-1 Java 集合框架图

简化的 Java 集合框架如图 8-2 所示。

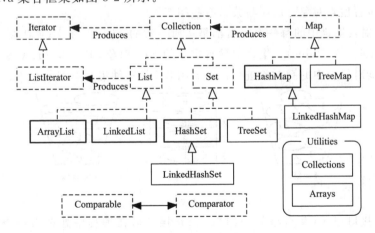

图 8-2 简化的 Java 集合框架图

再简化的 Java 集合框架如图 8-3 所示。

最终 Java 集合框架可以简化成如图 8-4 所示。

Java 提供了非常复杂的集合类型，不易理解、掌握，通过一步简化 Java 集合框架有助于理解它。从简化的 Java 集合框架图中看出，Java 集合框架主要提供了三种类型的集合和一个迭

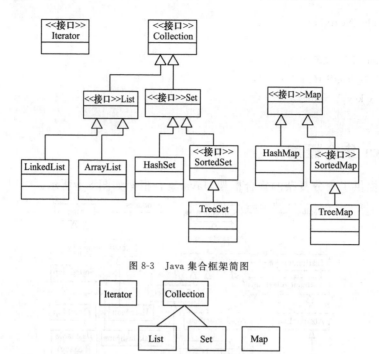

图 8-3　Java 集合框架简图

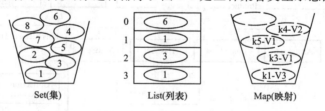

图 8-4　Java 集合框架示意图

代接口。

1. Set(集)：集合中的对象无排列顺序，并且没有重复的对象。它的有些实现类能对集合中的对象按照特定的方式进行排序。Set 是最简单的一种集合，它的对象不按特定方式排序，只是简单地把对象加入集合中，就像往口袋里放东西。对集合中成员的访问和操作是通过集合中对象的引用进行的，所以集合中不能有重复对象。

2. List(队列)：集合中的对象按照索引的顺序排列，可以有重复的对象；可以按照对象在集合中的索引位置检索对象。List 与数组有些相似。

3. Map(映射)：集合中的每一个元素都是一对一对的，包括一个 Key 对象，一个 Value 对象(一个 Key 指向一个 Value)。集合中没有重复的 Key 对象，但是 Value 对象可以重复。它的有些实现类能对集合中的键对象进行排序。图 8-5 是三种集合类型示意图。

图 8-5　Java 三种集合类型示意图

4. Iterator 接口：Java 集合框架中的 Iterator 接口对在编程中处理 Java 集合非常有用，Iterator 接口封装了底层的数据结构，向用户提供了统一遍历集合的方法。

## 8.2.2　Collection 和 Iterator 接口

从图 8-4 可以看出，集合中最为重要的接口是 Collection，在该接口中声明了对 Java 集合(List 和 Set)进行操作的方法，见表 8-1。

表 8-1　　　　　　　　　Collection 接口的常用方法

| 方法 | 描述 |
| --- | --- |
| boolean add(Object obj) | 向集合中添加一个对象 |
| void clear() | 删除集合中所有的对象 |
| boolean contains(Object o) | 判断在集合中是否包含特定对象的引用 |
| boolean isEmpty() | 判断集合是否为空 |
| Iterator iterator() | 返回一个 Iterator 类型的对象,用它来遍历集合 |
| boolean remove(Object o) | 从集合中删除一个对象 |
| int size() | 返回集合中元素的数量 |
| Object[] toArray() | 返回一个对象的数组,该数组中包含集合中所有的元素 |

Iterator 接口封装了底层的数据结构,向用户提供了统一遍历集合的方法,在 Iterator 接口中声明了如下的方法,见表 8-2。

表 8-2　　　　　　　　　Iterator 接口中遍历集合的方法

| 方法 | 描述 |
| --- | --- |
| boolean hasNext() | 判断集合中是否还有下一个元素 |
| Object next() | 返回下一个元素 |
| void remove() | 从集合中删除一个由 next()方法返回的元素 |

**例 8.5**　Collection 与 Iterator 接口的应用。

```
import java.util.*;
class CollectionTest {
    public static void main(String[] args) {
        CollectionTest test = new CollectionTest();
        Set set = new HashSet();
        set.add("One");
        set.add("Two");
        set.add("Three");
        test.print(set);
        List list = new ArrayList();
        list.add("AAA");
        list.add("BBB");
        list.add("CCC");
        test.print(list);
    }
    public void print(Collection coll) {
        Iterator iter = coll.iterator();
        while (iter.hasNext()) {
            System.out.println(iter.next());
        }
    }
}
```

运行结果为:
Three
One
Two
AAA
BBB
CCC

上面的程序说明了如果集合中的元素没有排序,Iterator 遍历集合取出来的元素的顺序也是无序的,不一定与加入元素的顺序一致。

### 8.2.3　Set 接口

Set 最为主要的特征是集合中的对象无特定的顺序,并且没有重复的对象。
它的主要实现类包括:

**1. HashSet 类**

按照哈希算法来存取集合中的对象,速度较快。

**2. LinkedHashSet 类**

不仅实现了哈希算法,而且实现了链表的数据结构,提供了插入和删除的功能。

**3. TreeSet 类**

实现了 SortedSet 接口,具有排序的功能。

### 8.2.4　List 接口

List 主要特征是其元素以线型方式存储,集合中可以存放重复的对象。
List 的主要实现类包括:

**1. ArrayList 类**

代表长度可变的数组。系统可以对元素快速的随机访问。但是向 ArrayList 插入或删除元素的速度较慢。

**2. LinkedList 类**

在实现中使用链表的数据接口,对顺序访问进行了优化。向 LinkedList 中插入和删除数据的速度快,随机访问的速度较慢。

### 8.2.5　Map 接口

Map 是一种把键对象和值对象进行映射的集合,它的每一个元素都包含一个键对象和一个值对象。键对象相当于值对象的索引,而且值对象仍然可以是 Map 类型的。

Map 接口的主要实现类为:

1. HashMap 类:按照 Hash 算法来存取键对象,有很好的存取性能;为了保证 HashMap 能正常工作,和 HashSet 一样,要求键对象要覆盖 equals()方法和 hashCode()方法。

2. TreeMap 类:实现了 SortedMap 接口,能对键对象进行排序。

**例 8.6**　Java 三种典型集合应用。

```
import java.util.*;
class myColection {
```

```java
    public static void main(String[] ss) {
        Set hs = new HashSet();
        hs.add("Hello");
        hs.add("World");
        hs.add("世界");
        hs.add("你好");
        System.out.println(hs);
        Iterator it = hs.iterator();
        while (it.hasNext()) {
            System.out.println(it.next());
        }
        ArrayList al = new ArrayList();
        al.add("Hello");
        al.add("World");
        al.add("世界,你好!");
        System.out.println(al);
        Iterator it2 = al.iterator();
        while (it2.hasNext()) {
            System.out.println(it2.next());
        }
        Map hm = new HashMap();
        hm.put(1, "Hello");
        hm.put(5, "World");
        hm.put(3, "世界,你好!");
        System.out.println(hm);
        System.out.println(hm.get(5));
    }
}
```

运行结果为:
[World,你好,世界,Hello]
World
你好
世界
Hello
[Hello,World,世界,你好!]
Hello
World
世界,你好!
{1=Hello, 3=世界,你好!, 5=World}
World

## 8.3 Java 泛型与 Java 集合综合实例

本实例的程序实现公共聊天室。程序架构在一个服务器端和多个客户端上运行,服务器和每个客户端建立连接,然后接收客户端发送的消息,再转发到每个客户端。因此在服务器端同时有多个 Socket 实例对应每个客户端。使用 Java 集合泛型类 ArrayList＜T＞ 对象,存放每个客户端的 Socket,每当有客户端连接就把生成的 Socket 对象放进 ArrayList 对象中,当连接到服务器中的客户端中有客户端发送消息时,服务器就遍历 Arraylist 对象的成员,向对应的每个客户端的 Socket 转发消息。这样就构成一个群聊聊天软件。按照上面的编程思路,我们编写了一个群聊天软件服务器。程序使用 TCP 协议。

**例 8.7** 公共聊天室服务器端程序见光盘,运行结果如图 8-6 所示。

图 8-6 服务器程序的编译与运行

**例 8.8** 公共聊天室客户端程序见光盘。

运行两个客户端,两个客户端通过服务器进行消息转发,聊天情形如图 8-7、图 8-8 所示。多个客户端可同时进行聊天,这就是所谓公共聊天室。

图 8-7 公共聊天室中的一个客户端示图

图 8-8 公共聊天室中的另一个客户端示图

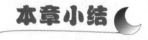

Java 泛型与 Java 集合是在 Java 语言中不易掌握的内容。本章通过简单的介绍,使 Java 初学者对 Java 泛型和 Java 集合框架有了一个清晰的认识。Java 泛型主要应用于 Java 集合框架。通过本章的学习,主要掌握 Java 泛型的概念、泛型类、泛型通配符、泛型方法、泛型擦除与泛型转换,以及 Java 集合框架的主要接口和实现类的使用,并能应用 Java 泛型和 Java 集合解决一些具体问题。

本章最后给出了一个有实用价值的 Java 泛型与 Java 集合的应用实例——公共聊天室程序。实例代码简单,易于理解,仔细阅读对 Java 泛型与 Java 集合应用编程有一定的帮助。

# 第 9 章　文件与输入/输出流

通常,程序的运行需要从键盘、磁盘等设备输入数据,在屏幕、磁盘、打印机等设备显示或输出信息,这些操作都涉及输入输出处理。本章将介绍文件操作、输入输出流、文件读写、对象序列化与反序列化等内容,为网络编程、Java EE 的学习奠定基础。

本章重点:File 类、输入输出流、字节流、字符流、对象序列化、RandomAccessFile 类;难点:输入流与输出流、字节流与字符流的区分,类与类之间的相互关系,"逐层包装"思想的理解。

◆ 学习目标

- 熟悉 File 类和文件操作;
- 理解输入输出流的概念,能够正确区分输入流与输出流、字节流与字符流;
- 熟悉字节流类的继承关系,掌握常用字节流的读写操作及包装流的使用;
- 熟悉字符流类的继承关系,掌握常用字符流的读写操作及包装流的使用;
- 熟悉 RandomAccessFile 类,掌握文件随机读写方法;
- 理解对象序列化的意义,熟悉对象序列化、反序列化的基本方法;
- 了解 Excel、Word、PDF 文件的相关操作。

## 9.1　File 类与文件操作

输入/输出对应的英文单词是 Input/Output,因此,输入/输出操作通常简称为 I/O 操作。Java 的 I/O 类和接口主要包含在 java.io 包中(从 JDK 1.4 起引入了与缓冲区、通道有关的新 I/O 类库,它们位于 java.io 包中)。java.io 包提供了通过数据流、序列化与反序列化和文件系统实现输入/输出的功能,如果程序中需要导入其中的类、接口,需要附加"import java.io. Xxx;"或"import java.io. * ;"语句(Xxx 是类或接口名)。

由于受多种因素的影响(如:访问的文件不存在),I/O 操作有可能不成功,通常,需要用 try...catch 结构来捕获 IOException 异常,这一点务必注意。

### 9.1.1　File 类

计算机的操作系统是用路径名来标识文件和目录的,如果在编写管理文件程序时也采用这种方式,操作起来并不方便,且路径名依赖于操作系统。为此,Java 专门提供了 File 类来实现这一目标。

"文件"的英文名称是 file,将首字母大写变成 File,就是 java.io 包中的一个类,它是 Object 的直接子类,其功能是以抽象方式表示文件和目录。通过构造 File 类的对象,可以标识计算机的文件和目录,以 Windows 系统中的文件"d:\mydir\readme.txt"为例,"File file1= new File("d:\mydir\readme.txt");"语句执行后,生成的 file1 不仅可以表示"readme.txt"文件,而且由于它是一个对象,还可以调用多个方法,来获取相关信息、实现文件管理功能,这是路径名所不具备的。

⚠️ **注意**：不同的操作系统文件和目录的格式存在差异。在 Windows 系统中有盘符的概念，根目录和分隔符用反斜杠"\"表示，例如：d:\mydir 表示的是 D 盘的一级目录 mydir；而 UNIX/Linux 系统无盘符概念，最顶端的根目录(/)和分隔符都是用正斜杠"/"表示，例如：/myjava/Hello.java 表示的是根目录之下的 myjava 目录中的 Hello.java 文件。

File 类的这种抽象表示是不依赖于操作系统的，可以利用 File 类的静态常量 separator 或 separatorChar 来获取系统的分隔符(为什么此处的常量不是大写字母呢？原因是有的操作系统可能将大写字母变成小写，如果设置为小写可以保证在所有系统中都一样)。不要认为 File 类对象所代表的文件、目录一定存在。事实上，File 类对象也可以表示不存在的文件或目录，因为它只用于文件管理，不涉及文件内容。

**1. 构造方法的格式**

构造方法有三种格式：

(1) File(String pathname)：参数是文件或目录的路径名，数据类型为 String。

例如：File file1 = new File("d:\mydir\readme.txt"); 和 File dir1 = new File("d:\mydir");

问题：对象 file1、dir1 表示的内容有什么不同？

答案：file1 表示的是文件，dir1 表示的是目录。由此可知，文件与目录的表示并没有太大差别。

"\"特殊字符表示的是转义字符，若要表示字符"\"本身，需用"\\"来实现。事实上，不使用"\\"，改为"/"也是可以的，可以上机进行验证。

(2) File(String parent, String child)：第一个参数是父目录，第二个参数为子路径名，两者均为 String 类型。

例如：File file2 = new File("d:\mydir", "readme.txt"); 表示的对象与(1)中的 file1 相同。

(3) File(File parent, String child)：与(2)类似，只是第一个参数为 File 类型。

例如：File file3 = new File(dir1, "readme.txt"); 表示的对象与(1)中的 file1、(2)中的 file2 一致。

File 类的对象通常用作文件管理、输入输出流类的参数，上述三种格式选用哪一种都可以，关键是要正确标记文件与目录。

**2. 常用方法**

File 类的方法有几十个，没有必要死记硬背，只要掌握文件或目录操作的几个常用方法，了解主要属性的获取、测试、设置功能即可，其他的在使用时查阅 API 文档。为方便大家理解，我们将这些方法分为几种类型：

(1) 获取文件或目录某一属性的值。

String getName()：获取名字

String getParent()：获取父目录

String getPath()：获得路径名

String getAbsolutePath()：获取绝对路径

(2) 测试文件或目录是否具备某一属性。

boolean exists()：是否存在

boolean isDirectory()：是否为目录

boolean isFile()：是否为文件

boolean canRead()：是否能读

boolean canWrite()：是否能写

boolean canExecute()：是否可运行

boolean isHidden()：是否隐含

(3)设置文件或目录某一属性。

boolean setExecutable(boolean executable)：设置可运行性

boolean setReadable(boolean readable)：设置可读性

boolean setReadOnly()：设置为只读

boolean setWritable(boolean writable)：设置可写性

boolean setLastModified(long time)：设置最新修改时间

(4)文件或目录操作。

long length()：获取文件长度(单位：byte)

long lastModified()：获取文件/目录最新修改时间

String[] list()：以字符串数组方式,返回目录中的所有文件或目录

File[] listFiles()：以 File 数组方式,返回目录中的所有文件或目录

boolean createNewFile()：创建新文件是否成功(所建文件内容为空)

boolean mkdir()：创建目录是否成功

boolean mkdirs()：创建目录是否成功,与前一方法不同的是：如果上层目录不存在,则先创建这些目录,再创建最后一级目录

boolean renameTo(File dest)：文件或目录改名是否成功

boolean delete()：文件或目录删除是否成功(只有空目录才能被删除)

这里,先通过两个简单的例子来熟悉上述方法的使用,在 9.1.2 小节再介绍一些综合应用。

**例 9.1** 显示文件的有关信息。

```
import java.io.*;
public class FileDemo {
    public static void main(String args[]) {
        File myfile = new File("d:\test.txt");// 文件分隔符用"/"或"\"表示
        if (myfile.exists()) {
            System.out.println("文 件 名:" + myfile.getName());
            System.out.println("绝对路径:" + myfile.getAbsolutePath());
            System.out.println("父 目 录:" + myfile.getParent());
            System.out.println("文件长度:" + myfile.length() + "字节");
        } else {
            try {
                System.out.println("对不起,指定的文件未找到。");
                myfile.createNewFile();// 创建一个新文件
                System.out.println("已创建一个新文件!");
            } catch (IOException e) {
                System.out.println("出错信息:" + e);
```

            }
          }
        }
  }

程序第一次运行结果：
对不起，指定的文件未找到。
已创建一个新文件！
程序第二次运行结果：
文 件 名：test.txt
绝对路径：d:\test.txt
父 目 录：d:\
文件长度：0 字节

说明：开始时 D 盘根目录下无 test.txt 文件，所以，程序第一次运行时，显示文件找不到信息，并创建一个新文件。第二次运行时，输出了新建文件的信息。不过，该文件没有内容，长度为 0。

**例 9.2** 显示当前目录下的文件、目录信息。代码如下：

```
import java.io.*;
public class DirTree {
    public static void main(String args[]) {
        //当前目录由 System 类方法获得
        File dir = new File(System.getProperty("user.dir"));
        System.out.println("当前目录：" + dir.getAbsolutePath());
        File mylist[] = dir.listFiles();// 返回指定目录的所有文件或目录
        for (int i = 0; i < mylist.length; i++) {
            if (mylist[i].isDirectory()) {
                System.out.println("\t 子目录：" + mylist[i].getName());
            }else{
                System.out.println("\t 文件名：" + mylist[i].getName()+"，大小："+mylist[i].length()+"字节");
            }
        }
    }
}
```

程序运行结果（与当前目录有关）：
当前目录：E:\Java 教材\cms\code_9
子目录：code
文件名：DirTree.class，大小：1205 字节
文件名：DirTree.java，大小：549 字节
文件名：FileDemo.class，大小：1448 字节
文件名：FileDemo.java，大小：715 字节
……

说明：这里是通过调用 System 类的静态方法 getProperty("user.dir")来获取当前目录的，当然用"."表示也行，只是当前目录的输出结果会为：E:\Java 教材\cms\code_9\.，最后带一个点号不够美观而已。

## 9.1.2 文件操作

在使用计算机时,我们经常会进行文件或目录操作,例如:单击右键,查看文件或目录属性;新建文件或目录;文件或目录改名;删除文件或目录等。File 类提供了相应的方法,可以实现类似功能。限于篇幅,我们仅举两个例子做示范:一个是获取文件或目录所占用的磁盘空间;另一个是删除文件或目录。

**例 9.3** 获取指定文件或目录所占用的磁盘空间大小。

```
import java.io.*;
public class FileSpace {
    public static void main(String[] args) throws IOException {
        System.out.println(args[0]+"占用的磁盘空间为:"+getTotal(args[0])+"字节");
    }
    public static long getTotal(String pathName) throws IOException {
        long total = 0;
        File file = new File(pathName);
        if (file.isFile()) {// 如为文件,返回其大小
            return file.length();
        } else {// 若是目录,用循环方式累计子目录和文件占用空间
            String[] childFilePathName = file.list();
            for (int i = 0; i < childFilePathName.length; i++) {
                //用递归方法得到文件或子目录所占空间
                total += getTotal(pathName + "/" + childFilePathName[i]);
            }
        }
        return total;
    }
}
```

程序运行结果(与指定文件或目录有关):

code 占用的磁盘空间为:12863 字节

File 类的 delete()方法可删除文件和空目录,如果目录不为空,即目录中还包含子目录或文件,则需要用递归方法先删除该目录下的所有子目录和文件,再删除指定的目录。具体如例 9.4 所示。

**例 9.4** 删除指定文件或目录。

```
import java.io.*;
public class DeleteFile {
    public static void main(String[] args) throws IOException {
        DeleteFile df = new DeleteFile();
        if (df.del(args[0])) {
            System.out.println("删除" + args[0] + "成功!");
        } else {
            System.out.println("删除" + args[0] + "失败!");
        }
```

```java
        }
        public boolean del(String pathName) throws IOException {
            File file = new File(pathName);
            boolean result = false;
            if (file.isFile()) {// 如果 file 为文件,则直接删除
                result = file.delete();
            } else if (file.isDirectory()) {// 若 file 是目录,先删除该目录下的所有子目录和文件
                File[] lists = file.listFiles();
                for (int i = 0; i < lists.length; i++)
                    del(lists[i].getAbsolutePath());// 递归删除当前目录下的所有子目录和文件
                result = file.delete();// 最后删除当前目录
            }
            return result;
        }
    }
```

程序运行结果:

删除 code2 成功!

再次运行结果:

删除 code2 失败!

思考题:为什么第二次删除同一目录失败?

## 9.2 输入输出流

### 9.2.1 流的概念

日常生活中,我们每天都要用自来水,自来水公司用许许多多的管道将自来水厂与各家各户连接起来,用户只要打开水龙头,自来水便源源不断地流出。用户开通自来水,只需办理相关接入手续,技术人员上门安装管道即可,对水厂位置、管道材料及距离等不必了解。计算机处理大量的数据时,我们可以把这些流动的数据想象成源源不断的自来水,采用类似方式——"流"来处理。

Java 中的"流"(Stream)是指一组有序的数据序列,它们从数据源不断流向目的地。"流"的引进屏蔽了输入输出设备的操作细节,不论是在磁盘中读写文件,还是通过网络传送数据,其操作步骤都大体相同:先创建、打开流,再进行读写操作,最后关闭流。由此可见,"流"是数据处理的一种抽象,掌握"流"内容就能按照相同方式、便捷地进行输入输出操作。

### 9.2.2 输入输出流

"流"的一个重要特征是具有方向性,输入流(Input Stream)表示数据从输入设备(如键盘、磁盘、网络)流向内存,输出流(Output Stream)则是数据从内存流向输出设备(如屏幕、磁盘、网络)。需要牢记的是:应始终站在内存(即应用程序)的角度来区分输入输出流,如图 9-1 所示。

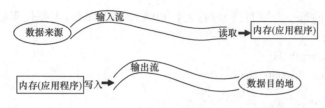

图 9-1 输入输出流示图

例如:打开文件读取其内容,操作的是输入流;保存文件对应的则是输出流;网络信息传输中对方发送过来的数据是输入流,传送给对方的数据就是输出流。只有正确区分输入输出流,在类的选择和方法调用时才不会弄错。

由于应用程序是从输入流中读取数据(不能向其写入数据)、向输出流写入数据(不能从中读取数据),所以,输入流和输出流的操作方法有很大不同:输入流只能进行读取操作,主要掌握 read()方法(包括其变形,如 readXxx())的使用;输出流进行的是写入操作,重点关注 write()方法(包括其变形,如 writeXxx())的使用。read()、write()等方法大都有几种重载格式,应注意比较它们的差异。

## 9.2.3 Java 中的流及其分类

根据数据处理基本单位的不同,Java 中的流又可分为字节流和字符流两种类型。

字节流:是以字节(byte,8 位)为基本单位,将数据看作是由一个个字节构成的序列,可处理任何类型的数据(包括二进制数据和文本信息),这是较低层次的操作。

字符流:是以字符(Unicode 编码,16 位,2 字节)为基本单位,将数据看作是由一个个字符组成的序列,适用于字符、文本类型数据的操作,例如:文本文件的读写、网络聊天信息的传送等。输入输出时存在 Unicode 编码和本地字符集码的转换问题,需要进行编码、解码处理。这是 JDK 1.1 后为了方便字符处理而增加的内容。

现在,我们来说明 I/O 流中字节与字符的差异。以字符串"Sun 公司"为例,调用 String 类的 getBytes()方法可得到一个字节数组,用循环逐一输出各字节值,主要代码如下:

```
String str="Sun 公司";
byte[] byteArray=str.getBytes();//用系统默认字符集编码
for(int i=0;i<byteArray.length;i++){
    System.out.print(byteArray[i]+" ");
}
```

输出结果是:83 117 110 −71 −85 −53 −66。这些字节数转化成二进制形式如图 9-2 所示。

| 01010011 | 01110101 | 01101110 | 10111001 | 10101011 | 11001011 | 10111110 |

图 9-2 字节流示图

这表明该字符串被编码成 7 个字节,前 3 个是英文字符"Sun"的 ASCII 码,每个字符对应着一个字节,字节的最高位为 0;后 4 个是汉字"公司"两字按系统默认字符集(中文系统常为 GBK)的编码,一个汉字对应着两个字节。

如何输出用 Unicode 编码的字符流呢?这很简单,因为 Java 中的字符串是用 Unicode 编

码的,只要将字符串的每一个字符强制转换为 int 类型输出即可,主要代码如下:

```
String str="Sun 公司";
for(int i=0;i<str.length();i++){
    System.out.print((int)str.charAt(i)+" ");
}
```

输出结果是:83 117 110 20844 21496。每一个整数要转换两个字节(16 位),如图 9-3 所示。

| 00000000 | 01010011 | 00000000 | 01110101 | 00000000 | 01110101 | 01010001 | 01101100 | 01010011 | 11111000 |

图 9-3 字符流示图

从上例不难看出,"Sun 公司"中包含的字符数为 5,不论是 ASCII 字符还是汉字均为一个字符,都占两个字节(16 位),英文字符的低位字节为 ASCII 码,高位字节全为 0;汉字的 Unicode 编码不同于汉字 GBK 编码,两者之间有明确的转换关系,这里不做介绍。

对字节流、字符流进行区分是有必要和有益的,这是操作输入输出流的基础。我们在处理各种流时都要问一下:这是字节流还是字符流? 然后,根据流的不同类型去选择合适的类,调用相应方法。

至此,我们已介绍了按两种不同标准划分的两组流:输入流与输出流、字节流与字符流。如果将它们交叉起来,就能形成四种流:字节输入流、字节输出流、字符输入流、字符输出流,它们各自包含多个子类,能够实现丰富功能。下面介绍字节流、字符流的基类及其子类的命名格式。

1. 字节流

字节输入流、字节输出流的基类分别是 InputStream、OutputStream。这两个类都是抽象类,声明了字节数据读取或写入的一些方法。字节流的输入输出操作由它们的子类具体实现,子类命名格式为:XxxxInputStream 和 XxxxOutputStream(Xxxx 是子类名前缀)。

2. 字符流

字符输入流、字符输出流的基类分别是 Reader、Wirter。类似地,它们也是抽象类,声明了字符数据读取或写入的一些方法。字符流的输入输出操作也由这两个类的子类来实现,子类命名格式为:XxxxReader 和 XxxxWriter(Xxxx 是子类名前缀)。

在 Java 中要操作输入输出流,通常按以下步骤来进行:

(1)引入 java.io 包中的类;
(2)打开输入流或输出流;
(3)从输入流中读取数据或向输出流写入数据;
(4)关闭流。

后面几个小节将详细介绍字节流、字符流。

## 9.3 字节流

字节流类库包含文件、过滤、字节数组、管道等方面的多个子类,有的不太常用,我们不做介绍,有兴趣可以查阅 API 文档。下面挑选了几个比较实用、有代表性的类进行讲述,它们的继承关系如图 9-4、图 9-5 所示。

尽管我们现在尚未学习这些类的具体内容,但从类名的构成单词、命名规则不难推测它们

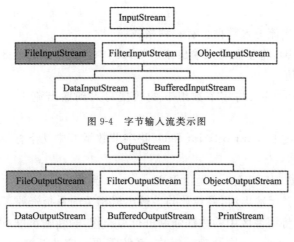

图 9-4　字节输入流类示图

图 9-5　字节输出流类示图

的大体功能,所有与字节流有关的类都用 Stream 结尾,Input 表示输入,Output 表示输出,File、Filter、Object、Data、Buffered 等单词的含义分别是文件、过滤、对象、数据、缓冲。所以,学习时要加以理解,掌握方法和规律,不能死记硬背。

## 9.3.1　字节流的基类

如前所说,InputStream、OutputStream 两个类分别是字节输入流、字节输出流的基类,它们同为抽象类,不能实例化对象。但是,这两个类声明了一些重要方法,这些方法在子类中都已具体实现。因此,有必要先熟悉这些方法的功能与使用。

**1. InputStream 类的基本方法**

对输入流而言,最重要的操作是"读取"数据,顾名思义,读取是以"字节"为单位的。围绕"读取"操作,该类提供了一些方法:

(1) read():从输入流中读取数据。有三种格式:

①int read():从输入流中读取一个字节。不带参数,返回值是所读取的字节内容,转化为 0~255 范围的整数,如果读指针到达输入流尾部,将返回-1。

②int read(byte[] b):从输入流中读取多个字节,并将这些字节存放到数组 b 中。参数为一字节数组,返回值是实际读取的字节个数,如果读指针到达输入流尾部,将返回-1。这一方法的效率明显比①高。

③int read(byte[] b, int off, int len):与②类似,从输入流一次读取 len 个字节的数据,并写入数组 b 中,数据从下标为 off 的数组元素位置开始存放。返回值也是实际读取的字节个数,如果读指针到达输入流尾部,将返回-1。

(2) void close():关闭输入流,并释放与该输入流有关的系统资源。编程时,对不再使用的流应及时关闭。

(3) int available():返回可以从输入流中读取的字节数。

(4) long skip(long n):从输入流中跳过 n 个字节。

(5) void reset():使输入流读指针重新复位到刚刚标记的位置处。

**2. OutputStream 类的基本方法**

类似地,输出流的重要操作是"写入"数据,操作单位也是"字节"。围绕"写入"操作声明了一些方法：

(1) write()：向输出流写入数据。有三种格式：

① void write(int b)：将整数写入输出流。写入的内容是整数的低 8 位数据，其余 24 位被忽略。该方法无返回值。

② void write(byte[] b)：将字节数组 b 的数据写入到输出流中。这一方法的效率要比 ① 高。

③ void write(byte[] b, int off, int len)：将字节数组 b 中从下标 off 开始、个数为 len 的字节写入到输出流中。

上述方法在写入数据时出错，会抛出 IOException 异常。

(2) void close()：关闭输出流，并释放与该输出流相关的系统资源。

(3) void flush()：将缓冲区中的数据强制进行写操作，刷新输出缓冲区。写操作时为什么要用缓冲区呢？因为每进行一次物理写操作，系统需要一定的开销（如：寻找磁道、写入数据等），如果一次写操作只写入一个数据，那么，多个数据就要进行多次写操作，这样势必影响效率。通常的做法是，开辟若干字节数组作为缓冲区（相当于储水池），每次将要写入的数据先放入缓冲区中，当缓冲区数据满了时，再进行一次写操作，实现多个数据的写入，这样就能减少写操作的次数，提高效率。

## 9.3.2 文件字节流

从名字不难看出，FileInputStream 与 FileOutputStream 类是与文件读写有关的字节流类，它们分别是 InputStream 和 OutputStream 的直接子类，实现了 read()、write() 等方法。当然，要进行文件读写操作，需先创建 FileInputStream 与 FileOutputStream 类的对象，再调用相关方法。下面先介绍这两个类的构造方法，再通过几个例子来说明其应用。

**1. FileInputStream 类构造方法**

常用的有两种格式：

(1) FileInputStream(File f)：以 File 类型为参数构造对象。

(2) FileInputStream(String name)：以 String 类型为参数构造对象。

以读取 Windows 系统中的文件 d:\mydir\readme.txt 为例，以下两段代码创建的 infile1 和 infile2 对象，它们的效果相同：

代码段 1：File f = new File("d:\mydir\readme.txt");
　　　　　　FileInputStream infile1 = new FileInputStream(f);

代码段 2：FileInputStream infile2 = new FileInputStream("d:\mydir\readme.txt");

不过，要保证 FileInputStream 对象所对应的文件存在且可读，否则，会抛出 FileNotFoundException 异常。

**例 9.5** readme.txt 的内容为"Java 语言于 1995 年 5 月 23 日诞生。"，现试用 FileInputStream 类读取其内容，再输出。

```
import java.io.*;
class FileDisplay1 {
    public static void main(String args[]) throws IOException {
        FileInputStream infile = new FileInputStream("d:\mydir\readme.txt");
        try {
```

```
            int i = infile.read();// 先读取一个字节
            while (i! = -1) {// 读指针到达输出流尾部时结束
                System.out.print((char) i);// 将一个字节强制转换为一个字符,并输出
                i = infile.read();// 读取下一个字节
            }
        } catch (IOException e) {
            System.out.println(e.getMessage());
        } finally {
            infile.close();//关闭输入流
        }
    }
}
```

程序运行结果:

Java?????? 1995? ¨? 5?? 23????? ¨???

很遗憾,结果出乎我们的意料:ASCII 码字符能正常显示,中文字符出现了乱码。造成这种现象的原因是:将字节逐一强制转换成字符。这种方法对于单字节的 ASCII 码字符来说不存在什么问题,但是硬性将一个汉字的两个字节变成了两个单独的字符,对于双字节的汉字来说就会带来严重影响。正确做法是调用 String 类的构造方法,将多个字节重新构造成新串:String(byte[] bytes)或 String(byte[] bytes, int offset, int length),当然字符集可以使用系统默认的或指定为其他的。例 9.6 进行了这方面的改进。

**例 9.6** 以"字节数组"方式读取、显示文本文件内容。

```
import java.io.*;
class FileDisplay2 {
    public static void main(String args[]) throws IOException {
        FileInputStream infile = new FileInputStream("d:\mydir\readme.txt");
        try {
            byte[] b = new byte[128];//定义一个字节数组
            int i=infile.read(b);//读取数据,存放到字节数组中
            while (i! = -1) {// 读指针,到达输出流尾部时结束
                System.out.print(new String(b,0,i));// 将字节数组内容转换为字符串,并输出
                i = infile.read(b);// 读取后续数据存放到字节数组中
            }
        } catch (IOException e) {
            System.out.println(e.getMessage());
        } finally {
            infile.close();//关闭输入流
        }
    }
}
```

程序运行结果:

Java 语言于 1995 年 5 月 23 日诞生。

这一次输出结果完全正确,由于采用了字节数组方式来读取、输出字符串,效率提高了,当读写的字符串内容较多时,效果尤为明显。这就像"搬家"时的两种情景:一种是所有事情都由

自己来做,一件一件地搬;另一种是请专业搬家公司来做。两种方法效率孰高孰低一眼就能看出。由上述可知,字节流的操作要紧紧围绕"字节"这一中心来进行,但输出字符串时要重新构造新串,这有些不方便。

**2. FileOutputStream 类构造方法**

常用的有四种格式:

(1)FileOutputStream(File file):以 File 类型为参数构造对象,如 file 指定的文件不存在,将新建一个新文件;若指定的文件存在,将用新内容覆盖原先内容。

(2)FileOutputStream(String name):以 String 类型为参数构造对象,其功能与(1)类似。

(3)FileOutputStream(File file, boolean append):基本功能与(1)类似,只是当 append 值为 true 时,新增内容以追加方式放在原内容之后;当 append 为 false 时,将用新内容覆盖原先内容。

(4)FileOutputStream(String name, boolean append):只是参数类型为 String,其余与(3)相同。

**例 9.7** 利用 FileOutputStream 类创建文件、写入数据。

```
import java.io.*;
class FileWrite {
    public static void main(String args[]) throws IOException {
        File f = new File("test.txt");
        FileOutputStream outfile = new FileOutputStream(f, true);
        try {
            for (int i = 'A'; i <= 'Z'; i++)
                outfile.write(i);// 写入 int 型数据
            outfile.write('\t');// 写入制表位
            byte buf[] = "Java 程序设计".getBytes();// 将字符串转换为字节数组
            outfile.write(buf);// 写入字节数组数据
            outfile.write('\r');// 写入回车符
            outfile.write('\n');// 写入换行符
            System.out.println("文件内容写入完毕!");
        } catch (IOException e) {
            System.out.println(e.getMessage());
        } finally {
            outfile.close();// 关闭输出流
        }
    }
}
```

第一次运行程序后,新建文件 test.txt 内容如下:
ABCDEFGHIJKLMNOPQRSTUVWXYZJava 程序设计

多次运行该程序,"ABCDEFGHIJKLMNOPQRSTUVWXYZJava 程序设计"内容就会在 test.txt 中出现多次。

思考题:请解释出现上述结果的原因。

我们常常需要复制文件,现在,就利用文件字节流来实现 Copy 命令功能。复制时要有源文件和目标文件,很显然,源文件是向应用程序提供数据,故为输入流;目标文件是从应用程序获得数据的,所以,是输出流。文件复制操作就是不断从输入流取得数据,再写入输出流,直至输入流数据读完为止。具体代码如下。

**例 9.8** 文件复制,用法要求:java CopyFile 源文件 目标文件(根目录与分隔符用/表示)。

```java
import java.io.*;
class CopyFile {
    public static void main(String args[]) throws IOException {
        long len = 0L;
        byte[] b = new byte[1024];// 定义字节数组
        FileInputStream fin = new FileInputStream(args[0]);// 创建输入流
        FileOutputStream fout = new FileOutputStream(args[1]);// 创建输出流
        try {
            int i = fin.read(b);//读取字节到数组 b
            while (i != -1) {
                fout.write(b, 0, i);//写入实际读取的字节数
                len += i;//累加复制字节数
                i = fin.read(b);//读取后续字节到数组 b
            }
            System.out.println("从源文件复制了" + len + "字节到目标文件,文件复制完毕!");
        } catch (IOException e) {
            System.out.println(e.getMessage());
        } finally {
            fin.close();// 关闭输入流
            fout.close();//关闭输出流
        }
    }
}
```

程序运行结果(与源文件大小有关):

从源文件复制了 801 字节到目标文件,文件复制完毕!

比较了一下目标文件与源文件的内容、大小,可以证实该程序确实实现了文件复制功能,对于源文件的类型、大小没有限制。由于使用了大小为 1 024 字节的数组来读写数据,效率较高。

通过这一小节的学习,我们知道了 FileInputStream 与 FileOutputStream 类能够实现文件的读写功能。但是,美中不足的是使用不方便,由于它们是以"字节"为操作单位,因此输入输出的数据都要转化为 byte 或 int 类型。以字符串的读写为例,进行"写"操作时,要调用字符串的 getBytes()方法先将字符串转换成字节数组,再写入;"读"操作时得到字节或字节数组往往不宜直接输出,要通过 String 的构造方法将多个字节按照某一字符集生成新串,再输出。对于其他类型(如:double、float 等)的数据操作,也存在类似问题。解决这些问题的有效办法是用"过滤流"对"字节流"进行包装。

### 9.3.3 过滤流

过滤流不是某一个类,而是指具备"逐层包装"特征的多个流类,既包括字节流,也包括字符流,它们的基类分别为:FilterInputStream、FilterOutputStream、FilterReader、FilterWriter,

共同点是以 Filter(过滤)开头,每一个基类又派生了多个子类。过滤流有什么用途呢?解答这一问题前,应先理解"什么是逐层包装"。

### 1."逐层包装"的思想

Java 是一种有生产力的语言,它必须解决实践中遇到的问题。为了让字节流、字符流能够高效、方便地处理各种类型数据,Java 提出了"逐层包装"思想,即可以用一个已存在的流来构造另一个流(也就是说:一个流的构造方法的参数是另一个流),之后又可以在这个新流的基础上再构造别的流,如此这般下去,直至满足要求为止。在这期间,对于流的构造层数和顺序没有特别要求,只要匹配构造方法的参数类型即可,包装的目的是实现在更高层次上对数据的简便操作(如:字节→各种基本数据类型、字节→对象、字节→字符→一行字符等)。为了说明方便,我们把底层直接与目标设备连接的流称为节点流,而把在节点流之上、对其进行包装的流称为过滤流,如图 9-6 所示。

图 9-6 节点流与过滤流关系示图

这种"逐层包装"思想还可以通过生活中的例子来类比、理解,如图 9-7 所示。

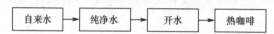

图 9-7 自来水的"逐层包装"示图

我们可以在自家的自来水管上安装过滤膜装置,这样就能喝到纯净水,在此基础上再添加加热装置,又能烧开水,若进一步配备加咖啡粉、糖的部件,只要拧开水龙头,便能喝上热气腾腾的咖啡。这里的自来水管相当于节点流,后面添加的所有装置都是过滤流,每一次设备的加装都是在前一次基础上进行的,功能得到了进一步提升。不管怎样,最里层的节点流是不能少的,否则,就会成为"无米之炊"。

在 java.io 包中体现"逐层包装"思想的过滤流比比皆是,例如:数据流(对基本数据类型进行 I/O 操作)、缓冲字节流(通过建立内部缓冲区方式来提高字节读写效率)、字节到字符的转换流(实现从字节到字符的转换)、缓冲字符流(一次可完成一行字符的读写,大大提高效率)等。有关内容将在后续小节详细介绍。

### 2. FilterInputStream 类与 FilterOutputStream 类

这两个类都是字节过滤流的基类,它们又派生了多个子类,分别对字节输入流、字节输出流进行特殊处理,在编程时通常不使用这两个基类,而是使用它们的子类。例如:数据流、缓冲字节流都能对字节文件流进行过滤、包装,并能方便地读取各种类型数据、提高读写效率,如图 9-8 所示。

FilterInputStream 类、FilterOutputStream 类为什么能对字节流进行包装呢?是因为这两个类分别拥有一个 InputStream、OutputStream 类型的字段,访问权限为 protected,代表着将要被过滤的节点流,通过构造方法 FilterInputStream(InputStream in) 或 FilterOutputStream(OutputStream out)来获得参数值,从而操作被包装的字节流。下面介绍几个常用的字节过滤流。

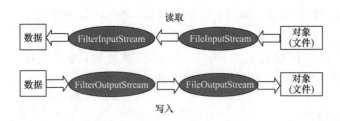

图 9-8　文件字节流过滤示图

## 9.3.4　数据流

试想一下,如果要向字节流写入或读取各种类型的数据,该怎么操作呢？其实,这是一件比较困难的事情。好在 DataInputStream 和 DataOutputStream 这两个类可以帮忙,从名字可以知道,这两个类是处理数据的字节过滤流,我们不妨称它们为"数据流"。这两个数据流类的继承关系分别如图 9-9、图 9-10 所示。

```
java.lang.Object
   └java.io.InputStream
       └java.io.FilterInputStream
           └java.io.DataInputStream
```

```
java.lang.Object
   └java.io.OutputStream
       └java.io.FilterOutputStream
           └java.io.DataOutputStream
```

图 9-9　DataInputStream 继承关系　　　图 9-10　DataOutputStream 继承关系

由于分别实现了 DataInput、DataOutput 接口,除了基本的 read()、write()方法外,还提供了形如 readXxxx()、writeXxxx()的多种方法,能够对基本数据类型和字符串进行读写操作,高效、实用。

**1. DataInputStream 读取基本类型数据和字符串的方法**

(1) boolean readBoolean():从输入流读取一个 boolean 型数据。

(2) byte readByte():从输入流读取一个 byte 型数据。

(3) short readShort():从输入流读取一个 short 型数据。

(4) char readChar():从输入流读取一个 char 型数据。

(5) int readInt():从输入流读取一个 int 型数据。

(6) long readLong():从输入流读取一个 long 型数据。

(7) float readFloat():从输入流读取一个 float 型数据。

(8) double readDouble():从输入流读取一个 double 型数据。

(9) String readUTF():从输入流读取一个 String 型数据。

**2. DataOutputStream 写入基本类型数据和字符串的方法**

(1) void writeBoolean(boolean v):向输出流写入一个 boolean 型数据。

(2) void writeByte(int v):向输出流写入一个 byte 型数据。

(3) void writeShort(int v):向输出流写入一个 short 型数据。

(4) void writeChar(int v):向输出流写入一个 char 型数据。

(5) void writeInt(int v):向输出流写入一个 int 型数据。

(6) void writeLong(long v):向输出流写入一个 long 型数据。

(7) void writeFloat(float v):向输出流写入一个 float 型数据。

(8) void writeDouble(double v):向输出流写入一个 double 型数据。

(9) void writeChars(String s):向输出流写入一个 String 型数据。

(10) void writeUTF(String str);向输出流写入一个 String 型数据。

这些方法从名字上就能判断其功能,不必死记。

**例 9.9**　假设员工信息有姓名、年龄、月薪三项数据,先用数据流把它们存入文件 employee.txt 中,然后再读取这些数据并显示出来。

```java
import java.io.*;
class DataStreamDemo {
    public static void main(String args[]) {
        File f = new File("employee.txt");// 数据存放文件
        try {// 创建文件,添加内容,先创建字节输出流,再创建数据流
            FileOutputStream out = new FileOutputStream(f);
            DataOutputStream dos = new DataOutputStream(out);
            dos.writeUTF("张小山");
            dos.writeInt(22);
            dos.writeFloat(2345.67f);
            dos.close();
        } catch (IOException e) {
            System.out.println(e.getMessage());
        }
        try {// 打开文件,显示内容,先创字节输入流,再创建数据流
            FileInputStream in = new FileInputStream(f);
            DataInputStream dis = new DataInputStream(in);
            String name = dis.readUTF();
            int age = dis.readInt();
            float salary = dis.readFloat();
            dis.close();
            System.out.println("姓名:" + name);
            System.out.println("年龄:" + age);
            System.out.println("月薪:" + salary);
        } catch (IOException e) {
            System.out.println(e.getMessage());
        }
    }
}
```

程序运行结果:

姓名:张小山

年龄:22

月薪:2345.67

说明:(1)使用数据流时,要先创建字节流对象,再以字节流对象为参数创建数据流对象,然后调用相关方法;(2)查看 employee.txt 文件大小,结果为 19 字节。如何解释这一现象呢?用 UTF 编码存储汉字,每个要用 3 字节,存放字符串还要额外使用 2 字节,这样用去 11 字节。int、float 型数据各占 4 字节,共计 19 字节;(3)int、float 型数据用二进制表示,使用"记事本"打开时显示为乱码,按理说字符串可正常显示,但也可能与其他字符组合在一起出现乱码。只要按照写入顺序,依次读取各数据便可正常输出,运行结果已证明了这一点。

## 9.3.5 缓冲字节流

缓冲字节流是指 BufferedInputStream 和 BufferedOutputStream 两个类，请注意不要把类名写错，在 Buffer 后面带有 ed。它们的继承关系分别如图 9-11、图 9-12 所示。

```
java.lang.Object                          java.lang.Object
  └java.io.InputStream                      └java.io.OutputStream
    └java.io.FilterInputStream                └java.io.FilterOutputStream
      └java.io.BufferedInputStream              └java.io.BufferedOutputStream
```

图 9-11　BufferedInputStream 继承关系　　　　图 9-12　BufferedOutputStream 继承关系

前面已经提到过，使用"缓冲区"可以加快读写速度，提高存取效率，现用示图（图 9-13、图 9-14）来说明这两个类功能。

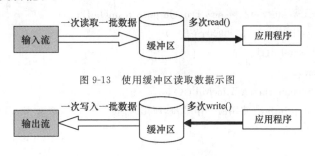

图 9-13　使用缓冲区读取数据示图

图 9-14　使用缓冲区写入数据示图

BufferedInputStream 和 BufferedOutputStream 的构造方法如下：

（1）BufferedInputStream(InputStream in) 或 BufferedInputStream(InputStream in，int size)

（2）BufferedOutputStream(OutputStream out) 或 BufferedOutputStream(OutputStream out，int size)

其中，第一个参数表示字节输入流或字节输出流，第二个参数设置缓冲区的大小（单位：字节）。

说明：(1)省略第二个参数时，默认缓冲区的大小为 32 字节；(2)缓冲区大小多少为优，这依赖于主机操作系统、可使用的内存空间以及机器配置等多种因素。通常，设置为内存页或磁盘块的整数倍，如 8912 字节或更小。

为了检验缓冲字节流的功效，我们采用"数据流"包装"字节流"方法向数据文件中写入 1000000 个整数。使用两种不同方法：一种不使用缓冲字节流，另一种使用缓冲字节流，然后比较它们的用时数。

**例 9.10**　检验缓冲字节流的功效。

```
import java.io.*;
public class BufferedStreamDemo {
    public static void main(String args[]) throws IOException {
        long time1 = 0L;// 开始时间
        long time2 = 0L;// 结束时间
        System.out.println("使用数据流向数据文件写入 1000000 个整数：");
        // 不使用缓冲字节流
        time1 = System.currentTimeMillis();
```

```java
        FileOutputStream f1 = new FileOutputStream("data1.dat");
        DataOutputStream out1 = new DataOutputStream(f1);
        for(int i = 1; i <= 1000000; i++)
            out1.writeInt(i);
        out1.close();
        time2 = System.currentTimeMillis();
        System.out.println("不使用缓冲字节流,所用时间:" + (time2 - time1) + "毫秒");
        //使用缓冲字节流
        time1 = System.currentTimeMillis();
        FileOutputStream f2 = new FileOutputStream("data2.dat");
        BufferedOutputStream buf = new BufferedOutputStream(f2, 2048);
        DataOutputStream out2 = new DataOutputStream(buf);
        for(int i = 1; i <= 1000000; i++)
            out2.writeInt(i);
        out2.close();
        time2 = System.currentTimeMillis();
        System.out.println("使用缓冲字节流,所用时间:" + (time2 - time1) + "毫秒");
    }
}
```

程序运行结果:

使用数据流向数据文件写入1000000个整数:

不使用缓冲字节流,所用时间:17453 毫秒

使用缓冲字节流,所用时间:140 毫秒

从这一例子可以看出,使用缓冲字节流后,效率明显提高。

思考题:这一程序是如何捕捉 IOException 异常的?

## 9.3.6 PrintStream 类

PrintStream 类也是 FilterOutputStream 的一个子类,属于字节过滤流,其最大特点是提供了将 Java 的任何类型转换为字符串类型并输出的能力。首先,输出时,经常使用的方法是 print()和 println();其次,它不抛出 IOException 异常,可用 checkError()来检查输出是否成功,返回 true 时表示不成功;第三,还能选择是否自动刷新输出流。

**1. 构造方法**

常用的有四种:

(1) PrintStream(OutputStream out):产生一个新的字节输出流,该类不会自动刷新。

(2) PrintStream(OutputStream out, boolean autoFlush):产生一个新的字节输出流,第二个参数决定是否自动刷新。

(3) PrintStream(File file):以 File 类型为参数,产生一个新的字节输出流。

(4) PrintStream(String fileName):以 String 类型为参数,产生一个新的字节输出流。

**2. 常用方法**

(1) void println(boolean b)或 void print(boolean b):以换行或不换行方式输出 boolean 型数据。

（2）void println(char c)或 void print(char c)：以换行或不换行方式输出 char 型数据。

（3）void println(double d)或 void print(double d)：以换行或不换行方式输出 double 型数据。

（4）void println(float f)或 void print(float f)：以换行或不换行方式输出 float 型数据。

（5）void println(int i)或 void print(int i)：以换行或不换行方式输出 int 型数据。

（6）void println(long l)或 void print(long l)：以换行或不换行方式输出 long 型数据。

（7）void println(String s)或 void print(String s)：以换行或不换行方式输出 String 型数据。

（8）void println(Object obj)或 void print(Object obj)：以换行或不换行方式输出一个对象。

**例 9.11** 向文本文件写入多个不同类型的数据，说明 PrintStream 类的应用。

```
import java.io.*;
import java.awt.*;
public class PrintStreamDemo {
    public static void main(String args[]) {
        try {
            PrintStream ps = new PrintStream("test.txt");
            Button bt = new Button("按钮");// 创建一个按钮对象
            ps.println(123);//输出整数
            ps.println(3.1415926);//输出 double 型数据
            ps.println("123" + 456);//输出字符串
            ps.println(123 == 123.0);//输出 boolean 型数据
            ps.println(bt); //打印对象时,调用对象的 toString()方法
            ps.close();
            System.out.println("数据写入完毕!");
        } catch (Exception e) {
        }
    }
}
```

程序运行后，打开 test.txt 文件，内容如下：

```
123
3.1415926
123456
true
java.awt.Button[button0,0,0,0x0,invalid,label=按钮]
```

这证实了 PrintStream 能够将各种数据以字符串方式输出。

System.in（标准输入流，默认为键盘）是 InputStream 类型，而 System.out（标准输出流，默认为控制台）和 System.err（标准错误流，默认为控制台）都是 PrintStream 类的实例，有关应用将在后面介绍。

在本节中，我们用了较多篇幅来介绍字节流，涉及的类较多，只要理清思路，加以消化，不断实践，就能掌握。下一节将讨论字符流。

## 9.4 字符流

在上一节,我们已经提到:用字节流来处理字符(在 JVM 中,以 16 位的 Unicode 编码表示)并不方便,例如:要将字符串"Java 程序设计"写入文件,需要先调用字符串的 getBytes()方法将 String 转换为字节数组,再调用 write(字节数组)方法;读取字符内容输出时,还要调用 new String(字节数组)方法将字节数组构成字符串,再显示输出。所以,从 JDK 1.1 开始,新增了字符流内容。顾名思义,字符流以字符(16 位)为操作单位,主要用来处理文本。

字符串中可能包含汉字,这里有必要说明一下汉字的编码及转换。我们在第 2 章就已经介绍,字符及字符串在内存(JVM)中是以 Unicode 编码方式存在的,字符串调用 getBytes()方法得到的字节数组是以系统默认的字符集编码(可以用 System.getProperty("file.encoding")方法来获取,在中文系统中通常是 GBK),若调用 getBytes(字符集)方法则可得到其他字符集编码,如:UTF、ISO-8859-1 等。在数据源/目的地(如:文件等)中可能是以 Unicode 之外的其他字符集编码的,那么,在内存中使用 Unicode 编码的字符串与数据源/目的地中使用其他编码的字符串是如何转换的呢?这一工作由字符流来完成,如图 9-15 所示。

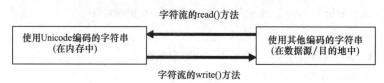

图 9-15 Unicode 字符编码与其他字符编码的转换关系

字符流中的类也有十几个,我们采用与字节流类似的处理方式,只挑选几个比较实用、有代表性的类进行介绍,这些类的继承关系如图 9-16、图 9-17 所示。

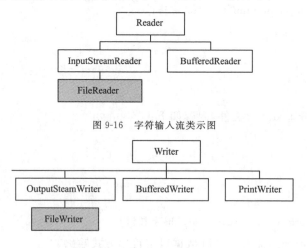

图 9-16 字符输入流类示图

图 9-17 字符输出流类示图

### 9.4.1 字符流的基类

前面已经介绍,Reader、Writer 分别是字符输入流、字符输出流的基类,它们也是抽象类,当然不能实例化对象。但是,这两个基类声明了一些重要方法,有的由子类实现,有的被子类覆盖(在效率、功能上更优)。要进行字符流的读、写操作,有必要熟悉这些方法。学习时只要回忆字节流的相似方法,注意不同点即可。

**1. Reader 类的基本方法**

与字节流类似,字符输入流最重要的功能是"读取"数据,只是操作的基本单位变成了"字符"而已。基本方法如下:

(1)read():从输入流中读取数据。有三种格式:

①int read():从输入流中读取一个字符。无参数,返回值是所读取的字符,形式为 0~65535 范围的整数,如果读指针到达输入流尾部,将返回-1。

②int read(char[] cbuf):从输入流中读取多个字符,并将这些字符存放到数组 cbuf 中,返回值是实际读取的字符个数,如果读指针到达输入流尾部,将返回-1。这一方法的效率比①高。

③int read(char[] cbuf, int off, int len):与②类似,从输入流一次读取 len 个字符的数据,并写入数组 cbuf 中,数据从下标为 off 的数组元素位置开始存放。返回值也是实际读取的字符个数,如果读指针到达输入流尾部,将返回-1。

(2)void close():关闭输入流,并释放与该输入流有关的系统资源。

(3)boolean ready():输入流是否做好读取准备(注意:字符流中无 int available()方法)。

(4)long skip(long n):从输入流中跳过 n 个字符。

(5)void reset():使输入流读指针重新复位到刚刚标记的位置处。

**2. Writer 类的基本方法**

同样道理,字符输出流的重要功能也是"写入"数据,操作单位改为"字符"。基本方法如下:

(1)write():向输出流写入数据。有五种格式:

①void write(int c):将整数写入输出流中。写入的内容是整数的低 16 位数据,高 16 位被忽略。该方法无返回值。

②void write(char[] cbuf):将字符数组 cbuf 的数据写入到输出流中。该方法的效率比①高。

③void write(char[] cbuf, int off, int len):将字符数组 cbuf 中从下标为 off 开始、长度为 len 的字符写入到输出流中。

④void write(String str):向输出流写入字符串 str。

⑤void write(String str, int off, int len):将从位置 off 开始、长度为 len 的字符串写入输出流中。

不难看出,最后两个方法为字符串的输出,提供了较大的便利性。需要注意的是,上述方法在写入数据时如果出错,将抛出 IOException 异常。

(2)void close():关闭输出流,并释放与该输出流相关的系统资源。

(3)void flush():将缓冲区中的数据强制进行写操作,刷新输出缓冲区。

接下来,将要介绍 Reader/Writer 中有代表性的三组子类:

(1)实现从"字节"到"字符"转换的字符流:InputStreamReader(InputStream in) / OutputStreamWriter(OutputStream out)。

(2)以"行"为读取、写入单位的字符流:BufferedReader(Reader in)/BufferedWriter (Writer out)。

(3)与文件相关的字符流:FileReader(File file 或 String filename)/FileWriter(File file 或 String filename)。

## 9.4.2　InputStreamReader 和 OutputStreamWriter 类

从名字可以判定,这两个类与字节流、字符流有关,它们是字节流与字符流联系的桥梁。InputStreamReader 能实现从字节流到字符流的转换,OutputStreamWriter 能实现从字符流到字节流的转换,如图 9-18 所示。

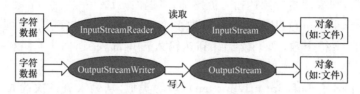

图 9-18　InputStreamReader 与 OutputStreamWriter 功能示图

在这些转换过程中都要用到字符集,字符集可以是系统默认的,也可以是由用户指定的。

**1. 常用的构造方法**

(1)InputStreamReader(InputStream in):使用系统默认的字符集生成字符输入流。

(2)InputStreamReader(InputStream in,String charsetName):使用用户指定的字符集生成字符输入流。

(3)OutputStreamWriter(OutputStream out):使用系统默认的字符集生成字符输出流。

(4)OutputStreamWriter(OutputStream out,String charsetName):使用用户指定的字符集生成字符输出流。

**2. 常用方法**

除了基类 Reader 或 Writer 定义的方法 read()或 write()方法外,还包含以下两个方法:

(1)void close():关闭输入流/输出流。

(2)String getEncoding():返回转换时所用的字符集。

现在,给出一个这方面的例子:(1)先创建文件输出流,再用 OutputStreamWriter 创建字符输出流,之后用几种方式向文件写入一个或多个字符;(2)创建文件输入流,再用 InputStreamReader 创建字符输入流,然后读取输入流内容,并显示、输出。

**例 9.12**　InputStreamReader 类和 OutputStreamWriter 类的应用。

```
import java.io.*;
public class InputStreamReader_OutputStreamWriterDemo {
    public static void main(String[] args) throws Exception {
        String str1 = "大学";
        char cbuf[] = new char[str1.length()];
        str1.getChars(0, str1.length(), cbuf, 0);// 将字符串 str1 内容存放到字符数组 cbuf
        String str2 = "华软软件学院";
        // 先创建文件字节输出流,再创建字符输出流
        FileOutputStream fos = new FileOutputStream("char.txt");
        OutputStreamWriter osw = new OutputStreamWriter(fos);
        // 以多种方式写入字符数据
        osw.write('广');// 写入一个字符
```

```
        osw.write('州');// 写入一个字符
        osw.write(cbuf);// 写入字符数组内容
        osw.write(str2);// 写入字符串内容
        osw.close();
        // 先创建文件字节输入流,再创建字符输入流
        FileInputStream fis = new FileInputStream("char.txt");
        InputStreamReader isr = new InputStreamReader(fis);
        // 定义一个能存放 str1 和 str2 的字符数组
        char mychars[] = new char[str1.length() + str2.length()];
        System.out.print((char) isr.read());// 以字符方式读取第一个字符,并输出
        System.out.print((char) isr.read());// 以字符方式读取第二个字符,并输出
        // 以字符数组方式读取剩余字符
        int len = isr.read(mychars, 0, str1.length() + str2.length());
        // 将字符数组内容以系统默认字符集生成字符串,并输出
        System.out.print(new String(mychars, 0, len));
        isr.close();
    }
}
```

程序运行结果:

广州大学华软软件学院

引入 InputStreamReader 类和 OutputStreamWriter 类之后,能够生成字符输入流和字符输出流,以字符或字符数组方式读写数据,与字节流相比前进了一步,但是还不够方便,效率也不高。为此,可引入缓冲字符流来加以改进。

## 9.4.3 缓冲字符流

BufferedReader 和 BufferedWirter 是缓冲字符流类,它们的继承关系如图 9-19、图 9-20 所示。

```
java.lang.Object                    java.lang.Object
  └java.io.Reader                     └java.io.Writer
      └java.io.BufferedReader            └java.io.BufferedWriter
```

图 9-19  BufferedReader 继承关系    图 9-20  BufferedWirter 继承关系

从图中可以看出,这两个类并不是字符过滤流(FilterReader 和 FilterWriter)的子类,这一点与字节流不同。

与缓冲字节流一样,缓冲字符流由于使用了缓冲区,提高了文本的读写速度。缓冲区的大小可以由用户设置,也可以是系统默认的大小(大多数情况下够用)。

BufferedReader 和 BufferedWirter 两个类的构造方法:

(1) BufferedReader(Reader in):使用系统默认的缓冲区大小生成字符输入流。

(2) BufferedReader(Reader in, int sz):使用用户指定的缓冲区大小生成字符输入流。

(3) BufferedWriter(Writer out):使用系统默认的缓冲区大小生成字符输出流。

(4) BufferedWriter(Writer out, int sz):使用用户指定的缓冲区大小生成字符输出流。

这两个类经常使用的原因是它们提供了字符读写的便利方法:

(1) 缓冲字符输入流类提供了一个"整行字符读取"方法。

格式：String readLine()

功能：能够整行地读取字符，遇到换行符为止（注意：不同操作系统的换行符不同，例如：Windows 系统是"\r\n"（即回车换行符），Linux 系统是"\n"（即换行符））。当无数据可读时，将返回 null，可以此来判断数据是否读取完毕。

(2) 缓冲字符输出流提供了一个"换行符"方法。

格式：void newLine()

功能：能够根据不同的操作系统，提供相应的"换行符"。

**例 9.13** 利用缓冲字符流来写文件和读文件。

```java
import java.io.*;
public class BufferedReader_BufferedWriterDemo {
    public static void main(String[] args) throws Exception {
        // 文件字节输出流－－＞字符输出流－－＞缓冲输出流
        FileOutputStream fos = new FileOutputStream("char.txt");
        OutputStreamWriter osw = new OutputStreamWriter(fos);
        BufferedWriter bw = new BufferedWriter(osw);
        bw.write("您好!");// 写入字符串，下同
        bw.newLine();// 插入"换行符"，下同
        bw.write("谢谢!");
        bw.newLine();
        bw.write("再见!");
        bw.newLine();
        bw.close();
        // 文件字节输入流－－＞字符输入流－－＞缓冲字符输入流
        FileInputStream fis = new FileInputStream("char.txt");
        InputStreamReader isr = new InputStreamReader(fis);
        BufferedReader br = new BufferedReader(isr);
        String s;
        // 用循环逐行读取字符串，直至遇到 null 为止
        while ((s = br.readLine()) != null)
            System.out.println(s);
        br.close();
    }
}
```

程序运行结果：

您好!

谢谢!

再见!

说明：这个例子使用"逐层包装"方法，实现了从"文件字节流"→"文件字符流"→"缓冲字符流"的转换，对于输入流和输出流来说，都要用到三条语句。能否在功能不变的前提下，减少语句数量呢？可以，下一节将要介绍的"文件字符流"就能具备此功能。

## 9.4.4 文件字符流

FileReader 和 FileWriter 是两个文件字符流类,它们的继承关系分别如图 9-21、图 9-22 所示:

```
java.lang.Object                        java.lang.Object
  └java.io.Reader                         └java.io.Writer
    └java.io.InputStreamReader              └java.io.OutputStreamWriter
      └java.io.FileReader                     └java.io.FileWriter
```

图 9-21　FileReader 继承关系　　　　图 9-22　FileWriter 继承关系

从继承关系图可以看出,这两个类是 InputStreamReader 或 OutputStreamWriter 的子类,具备从字节流到字符流转换的功能。在前面的例子中,我们分别用了两条语句来实现从字节流到字符流的转换:

FileOutputStream fos = new FileOutputStream("char.txt");
OutputStreamWriter osw = new OutputStreamWriter(fos);

或

FileInputStream fis = new FileInputStream("char.txt");
InputStreamReader isr = new InputStreamReader(fis);

有了文件字符流类,我们可以改用下面两条等价语句:

FileWriter fw = new FileWriter("char.txt");

或

FileReader fr = new FileReader("char.txt");

愿意使用两条语句,还是一条语句由用户自己选择。FileReader 类、FileWriter 类的构造方法如下:

(1)FileReader(File file):使用 File 类型为参数,创建一个 FileReader 对象。字符集、缓冲区大小使用系统默认设置,下同。

(2)FileReader(String fileName):使用 String 类型为参数,创建一个 FileReader 对象。

(3)FileWriter(File file):使用 File 类型为参数,创建一个 FileWriter 对象。

(4)FileWriter(File file,boolean append):使用 File 类型为参数,创建一个 FileWriter 对象。第二个参数为 true 将把新增内容追加到文件尾部。

(5)FileWriter(String fileName):使用 String 类型为参数,创建一个 FileWriter 对象。

(6)FileWriter(String fileName,boolean append):使用 String 类型为参数,创建一个 FileWriter 对象。第二个参数为 true 将把新增内容追加到文件尾部。

下面通过三个小例子,来说明文件字符流的应用。

**例 9.14**　FileWriter 类的应用。

```java
import java.io.*;
class FileWriterDemo {
    public static void main(String[] args) throws IOException {
        FileWriter fw = new FileWriter("myfile.txt");
        BufferedWriter bw = new BufferedWriter(fw);
        bw.write("C++程序设计");
        bw.newLine();
        bw.write("Java 程序设计");
```

```
            bw.newLine();
            bw.close();
            System.out.println("文件内容写入完毕");
        }
}
```

程序运行后,会生成文本文件 myfile.txt,分别包含两行内容:C++程序设计、Java 程序设计。现在读取文件内容,并输出。

**例 9.15**　FileReader 类的应用。

```
import java.io.*;
class FileReaderDemo {
    public static void main(String[] args) throws IOException {
        FileReader fr = new FileReader("myfile.txt");
        BufferedReader br = new BufferedReader(fr);
        String s;
        // 用循环逐行读取字符串,直至遇到 null 为止
        while ((s = br.readLine()) != null)
            System.out.println(s);
        br.close();
    }
}
```

程序运行结果:

C++程序设计

Java 程序设计

**例 9.16**　从键盘中获取数据,存入文件(字节流→字符流→缓冲流)。

```
import java.io.*;
public class KeyboardDemo {
    public static void main(String[] args) throws IOException {
        //读取:键盘是字节输入流,先转换成字符输入流,再包装成缓冲字符输入流
        InputStreamReader isr = new InputStreamReader(System.in);
        BufferedReader br = new BufferedReader(isr);
        //写入:先得到文件字符输出流,再包装成缓冲字符输出流
        FileWriter fw = new FileWriter("myfile2.txt");
        BufferedWriter bw = new BufferedWriter(fw);
        System.out.println("请输入字符串(按 Ctrl+Z 结束):");
        String data;
        //逐行读取、写入
        while ((data = br.readLine()) != null) {
            bw.write(data);
            bw.newLine();
        }
        br.close();
        bw.close();
        System.out.println("文件创建完毕!");
```

        }
    }

程序运行结果：

请输入字符串（按 Ctrl+Z 结束）：
Hello
How are you?
文件创建完毕！

按 Ctrl+Z 意味着到达文件尾，结束文件输入。打开文件 myfile2.txt，可以发现，从键盘输入的两行英文已写入了文件。

## 9.4.5 PrintWriter 类

与 PrintStream 一样，PrintWriter 也可以格式化文本输出，该类实现了 PrintStream 的所有 print() 和 println() 方法：

(1) void println(boolean b) 或 void print(boolean b)：以换行或不换行方式输出 boolean 型数据。

(2) void println(char c) 或 void print(char c)：以换行或不换行方式输出 char 型数据。

(3) void println(double d) 或 void print(double d)：以换行或不换行方式输出 double 型数据。

(4) void println(float f) 或 void print(float f)：以换行或不换行方式输出 float 型数据。

(5) void println(int i) 或 void print(int i)：以换行或不换行方式输出 int 型数据。

(6) void println(long l) 或 void print(long l)：以换行或不换行方式输出 long 型数据。

(7) void println(String s) 或 void print(String s)：以换行或不换行方式输出 String 型数据。

(8) void println(Object obj) 或 void print(Object obj)：以换行或不换行方式输出一个对象。

不过，不能用它来写入字节数据。如果要操作字节，需使用未编码的字节流来进行，PrintWriter 类的继承关系如图 9-23 所示。

```
java.lang.Object
  └java.io.Writer
      └java.io.PrintWriter
```

图 9-23  PrintWriter 继承关系

需要提醒的是：从 JDK 1.5 起，PrintWriter 类的功能得到了显著增强。

首先，从构造方法看，可以使用 File 或 String 类型参数来构造 PrintWriter 对象，以前需要使用 FileWriter 或 BufferedWriter 的地方，现在也可以用 PrintWirter 来取代：

(1) PrintWriter(File file)：使用 File 类型参数创建不具有自动行刷新的对象。

(2) PrintWriter(File file, String csn)：使用 File 类型参数、指定字符集创建不具有自动行刷新的对象。

(3) PrintWriter(OutputStream out)：以字节输出流为参数创建不带自动行刷新的对象。

(4) PrintWriter(OutputStream out, boolean autoFlush)：以字节输出流为参数创建对象，由第二个参数决定是否具备自动行刷新功能。

(5) PrintWriter(String fileName)：使用 String 类型参数创建不具有自动行刷新的对象。

(6) PrintWriter(String fileName, String csn)：使用 String 类型参数、指定字符集创建不具有自动行刷新的对象。

(7) PrintWriter(Writer out)：使用 Writer 类型参数创建不具有自动行刷新的对象。

(8) PrintWriter(Writer out, boolean autoFlush):使用 Writer 类型为参数创建对象,由第二个参数决定是否具备自动行刷新功能。

其次,PrintWriter 增加了一些新方法,能实现一些新功能,例如:PrintWriter format(String format, Object... args)实现类似于 C 语言的格式输出。第一个参数是带格式控制符的字符串,后续参数是输出对象或表达式列表。例如:int a=5,b=10;pw.format("%1\$d+%2\$d=%3\$d",a,b,a+b);(pw 为 PrintWriter 对象)能输出:5+10=15 结果,其中:n\$(n为正整数)是格式符,1\$、2\$、3\$分别代表第一、二、三项输出内容,d 表示整数,其他内容请参考 java.util.Formatter 类的格式说明。

学习 PrintWriter 内容时,还需注意:

(1)这个类的方法不抛出 IOException 异常(一些构造方法可能会抛出),需要调用 checkError()来检查是否出错。

(2)PrintWriter 与 BufferedWriter 都带有缓冲区,它们的差别是:BufferedWriter 通常在缓冲区满了时才进行物理写操作,而 PrintWriter 的缓冲功能可以由用户设置,通常也是在缓冲区满了时才进行写操作,当设置了自动行刷新功能后,调用 println()也会进行物理写操作。

**例 9.17** PrintWriter 的应用。

```
import java.io.*;
class PrintWriterDemo {
    public static void main(String args[]) throws IOException {
        // 利用文件输出流创建 PrintWriter 对象
        PrintWriter pw = new PrintWriter("output.txt");
        // 写入几个数据
        pw.println("hello");
        pw.println(18.97);
        pw.println(true);
        // 格式化输出数据
        pw.format("PI 的近似值为%1$10.6f", Math.PI);
        pw.println();
        pw.format("e 的近似值为%1$10.6f", Math.E);
        pw.println();
        int a = 5, b = 10;
        pw.format("%1$d+%2$d=%3$d", a, b, a + b);
        pw.close();
        System.out.println("数据写入完毕!");
    }
}
```

程序运行后,打开 output.txt 文件,其内容如下:

```
hello
18.97
true
PI 的近似值为    3.141593
e 的近似值为     2.718282
5+10=15
```

从这一例子不难看出：由于 PI 包含一位整数、多位小数，当采用 10.6f 格式控制符时，输出 6 位小数，除去小数点和整数位外，左边还有两位空格。有 C 语言基础的读者对这种格式应该熟悉。

## 9.5　对象序列化和反序列化

本小节将介绍对象的序列化和反序列化的相关内容。

### 9.5.1　对象序列化和反序列化的概念

我们知道，类包含属性和方法，属性可以是基本类型，也可以是引用类型；对象是类的实例，一个类可以生成多个对象。程序运行时，对象存在于内存中，程序结束后，对象将消失。有时，需要将对象的某一状态保存在文件或网络中（例如：远程方法调用 RMI，即一台计算机的对象调用另一台计算机的方法）。如何解决这一问题呢？

为说明方便，我们以 Student（学生）类为例，该类有四个属性：num（String 类型，学号）、name（String 类型，姓名）、age（int 类型，年龄）、average（float 类型，平均成绩）。有人说，可以将每个对象的四个属性值用"数据流"逐一保存到文件或网络中，这种做法在属性为基本类型或字符串且数目不多时，可以接受；但是，如果属性数目为几十个甚至上百个时，要做到"读写"顺序、类型一致，很不方便。假如需保存的对象又以其他对象作为其属性，那么这样就会形成对象图。由前面知识可知，对象引用存放的是对象在"堆"中的地址，如果采用上述办法进行保存，属性值将毫无意义，因为内存的内容会不断变化。

从上可知，这种"化整为零"的方法并不好用，能否"整存整取"呢？可以，Java 专门提供了"对象序列化"技术来满足这一要求。把对象"整体"存放到文件或网络上，这称为对象序列化，从文件或网络"整体"读取对象，这称为对象反序列化。对象要具备序列化的功能，必须实现 java.io.Serializable 接口，该接口是一个空接口，不包含任何方法，又称标记接口，String、Date 等实现了此接口。

在很多应用中，需要对某些对象进行序列化，让它们离开内存空间，入住物理硬盘，以便长期保存。比如最常见的是 Web 服务器中的 Session 对象，当有 10 万用户并发访问，就有可能出现 10 万个 Session 对象，内存可能吃不消，于是 Web 容器就会把一些 Session 先序列化到硬盘中，等要用时，再把保存在硬盘中的对象还原到内存中。把对象转换为字节序列的过程称为对象的序列化。

当两个进程在进行远程通信时，彼此可以发送各种类型的数据。无论是何种类型的数据，都会以二进制序列的形式在网络上传送。发送方需要把这个 Java 对象转换为字节序列，才能在网络上传送；接收方则需要把字节序列再恢复为 Java 对象。把字节序列恢复为对象的过程称为对象的反序列化。

对象的序列化主要有两种用途：

(1) 把对象的字节序列永久地保存到硬盘上，通常存放在一个文件中；

(2) 在网络上传送对象的字节序列。

对象序列化和反序列化示意如图 9-26 所示。

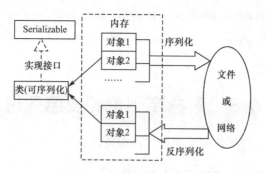

图 9-26　对象序列化和反序列化示图

## 9.5.2　对象序列化和反序列化的实现

在 Java 中，实现对象序列化和反序列化的类分别是 ObjectInputStream 和 ObjectOutputStream，它们简称"对象流"。从名字不难判断，ObjectOutputStream 是以字节流形式写入对象，ObjectInputStream 是以字节流形式读取对象。这两个类的常用方法如下：

**1. 构造方法**

（1）ObjectInputStream(InputStream in)：以字节输入流为参数，创建对象输入流。

（2）ObjectOutputStream(OutputStream out)：以字节输出流为参数，创建对象输出流。

**2. 主要读写方法**

除继承基类的 read()/write() 方法外，还提供了读/写各类数据的 readXxx()/writeXxx() 方法，特别是对象的读写方法：

（1）Object readObject()：从对象输入流中读取对象。

（2）writeObject(Object obj)：向对象输出流写入对象。

对象序列化包括如下步骤：

（1）创建一个对象输出流，它可以包装一个其他类型的目标输出流，如文件输出流；

（2）通过对象输出流的 writeObject() 方法写对象。

对象反序列化的步骤如下：

（1）创建一个对象输入流，它可以包装一个其他类型的源输入流，如文件输入流；

（2）通过对象输入流的 readObject() 方法读取对象。

现在，讲解一个对象序列化和反序列化的例子。先让 Student 类实现 Serializable 接口，成为可序列化的类；再生成三个不同对象，并进行序列化，存放至文件 students.dat 中；最后是反序列化，从 students.dat 文件中读取数据，再显示输出。

**例 9.18**　代码内容见具体。

程序运行后，显示如下内容：

```
学号          姓名      年龄    平均成绩
0712345601    张小三    19      87.6
0712345602    李阿四    21      90.3
0712345603    王连五    20      77.2
```

采用序列化/反序列化方法，有效地保存/恢复对象内容。如果用 Windows 的"写字板"打开 students.dat 文件，可以看到如下结果：

〗__sr_ Student? _a__6? __I__ageF_ averageL__namet__Ljava/lang/String;L__numq_~__xp____B?

```
3t_寮犲皬涓塤
    0712345601sq_ ~ _____B 磝頚_    鏉庨樋鍥涘_
    0712345602sq_ ~ _____B 歕 ft_   鐜嬭繛浜擾
    0712345603
```

从上可以看出,对象中各字段的数据是用特定格式保存的,这些格式我们不必深究。

假如,不想让对象的某一个属性序列化,就可以在该属性前面加上 transient(短暂的,瞬时的)修饰符。现在,我们将 transient 加在 Student 类中的"int age;"语句前面,再次运行程序,输出结果为:

| 学号 | 姓名 | 年龄 | 平均成绩 |
|---|---|---|---|
| 0712345601 | 张小三 | 0 | 87.6 |
| 0712345602 | 李阿四 | 0 | 90.3 |
| 0712345603 | 王连五 | 0 | 77.2 |

究其原因是"年龄"属性没有序列化,输出时取其类型 int 的默认值 0。顺便说明一下,类的 static 属性属于整个类所有,也不参与序列化。

对象序列化和反序列化完整例子参看《Java 核心编程技术实验指导教程》中 9.4 对象序列化和反序列化的范例。

## 9.6 随机存取文件

### 9.6.1 什么是文件的随机存取

前面我们用了很大的篇幅来介绍输入流、输出流,它们都有一个共同的特点:分工明确。输出流只能写入数据,不能提供数据;输入流只能读取数据,不能保存数据。若要读写文件,需分别建立输入流、输出流,操作起来不是很方便。能否"合二为一"(即将读、写操作合在一起进行)呢?

答案是肯定的,Java 提供的 RandomAccessFile 类就具备此功能。该类不同于前面的输入流、输出流,利用它打开文件时,既可以"读取"也可以"写入",还可根据需要任意"拨动"文件读写指针,达到随机存取文件的目的。该类对象的文件指针如图 9-27 所示。

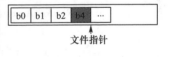

图 9-27 文件指针示图

### 9.6.2 RandomAccessFile 类

该类不属于输入流、输出流范畴,它是 Object 的直接子类,实现了 DataInput 和 DataOutput 接口,其继承关系如图 9-28 所示。

```
java.lang.Object
  └java.io.RandomAccessFile
```

图 9-28 RandomAccessFile 类继承关系示图

我们可以把文件看作是字节序列,文件读写时可理解有一个指针(如同我们操作电脑的光标),指针所指数据就是将要操作的数据。文件读写时有两种基本方式,一种是顺序方式,即每次文件指针的移动都从头开始,另一种是随机方式,即文件指针的移动可从任意位置开始。RandomAccessFile 类支持随机方式,可移动文件指针位置进行读写操作,每进行一次读写操作,指针将往后移,移动的长度就是读写过的字节数目。该类的构造方法和常用方法如下:

**1. 构造方法**

(1) RandomAccessFile(File file, String mode):以 File 类型指定的文件来创建对象,第二个参数指明文件访问模式,"r"表示只读,"rw"表示读写。请注意:无"w"只写方式。

(2) RandomAccessFile(String name, String mode):以 String 类型指定的文件来创建对象,第二个参数含义同(1)。

**2. 常用方法**

(1) 读取方法:read()、read(byte[] b)、read(byte[] b, int off, int len)、readXxx()(如:readBoolean()、readByte()、readChar()、readDouble()、readFloat()、readInt()、readLong()、readShort()、readUTF()、readLine()等),这些方法在前面已介绍过,不再一一复述。

(2) 写入方法:write()、write(byte[] b)、write(byte[] b, int off, int len)、writeXxx()(如:writeBoolean(boolean v)、writeByte(int v)、writeBytes(String s)、writeChar(int v)、writeDouble(double v)、writeFloat(float v)、writeInt(int v)、writeLong(long v)、writeShort(int v)、writeUTF(String str)等),如上所述,不再重复。

(3) long length():获取文件长度,单位为字节。

(4) void setLength(long newLength):设置文件长度。

(5) long getFilePointer():返回文件指针当前位置,单位为字节。

(6) int skipBytes(int n):将文件指针向下移动 n 个字节。

(7) void seek(long pos):将文件指针移动到距离文件头 pos 字节的位置。

(8) void close():关闭文件,释放相应系统资源。

现在,介绍一个存、取若干个整数的例子来熟悉 RandomAccessFile 类的应用。

**例 9.19** 存、取若干个整数。

```
import java.io.*;
public class RandomAccessFileDemo {
    public static void main(String arg[]) {
        try {
            // 根据指定的数据文件名创建具有"读写"功能的 RandomAccessFile 对象
            RandomAccessFile raf = new RandomAccessFile("numbers.dat", "rw");
            // 将 0,1…9 的平方写入数据文件中
            for (int i = 0; i < 10; i++)
                raf.writeInt(i * i);
            // 读取数据文件中处于偶数位置的数据
            System.out.println("处于偶数位置的序列:");
            long length = raf.length();// 得到文件的总字节数
            for (int i = 4; i < length; i += 2 * 4) {// 一个整数占 4 字节
                raf.seek(i);// 定位偶数位置数据的字节位置
                System.out.print(raf.readInt() + " ");
            }
            raf.close();// 关闭文件
        } catch (Exception e) {
            System.out.println(e);
        }
    }
}
```

程序运行结果如下：

处于偶数位置的序列：

1　9　25　49　81

查看 numbers.dat 文件的属性，可知道其长度为 40 字节，用 Windows 中的"记事本"打开，其内容显示为乱码。请解释其中的原因。

**注意**：RadomAccessFile 不是输入流、输出流，它是处理文件的另一种类，可集读写操作于一身，不要将它与前面介绍的 I/O 流类混淆。

## 9.7　Word、Excel、PDF 文件的操作（选学）

前面 I/O 操作所涉及的文件，大多为文本类型或数据类型。除此之外，我们在日常学习、工作之中，还会经常使用 Word、Excel、PDF 等类型文件。非常遗憾，现在的 JDK 没有提供操作这些文件的类库，好在有一些第三方的 jar 包可供我们选用，通过查阅 API 文档，熟悉相关类、接口的用法，就能读写这些文件。本节引出这一话题，旨在"抛砖引玉"，读者可选择多种资源、多种方法实现同一目标，下面将介绍几个开源组件，来操作这三类文件。因为这些知识点属于扩展范围，故作为选学内容。

### 9.7.1　Word 文件内容的读取

Windows 中的 Word 是微软 Office 系统产品中的一个，经常在日常生活中使用，该文档类型具有自己的特定格式、包含许多特殊控制符：一个新建的 Word 空文档，其长度有十几 KB，用"记事本"无法正确显示任何一个 Word 文档的内容。如何跳过 Word 中的控制符、去读取其文本内容呢？这是我们感兴趣的话题。

POI 是 Apache 的 Jakarta 项目的子项目，是开源软件，其官方网站是 http://poijakarta.apache.org/。

POI 包括了一系列 API，它们可以操作 MicroSoft 的 Excel、Word 等文件。POI 有一个附加组件包 textmining，可读取 Word 文件内容，由于该组件不在 POI 的发行版中，需要从网站：http://mirrors.ibiblio.org/pub/mirrors/maven2/org/textmining/tm-extractors/0.4/下载 tm-extractors-0.4.jar 包及 API 文档 tm-extractors-0.4-javadoc.jar 等内容。

**1. textmining 的使用**

使用组件，就是要利用其中的类、接口来实现相应功能。操作步骤是：首先，将下载的 tm-extractors-0.4.jar 放置到正确的位置，一种方法是在 classpath 中添加 tm-extractors-0.4.jar，Java 初学者常用这种方法来配置 JDK 类库；如果读者使用的是 Eclipse 等工具，则可以右击正在使用的 Java 项目，通过菜单"Build Path"|"Add External Achieves"来添加 tm-extractors-0.4.jar 包。这两种方法有什么不同呢？前一种是"一劳永逸"，但是操作起来不够方便；后一种正好相反，操作方便，但每一个项目都需单独设置。读者可根据情况选用其中一种方法即可。

查阅 API 文档，可知道 textmining 组件中最重要的类是 WordExtractor，它能够从各种版本的 Word 文档中抽取文本，该类位于 org.textmining.text.extraction.包中，其构造方法为：WordExtractor()，不带参数；抽取文本的方法是：String extractText(java.io.InputStream in)，参数为字节输入流，返回值为 String 类型。

**2. 应用举例**

**例 9.20**  用 POI 读取 Word 文档内容，再写入文本文件中。

```
//调用格式 java WordPOIDemo word 文件名 文本文件名
import java.io.*;
import org.textmining.text.extraction.WordExtractor;
public class WordPOIDemo {
    public static void main(String[] args) {
        try {
            // 以 Word 文件为参数，创建输入流
            FileInputStream in = new FileInputStream(new File(args[0]));
            // 创建 WordExtractor 对象
            WordExtractor extractor = new WordExtractor();
            // 从 Word 文档提取文本
            String text = extractor.extractText(in);
            //将文本写入指定的文本文件，关闭输入流、输出流
            PrintWriter pw = new PrintWriter(new FileWriter(new File(args[1])));
            pw.write(text);
            pw.flush();
            pw.close();
            in.close();
            System.out.println("已成功将 Word 中的文本写入文本文件!");
        } catch (Exception e) {
            e.printStackTrace();
        }
    }
}
```

程序运行命令及结果如下：

java WordPOIDemo 今日歌.doc myword.txt
已成功将 Word 中的文本写入文本文件!

源文件"今日歌.doc"和结果文件"myword.txt"的截图分别如图 9-29、图 9-30 所示。

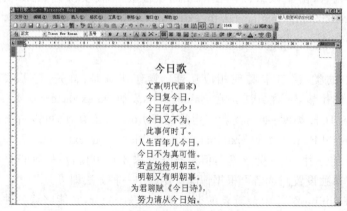

图 9-29  Word 文档示图

图 9-30  txt 文档示图

查看源文件和目标文件的大小，分别为 23.5 KB 和 194 B。这说明，textmining 丢弃了 Word 文档中的控制符，只保存了其中的文本内容。

## 9.7.2 Excel 文件的读写

软件开发中,经常要用到报表来输出结果,Excel 文档和 PDF 文档比较适合做这项工作,尤其是 Excel 文档,由于 Excel 是微软 Office 系列产品之一,操作简便,备受青睐。前面提过,POI 是处理 Word、Excel 的利器,但操作起来有些复杂,Java Excel(简称 JExcel)是另一个处理 Excel 文档的工具,该组件比较小巧,适合于小项目,在这一小节中,我们主要利用 JExcel 来读写 Excel 文件。JExcel 也是开源项目,利用它可方便地读取 Excel 文件内容,创建 Excel 文档、在指定位置写入内容。JExcel 是用纯 Java 开发的组件,在非 Windows 环境中也可以操作 Excel,在 JSP、Servlet 中也能调用 API 实现对 Excel 数据表的访问。JExcel 的下载网址是:http://www.andykhan.com/jexcelapi/,当前较新版本是 2.6.x,对应的 jar 包是 jxl.jar,配置方法已在上一小节介绍过,不再重复。

我们知道,一个 Excel 文档就是一个工作簿(work book),一个工作簿可以包含一张或多张工作表(work sheet),一张工作表又可以包含许许多多个单元格(cell),单元格的位置可以用(列,行)来表示,例如:A2 和 B5 分别是指第 1 列第 2 行和第 2 列第 5 行的单元格。Excel 文档的读写就是通过操作工作簿、工作表、单元格来实现的。

**1. Excel 文档内容的读取**

先介绍一下与读取操作相关的主要类、接口,再用一个例子来说明。

(1)jxl.Workbook 类:表示工作簿,包含多个工厂方法和存取工作表(Sheet)的方法。常用方法有:

①static WritableWorkbook createWorkbook(java.io.File file):静态工厂方法,以 File 类型为参数,产生可写入的工作簿(WritableWorkbook)对象,用于 Excel 文档的写入,稍后介绍。

②Sheet getSheet(int index):通过下标来得到工作表(Sheet)对象,第一个工作表下标为 0,依此类推。

③Sheet[] getSheets():得到所有的工作表,以数组方式返回。

④static Workbook getWorkbook(java.io.File file):静态工厂方法,以 File 类型为参数,得到工作簿(Workbook)对象,用于 Excel 文档的读取。

⑤void close():关闭工作簿。

(2)jxl.Sheet 接口:表示一个工作表对象,可处理单个或一组单元格。常用方法有:

①Cell getCell(int column, int row):得到指定列、行的单元格(注意:列在先,行在后)。

②Cell[] getColumn(int col):得到指定列的单元格,返回类型为数组。

③Cell[] getRow(int row):得到指定行的单元格,返回类型为数组。

④int getColumns():得到总列数。

⑤int getRows():得到总行数。

⑥String getName():得到工作表名字。

(3)jxl.Cell 接口:表示一个单元格,能查询其类型和内容。常用方法有:

①int getColumn():得到其列下标,第 1 列为 0,依此类推。

②int getRow():得到其行下标,第 1 行为 0,依此类推。

③String getContents():以字符串方式返回单元格内容。

④CellType getType():得到单元格数据类型。CellType 类的常量规定一些单元格类型,

如:NUMBER、DATE、BOOLEAN、LABEL、EMPTY、ERROR 等。

**例 9.21**　读取 Excel 数据,并显示出来,代码内容见光盘。

源文件 myexcel.xls 的内容截图如图 9-31 所示。

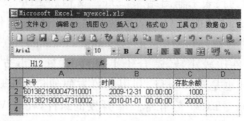

图 9-31　Excel 文档示图

程序运行结果如下:

| 卡号 | 时间 | 存款余额 |
|---|---|---|
| 6013821900047310001 | 2009-12-31　00:00:00 | 1000 |
| 6013821900047310002 | 2010-01-01　00:00:00 | 20000 |

依据前面介绍的 API 内容及程序注释,应该比较容易读懂该程序。由于不同列的单元格内容长度不一致,故调用 printf()方法以格式化方式输出。若要让读取的文件具有选择性,可以通过命令参数或对话框来选定,有关内容请参阅第 2 章的"输入输出格式"部分。

**2. Excel 文档内容的写入**

若要向 Excel 文档写入数据,不能直接使用前面介绍的 Workbook、Sheet、Cell,而应使用 jxl.write 包中的 WritableWorkbook、WritableSheet、WritableCell 类或接口,单元格添加的数据除了 String 类型外,还可以是 DateTime、Number 等,并设置相应格式。下面介绍相关的类或接口:

(1)jxl.write.WritableWorkbook 类:表示可写入的工作簿。常用方法有:

①WritableSheet createSheet(java.lang.String name, int index):生成 WritableSheet 对象,第一个参数指定工作表名字,第二个参数表示工作表下标。

②WritableSheet getSheet(int index):通过下标来得到 WritableSheet。

③WritableSheet getSheet(java.lang.String name):通过名字来得到 WritableSheet。

④void removeSheet(int index):删除指定的工作表。

⑤void write():以指定格式将工作簿数据写出。

⑥void close():关闭工作簿。

(2)jxl.write.WritableSheet 接口:表示一个可写入的工作表。常用方法有:

①void addCell(WritableCell cell):向工作表添加单元格。单元格的值可以是 Blank、Boolean、CellValue、DateTime、Formula、Label、Number 等类型。

②void setName(java.lang.String name):设置工作表名字。

③WritableCell getWritableCell(int column, int row):在指定列、行位置得到可写入的单元格。

④void insertColumn(int col):在指定列位置插入新列。

⑤void insertRow(int row):在指定行位置插入新行。

⑥void removeColumn(int col):删除指定列。

⑦void removeRow(int row):删除指定行。

(3)jxl.write.WritableCell 接口:表示一个可写入的单元格。常用方法有:

①WritableCell copyTo(int col,int row):将当前单元格复制到指定列、行的单元格上。

②void setCellFormat(CellFormat cf):设置单元格格式。

(4)jxl.write.DateFormat 类:格式化日期,实现了 jxl.biff.DisplayFormat 接口。

构造方法:DateFormat(java.lang.String format)。

(5)jxl.write.NumberFormat 类:格式化数字,实现了 jxl.biff.DisplayFormat 接口。

构造方法:NumberFormat(java.lang.String format)。

(6)jxl.write.WritableCellFormat 类:可写入的单元格格式对象。

构造方法:WritableCellFormat(jxl.biff.DisplayFormat format)。

(7)jxl.write.Label 类:包含文本的单元格,实现 WritableCell 接口。

构造方法:Label(int c,int r,java.lang.String cont) 和 Label(int c,int r,java.lang.String cont,CellFormat st)。

(8)jxl.write.DateTime 类:日期/时间单元格,实现 WritableCell 接口。

构造方法:DateTime(int c,int r,java.util.Date d) 和 DateTime(int c,int r,java.util.Date d,CellFormat st)。

(9)jxl.write.Number 类:包含数字的单元格,实现 WritableCell 接口。

构造方法:Number(int c,int r,double val) 和 Number(int c,int r,double val,CellFormat st)。

上一例中用到的 myexcel.xls 数据可由例 9.22 代码生成。该数据表包含三列:卡号、时间、存款余额,第一行为标题,全为 String 类型。第二、三行为用户数据,类型分别为 String、DateTime 和 Number,后两种类型分别设置了相应格式。

**例 9.22** Excel 文档写入的示例。

```
import java.io.*;
import java.util.*;
import jxl.*;
import jxl.write.*;
public class ExcelWriteDemo {
    public static void main(String[] arges) {
        try {
            File file = new File("myexcel.xls");
            // 创建一个可写入的 Excel 文件,并得到"工作簿"对象
            WritableWorkbook w_workbook = Workbook.createWorkbook(file);
            // 使用第一张"工作表"(下标为 0),将其命名为"银行卡余额"
            WritableSheet w_sheet = w_workbook.createSheet("银行卡余额", 0);
            // 向第一行的单元格添加数据用来设置表头,单元格以(列,行)方式指定,下标均从 0 开始
            Label label0 = new Label(0, 0, "卡号");
            w_sheet.addCell(label0);
            Label label1 = new Label(1, 0, "时间");
            w_sheet.addCell(label1);
            Label label2 = new Label(2, 0, "存款余额");
            w_sheet.addCell(label2);
            // 普通字符,不需要设置格式
            // 格式化日期
            DateFormat df = new DateFormat("yyyy-MM-dd hh:mm:ss");
```

```java
            WritableCellFormat wcfDF = new WritableCellFormat(df);
            // 格式化数字
            NumberFormat nf = new NumberFormat("#.##");
            WritableCellFormat wcfN = new WritableCellFormat(nf);
            //使用上述日期、数字格式,添加第二行数据,下同
            Label cardID = new Label(0,1,"6013821900047310001");
            w_sheet.addCell(cardID);
            DateTime datetime = new DateTime(1,1,new GregorianCalendar(2009,11,31).getTime(),wcfDF);
            w_sheet.addCell(datetime);
            jxl.write.Number balance = new jxl.write.Number(2,1,1000,wcfN);
            w_sheet.addCell(balance);
            //添加第三行数据
            cardID = new Label(0,2,"6013821900047310002");
            w_sheet.addCell(cardID);
            datetime = new DateTime(1,2,new GregorianCalendar(2010,0,1).getTime(),wcfDF);
            w_sheet.addCell(datetime);
            balance = new jxl.write.Number(2,2,20000,wcfN);
            w_sheet.addCell(balance);
            // 关闭对象,释放资源
            w_workbook.write();
            w_workbook.close();
            System.out.println("数据写入完毕!");
        } catch (Exception e) {
            System.out.println(e);
        }
    }
}
```

程序运行结果如下:
数据写入完毕!

## 9.7.3 PDF 文档的写入

PDF(Portable Document Format,便携式文档格式)是 Adobe 公司开发的文件格式,这也是一种常用的文件格式。现在,能用来处理 PDF 文档的组件较多,包括:PDFBox、XPDF、iText、PJX 以及 PDF Reader 等,每一种工具都有自己的特点:iText 便于实现 PDF 写入功能,PDFBox 功能强大、但对中文支持不是很好,等等。由于读取 PDF 文档内容较容易实现,我们主要介绍利用 iText 生成 PDF 文件操作,特别是报表的生成。

iText 也是开源项目,其官方网站是:http://www.itextpdf.com/,版本在不断演变,本小节以 iText 2.1.7 为例介绍,除了下载 iText-2.1.7.jar 外,为支持中文,请下载 iTextAsian.jar,这两个 jar 包设置方法与上两节相似,这里不再重复。

我们还是采用前面方式,先熟悉 PDF 写入的相关类与接口,再举例说明。

**1. PDF 写入的相关类与接口**

(1)com.lowagie.text.Document 接口:代表了整个 PDF 文档,如同图形界面的窗口,所

有的元素都要加到 Document 上，一旦有元素加入，Document 也能侦听到。

构造方法有：

①Document()：创建一个新文档。

②Document(Rectangle pageSize)：以 Rectangle 为页面大小创建一个新文档。

③Document(Rectangle pageSize, float marginLeft, float marginRight, float marginTop, float marginBottom)：以 Rectangle 为页面大小，指定页边距来创建一个新文档。

常用方法有：

①boolean add(Element element)：向文档中添加元素。

②boolean addAuthor(String author)：向文档中添加作者。

③boolean addTitle(String title)：向文档中添加标题。

④void open()：打开文档。

⑤void close()：关闭文档。

此外，还有许多设置页眉、页脚、页边距的方法，在此不一一列出。

(2) com.lowagie.text.pdf.PdfWriter 类：将代表 PDF 文档的 Document 中的所有元素写入输出流中。

常用方法 static PdfWriter getInstance(Document document, OutputStream os)：产生一个 PdfWriter 对象，将 Document 对象中的所有元素写入输出流。

(3) com.lowagie.text.Element 接口：表示文本元素，包含 Cell、Chapter、Graphic、Header、HeaderFooter、Image、Jpeg、List、ListItem、Paragraph、PdfPTable、Phrase、Rectangle、Table 等类型。

(4) com.lowagie.text.Paragraph 类：表示一个段落。常用构造方法有：

①Paragraph(String string)：用字符串来构造段落。

②Paragraph(String string, Font font)：功能同①，但可以设置字体。

(5) com.lowagie.text.Phrase：表示一个短语。常用构造方法有：

①Phrase (String string)：用字符串来构造短语。

②Phrase (String string, Font font)：功能同①，但可以设置字体。

(6) com.lowagie.text.pdf.BaseFont 类：基本字体对象。

常用方法 static BaseFont createFont(String name, String encoding, boolean embedded)：产生新字体，第一个参数为字体名，第二个参数为字符集，第三个参数为字体是否内嵌。

(7) com.lowagie.text.Font 类：字体对象。常用构造方法有：

①Font(BaseFont bf, float size, int style)：以基本字体来设置字体，后两个参数为字体大小和样式。

②Font(BaseFont bf, float size, int style, Color color)：功能类似于①，但可以设置颜色。

(8) com.lowagie.text.Table：由行、列构成的表格对象。

常用构造方法有：

①Table(int columns)：创建一个指定列数的新表格。

②Table(int columns, int rows)：创建一个指定列数、行数的新表格。

常用方法有：

①void addCell(Cell cell)：添加单元格。

②void addCell(Cell aCell, int row, int column)：在指定行、列位置添加单元格。

③void addCell(Phrase content)：在单元格中添加短语。

④void addCell(String content):在单元格中添加字符串。
⑤void setAlignment(int value):设置水平对齐方式。
⑥void setBorderWidth(float value):设置边线宽度。
⑦void setBorderColor(Color value):设置边线颜色。
⑧void setWidth(float width):设置表格宽度,参数表示占可用宽度的百分比。
⑨void setPadding(float value):设置填充内容与表格线的距离。
⑩void setSpacing(float value):设置单元格之间的距离。

此外,还有许多表格设置方法,读者可查阅 API 文档。

(9) com.lowagie.text.Cell:表示一个单元格对象。

常用构造方法有:

①Cell(Element element):用元素创建单元格对象。
②Cell(String content):用字符串创建单元格对象。

常用方法有:

①boolean add(Object o):向单元格中添加对象。
②void addElement(Element element):向单元格中添加元素对象。
③void setColspan(int value):设置单元格所跨列数。
④void setRowspan(int value):设置单元格所跨行数。
⑤void setHeader(boolean value):设置标题头。
⑥void setBorderColor(Color value):设置边线颜色。

**2. 应用举例**

**例 9.23** 创建一个 PDF 文档,并设置标题、作者等信息,先写入一行英文,再写入中文(需要设置字体)。

```
import java.io.*;
import com.lowagie.text.*;
import com.lowagie.text.pdf.*;
import java.awt.Color;
public class HelloWorldPDF {
    public static void main(String[] args) {
        // 创建一个 Document 对象
        Document document = new Document();
        try {
            // 生成 HelloWorld.pdf 的文件
            PdfWriter.getInstance(document, new FileOutputStream("HelloWorld.pdf"));
            // 给文件添加信息(标题、作者)
            document.addTitle("Hello World");
            document.addAuthor("xyz");
            // 打开文档,准备写入内容
            document.open();
            // 增加一个英文段落
            document.add(new Paragraph("Hello World!"));
            // 设置中文字体、颜色
            BaseFont bfChinese = BaseFont.createFont("STSongStd-Light","UniGB-UCS2-H",
                false);
```

```
            Font fontChinese = new Font(bfChinese, 24, Font.NORMAL, Color.BLUE);
            // 增加一个中文段落
            document.add(new Paragraph("在 pdf 中写入中文!", fontChinese));
        } catch (DocumentException de) {
            System.err.println(de.getMessage());
        } catch (IOException ioe) {
            System.err.println(ioe.getMessage());
        }
        // 关闭文件
        document.close();
        System.out.println("pdf 文件已生成!");
    }
}
```

程序运行后,得到的结果文件 HelloWorld.pdf 截图如图 9-32 所示。

图 9-32  生成的 HelloWorld.pdf 文件截图

**例 9.24**  生成一个 4 行 5 列的"学生成绩"报表。

```
import java.io.*;
import com.lowagie.text.*;
import com.lowagie.text.pdf.*;
import java.awt.Color;
public class TablePDF {
    public static void main(String[] args) {
        // 创建一个 Document 对象
        Document document = new Document();
        try {
            // 生成 table_pdf.pdf 的文件
            PdfWriter.getInstance(document, new FileOutputStream("table_pdf.pdf"));
            // 设置中文字体、颜色(两种)
            BaseFont bfChinese = BaseFont.createFont("STSongStd-Light","UniGB-UCS2-H",false);
            Font font1 = new Font(bfChinese, 24, Font.BOLD, Color.BLUE);
            Font font2 = new Font(bfChinese, 12, Font.NORMAL, Color.BLACK);
            Table mytable = new Table(5);//设置 5 列表格
            mytable.setWidth(80); // 占页面宽度 80%
            mytable.setPadding(5);//设置填充内容与表格线的距离
            mytable.setSpacing(0);//设置单元格之间的距离
            Cell cell = new Cell(new Phrase("学生成绩表", font1));
            cell.setHorizontalAlignment(Element.ALIGN_CENTER);//水平居中
```

```
        cell.setColspan(5);//横跨 5 列
        mytable.addCell(cell);//给表格添加单元格,下同
        //标题行
        mytable.addCell(new Cell(new Phrase("姓名", font2)));
        mytable.addCell(new Cell(new Phrase("语文", font2)));
        mytable.addCell(new Cell(new Phrase("数学", font2)));
        mytable.addCell(new Cell(new Phrase("英语", font2)));
        mytable.addCell(new Cell(new Phrase("总成绩", font2)));
        //内容行
        mytable.addCell(new Cell(new Phrase("张小山", font2)));
        mytable.addCell(new Cell("80"));
        mytable.addCell(new Cell("95"));
        mytable.addCell(new Cell("98"));
        mytable.addCell(new Cell("273"));
        mytable.addCell(new Cell(new Phrase("李大四", font2)));
        mytable.addCell(new Cell("85"));
        mytable.addCell(new Cell("75"));
        mytable.addCell(new Cell("80"));
        mytable.addCell(new Cell("240"));
        document.open();//打开文档
        document.add(mytable);//将表格添加到文档
    } catch (DocumentException de) {
        System.err.println(de.getMessage());
    } catch (IOException ioe) {
        System.err.println(ioe.getMessage());
    }
    // 关闭文档
    document.close();
    System.out.println("pdf 表格已生成!");
    }
}
```

程序运行后,生成的报表文件 table_pdf.pdf 截图如图 9-33 所示。

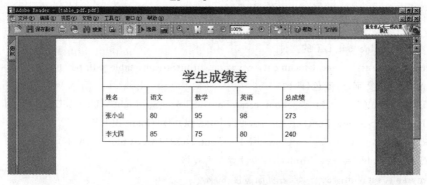

图 9-33 生成的 table_pdf.pdf 文件截图

其实,POI、Java Excel、iText 的功能都比较强大、操作也有些复杂,这里讲述的只是一点"皮毛",介绍这些内容的目的是:提供解决这类问题的思路。至此,已将 Java 中的重要内容——文件与输入输出流讲完,相关知识点需要在实践中不断运用才能熟悉、掌握。

## 本章小结

本章介绍的"文件与输入输出流"是 Java 的重要内容,凡是有输入输出操作的地方,都要用到相关知识点,而熟练地掌握它们并非易事。所涉及的类与接口就有几十个,需要理解一些基本概念和重要思想,理顺类与类之间的相互关系。

File 类是以抽象方式表示文件和目录,通过该类对象可查看对应文件与目录的基本信息,进行创建、删除、改名等操作,但不涉及文件内容的读写,所表示的文件、目录可能存在,也可能不存在。

Java 的输入输出操作大多是以"流"方式来进行的。根据方向的不同,"流"可分为输入流、输出流两种类型,需要注意的是:应始终站在内存(即应用程序)的角度来区分是输入流还是输出流。"流"具有明确分工,只能从输入流中读取数据、向输出流写入数据,执行相反操作就会出错。如果按照数据处理基本单位的不同,Java 中的"流"又可分为字节流、字符流两种类型,字节流以 8 位字节为处理单位,可操作各种类型数据;字符流的处理单位是 16 位的 Unicode 编码字符,适合进行文本操作。若将上述两种不同标准的划分组合起来,就能形成四种基本流,即:字节输入流、字节输出流、字符输入流、字符输出流。正确分辨各种类型的流,是进行 I/O 操作的前提条件。

字节流的两个基类分别是 InputStream、OutputStream,它们对应的子类命名格式分别为 XxxxInputStream、XxxxOutputStream(Xxxx 是子类名前缀),字节输入流的主要操作是"读取"数据,对应的基本方法是 read(),字节输出流的主要操作是"写入"数据,对应的基本方法是 write()。字节流中的重要类是 FileInputStream 和 FileOutputStream,它们提供了读写文件的基本方法,但用来操作字符串和其他类型数据并不方便,这时,可以请"过滤流"来帮忙。"过滤流"体现了"逐层包装"思想,即用一个已存在的流来构造另一个流,构造的目的是让操作更方便。"数据流"(DataInputStream 和 DataOutputStream)即是这方面的典型代表,它们分别实现了 DataInput 和 DataOutput 接口,适合操作各种类型数据。缓冲字节流(BufferedInputStream 和 BufferedOutputStream)由于引入缓冲区,大大加快了数据的读写速度。PrintStream 类提供了 print()和 println()等方法,能够以字符串方式输出各种类型的数据,常见的 System.out、System.err 都是它的实例(System.in 为 InputStream 类型)。

字符流的两个基类分别是 Reader、Writer,与字节流类似,它们对应的子类命名格式分别为 XxxxReader、XxxxWirter(Xxxx 是子类名前缀),字符输入流和字符输出流的主要操作分别是"读取"和"写入"数据,对应的方法也是 read()和 write(),但操作对象不同。从名字可以看出,InputStreamReader 和 OutputStreamWriter 是实现字节流与字符流转换的桥梁,它们是将字节流包装成字符流的基础。与缓冲字节流一样,缓冲字符流(BufferedReader 和 BufferedWirter)借助缓冲区,提高了文本的读写速度,并提供了"整行"读取字符串、自动添加"换行符"等方法。文件字符流实现了"文件字节流+字节/字符转换流"的组合功能。从 JDK 1.5 起,PrintWriter 类的功能得到了显著增强,用它可以取代文件字符流、缓冲字符流类,在输出方面有很多优点。

对象的序列化和反序列化是实现对象"整存整取"的有效方法，存放位置既可以是本地文件，也可以是网络。对象要具备序列化的功能，必须实现 Serializable 接口，该接口是一个空接口，不包含任何方法。ObjectInputStream、ObjectOutputStream 类分别提供了 readObject()、writeObject()方法来读、写对象。

RandomAccessFile 类具备随机存取文件的功能，该类不同于前面介绍的输入流、输出流类，利用它打开文件时，既可以进行"读取"操作，也可以进行"写入"操作，还可根据需要任意"拨动"文件读写指针。

Word、Excel、PDF 三类文件在学习、工作中经常使用。很遗憾，现在的 JDK 没有提供操作它们的类库，好在有一些第三方软件可弥补这方面的不足，我们分别介绍了 POI、JExcel、iText 三个开源项目来操作这些文件。之所以介绍这些工具，目的是提供解决相关问题的思路。因为这些知识点有一定难度，故可作为选学内容。若想进一步了解，请查阅相关资料。

# 第10章 图形用户界面设计

前面的章节主要介绍了 Java 编程的基本概念、简单 Java 类的封装以及部分类库的使用。其中涉及的数据是通过键盘输入或者在代码中设置,然后在屏幕上显示输出。这种程序和用户的交互界面,并不是大家所希望的,通常我们更喜欢图形界面的交互。Java 也提供了丰富的图形用户界面 GUI(Graphical User Interface)编程工具,可以设计出美观漂亮的窗口、操作便利的界面。本章开始将进行 Java GUI 图形化用户界面编程学习。

● 学习目标
- 熟悉 Java 图形用户界面设计的基本方法;
- 熟悉 java.awt 中的框架、面板、对话框、滚动面板等容器类的结构和使用;
- 熟悉 java.awt 中标签、按钮、文本框、状态条、列表框、单选框、复选框、画布等组件类的使用;
- 掌握 java.awt 中的菜单、菜单条、菜单项、弹出式菜单等菜单类的结构和使用;
- 了解 java 中 Swing 的外观特性;
- 掌握 javax.swing 中 JSlider、ProgressMonitor 等类的使用方法;
- 掌握 javax.swing 中 JToolBar、JTree、JTable 等类的使用方法;
- 掌握 java.awt 中的字体类、颜色类的使用方法;
- 了解如何使用 java.awt 中的图形类、图像显示类进行图形绘制和图像显示的方法;
- 掌握 java.awt 中的流布局管理器、边界布局管理器、取消布局管理器(手动布局)知识。

## 10.1 图形用户界面(GUI)

### 10.1.1 AWT 与 Swing

AWT 是 Abstract Window Toolkit(抽象窗口工具包)的缩写,它是从 Sun 公司开发的 Java 1.0 开始提供的一个 GUI 编程的类库,它位于 Java GUI 工具包中。在 AWT 中的图形用户界面是通过本地方法来实现的,每个 AWT 方法都有一个与其对应的本地方法,称为 peer。AWT 的优势在于简单、稳定,兼容于任何一个 Java 版本。用 AWT 组件设计的图形,其显示要依赖于"本地对等组件",也就是说同一 Java 程序在不同操作系统中显示的结果可能不同,故称为重量级组件。AWT 是 Java 的早期版本,其本身存在很多不完善的地方,因此 Sun 公司自 Java 1.2 以后,推出一个全新的 GUI 用户界面库,称之为 Swing 集。它位于 Java 扩展包,即 javax 中。Swing 提供许多比 AWT 更好的屏幕显示元素。它们用纯 Java 写成,所以可以跨平台运行,其组件显示不依赖于本地对等组件,因此 Swing 又称为轻量级组件,它提供了更多的组件和更强大的功能,是 Java 的改进版本。综上所述,AWT 是 Swing 的基础,掌握了 AWT 有助于 Swing 的学习。

Java 中的 GUI 包主要有:java.awt 和 javax.swing,它们提供了丰富的图形功能,可供用户进行编程设计。java.awt 中的组件包括：Frame、Panel、Label、Button、TextField 和 TextArea 等。另外，在 javax.swing 中也有基本功能类似，但性能更优的组件与之对应。例如，javax.swing 中的按钮类 JButton 具有 Button 类功能，还可以设置图形按钮，但是不能简单理解为它们是继承的关系，实际上大部分 javax.swing 组件并不是直接继承 java.awt 组件，如图 10-1 所示。

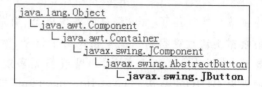

图 10-1  java.awt.Button 和 javax.swing.JButton 类的继承关系

由于篇幅所限，更多、更详尽的资料请参考 Java API 或其他相关书籍，本章先介绍 AWT，接着介绍 Swing 的特色组件，下一章再讨论事件处理。

## 10.1.2 组件(Component)类

组件(Component)类是 Java 的图形用户界面最基本组成部分，组件是一个可以以图形化的方式显示在屏幕上并能与用户进行交互的对象，例如一个按钮、一个标签等。Component 类是与菜单不相关的 Abstract Window Toolkit 组件的抽象超类。还可以直接扩展类 Component 来创建一个轻量级组件。Component 类是所有 AWT 组件的根。屏幕上显示的、与用户交互的所有用户界面元素都是 Component 类的子类。Component 类封装所有可视组件的通用属性，定义大量负责管理事件的公有方法。

**1. 组件(Component)类层次结构**

```
java.lang.Object
  └java.awt.Component
```

**2. 组件(Component)类包含的部分子类(图 10-2)**

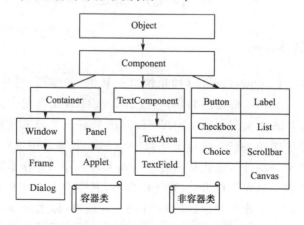

图 10-2  Component(组件)类包含的部分子类

**3. Component 类常用方法**

int getX( ), int getY( )：返回组件的 x 与 y 坐标。

int getWidth( ), int getHeight( )：返回组件的宽与高。

setLocation(int x, int y)：将组件位置设定为(x,y)。

setSize(int width,int height):设定组件宽与高。
setBounds(int x,int y,int width,int height):设定组件大小及位置。
setVisible(boolean b):设定组件可视性。
setForeground(Color c):设定前景色。
Color getForeground( ):返回前景色。
setBackground(Color c):设定背景色。
Color getBackground( ):返回背景色。
setFont(Font f):设定字体。
Font getFont( ):返回字体。

## 10.2 AWT 容器类

AWT 包中的组件可分为三大类:容器类、独立组件和菜单类。

容器类是 Container 类的子类或其间接子类,如窗口(Window)、框架(Frame)、对话框(Dialog)及面板(Panel)等。容器可以接受添加的组件,并使它们显示可见。容器本身也是一种组件,因此,一个容器可以添加到另一个容器中,实现容器的嵌套,如图 10-3 所示。容器可以设置不同的布局。

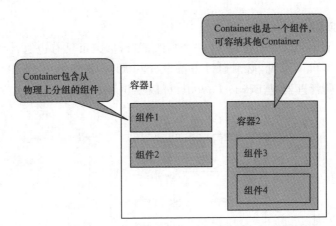

图 10-3　容器类组件

这里给出一个 AWT 容器的例子。

本例中使用到容器类的子类 Frame 类,利用构造方法 Frame(String s)创建 Frame 类对象,例如:Frame f=new Frame("容器组件颜色")。

**例 10.1**　程序代码如下:

```
import java.awt.*;
public class AwtFrmTest {
    public static void main(String[] args) throws Exception {
        Frame f = new Frame("容器组件颜色");
        f.setSize(300, 150);
        f.setVisible(true);
        for (int i = 0; i <= 255; i++) {
```

```
            f.setBackground(new Color(i,0,0));// 黑→红
            Thread.sleep(10);
        }
        for (int i = 0; i <= 255; i++) {
            f.setBackground(new Color(255,i,0));// 红→黄
            Thread.sleep(10);
        }
    }
}
```

程序运行结果如图 10-4 所示：

图 10-4　容器组件界面

## 10.2.1　框架(Frame) 类

**1. Frame 框架类描述**

Frame 框架类是 Window 的子类，它是一个顶级窗口，框架可具有边框、标题栏和菜单栏，其默认初始化时大小为 0、不可见，必须通过方法设置其大小，并调用 setVisible(true)使之变为可见。它的默认布局管理器是 BorderLayout，可以使用 setLayout()方法改变其默认布局管理器(图 10-5)。

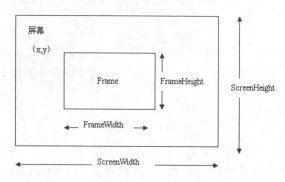

图 10-5　Frame 的布局

**2. 构造方法**

Frame()：创建一个无标题的窗口。

Frame(String s)：创建一个标题为 s 的窗口。

**3. 常用方法**

setSize(int width,int height)：设置窗口的大小，默认大小为 0。

setBounds(int a,int b,int width,int height)：设置窗口的初始位置和大小。

pack()：调整此窗口的大小，以适合其子组件的首选大小和布局。

setVisible(boolean b)：设置窗口是否可见，默认是不可见。

setResizable(boolean b):设置窗口是否可调整大小,默认是可调整大小的。
dispose():释放资源,关闭窗口。

#### 4. Frame 类应用举例

这里使用 Frame 类进行窗体设计。本例中窗体继承了 Frame 类,利用构造方法 FrameExample()创建 FrameExample 类的对象 f 窗体,调用 f.setSize(int width,int height)设置窗体大小。

**例 10.2** 代码如下。

```java
import java.awt.*;
class FrameExample extends Frame {
    FrameExample() {
        Label message = new Label("欢迎你加入JAVA学习行列!");
        add(message); // 将 message 增加到 Frame
    }
    public static void main(String[] args) {
        FrameExample f = new FrameExample();
        f.setTitle("这是 Frame 练习程序"); // 设置 Frame 标题
        f.setSize(300, 100); // 设置 Frame 大小
        f.setVisible(true); // 显示窗口
    }
}
```

#### 5. 程序运行结果(图 10-6)

图 10-6　第一个窗体对象

## 10.2.2　面板(Panel)类

#### 1. Panel 类描述

Panel(面板)是 Container 的子类,它是最简单的容器类。应用程序可以将其他组件放在面板提供的空间内,这些组件包括其他面板。Panel 类对象没有边框、菜单栏或标题栏,其主要功能是充当"中间容器",用它来存放组件,又将它当作组件放入另一容器(如:窗口)中;它还是 Applet 类的超类。在 Swing 中有 JPanel 类与之对应。面板的默认布局管理器是 FlowLayout 布局管理器。

#### 2. 构造方法

Panel():使用默认的布局管理器创建新面板。
Panel(LayoutManager layout):创建具有指定布局管理器的新面板。

#### 3. 常用方法

add():向 Panel 对象中添加组件。

### 4. Panel 类示例

本例中继承了 Panel 类,利用构造方法 PanelExample()创建 PanelExample 类对象,使用"f.add(pe);"将面板添加到框架。

**例 10.3** 代码如下。

```
import java.awt.*;
class PanelExample extends Panel {
    public static void main(String[] args) {
        Frame f = new Frame("Panel Example");
        PanelExample pe = new PanelExample();// 创建面板
        f.add(pe);// 将面板添加到框架
        Label message = new Label("欢迎你加入JAVA GUI学习!");
        f.add(message,BorderLayout.SOUTH);// 将标签放置到框架底部
        f.setSize(200,200);
        f.setVisible(true);
    }
}
```

### 5. 程序运行结果(图 10-7)

图 10-7 Panel 类应用程序的运行结果

## 10.2.3 对话框(Dialog)类

**1. Dialog 类描述**

Dialog 是一个带标题和边界的顶层窗口,边界一般用于从用户处获得某种形式的输入。Dialog 的大小包括边界所指定的任何区域。在 Swing 中有 JDialog 类与之对应。

Dialog 的默认布局为 BorderLayout。Dialog 类是一种通知用户信息的顶层窗体对话框,与 Frame 类的不同之处是它不能单独存在,它必须依附于某一窗体或对话框,随着宿主窗体或对话框的隐藏而隐藏。

Dialog 类有两种类型:模态(不允许焦点转移到其他程序和框架)、非模态(允许为其他窗口提供输入)。

**2. 构造方法**

Dialog(宿主窗体或对话框):创建非模态对话框。

Dialog(宿主窗体或对话框,String 标题):创建非模态指定标题的对话框。

Dialog(宿主窗体或对话框,String 标题,boolean modal):创建指定类型、标题的对话框。

**3. 常用方法**

setModal(boolean b):设置是否为模态对话框。

setVisible(boolean):设置是否可见。

**4. 应用示例**

本例中继承了 Frame 类，利用构造方法 Dialog(宿主窗体或对话框，String 标题)创建 Dialog 类对象，例如"Dialog d = new Dialog(de,"My Dialog");"使用"d.setSize(200,75);"设置窗口大小。

**例 10.4** 代码如下。

```
import java.awt.*;
class DialogExample extends Frame {
    // Dialog 类与 Frame 类的不同之处是它不能单独存在
    public static void main(String[] args) {
        DialogExample de = new DialogExample();
        de.setTitle("Working with Dialogs");
        de.setSize(300,100);
        de.setVisible(true);
        Dialog d = new Dialog(de,"My Dialog");// Dialog 对象
        d.setSize(200,75);
        d.setVisible(true);
    }
}
```

**5. 程序运行结果(图 10-8)**

图 10-8　Dialog 类应用程序的运行结果

## 10.2.4　滚动面板(ScrollPanel)类

**1. ScrollPanel 类描述**

ScrollPanel 实现用于单个子组件的自动水平和/或垂直滚动的容器类。滚动条的显示策略可以按照如下参数设置：

(1)as needed：创建滚动条，且只在滚动窗格需要时显示。

(2)always：创建滚动条，且滚动窗格总是显示滚动条。

(3)never：滚动窗格永远不创建或显示滚动条。

水平和垂直滚动条的状态由两个实现 Adjustable 接口的 ScrollPaneAdjustable 对象描述（每个对象对应各自的尺寸）。

默认情况下，使用配有滚轮的鼠标上的滚轮进行滚动。可以使用 setWheelScrollingEnabled 禁用此功能。通过设置水平和垂直 Adjustable 的块增量和单位增量，也可以自定义滚轮滚动。

Insets 用于定义滚动条使用的所有空间和滚动窗格创建的所有边框,可以使用 getInsets() 获取当前 insets 的值。如果 scrollbarsAlwaysVisible 值为 false,则 insets 的值将根据滚动条当前是否可见而发生更改。

ScrollPanel(滚动窗格)是一个类似于 Panel 的容器类,它的最大特点是具有滚动条。

滚动条是否出现有三种策略,用静态变量表示:

(1)SCROLLBARS_AS_NEEDED:需要时出现,默认状态。

(2)SROLLBARS_ALWAYS:总是出现。

(3)SCROLLBARS_NEVER:永不出现。

**2. 构造方法**

ScrollPane():创建一个默认状态的滚动窗格容器。

ScrollPane(int scrollbarDisplayPolicy):创建指定策略的滚动窗格容器。

**3. 应用示例**

本例中设计了一个继承 Frame 类的窗体,利用构造方法创建 ScrollPane 类对象,使用 "sp1.add(ta1);"当文本框比滚动窗格大时出现滚动条。

**例 10.5** 代码如下。

```
import java.awt.*;
class ScrollPaneExample extends Frame {
    public static void main(String[] args) {
        ScrollPaneExample spe = new ScrollPaneExample();
        spe.setTitle("Working with Scroll Panes");
        spe.setSize(300, 100);
        spe.setVisible(true);
        spe.setLayout(new FlowLayout());
        ScrollPane sp1 = new ScrollPane();
        sp1.setSize(100, 45);
        TextArea ta1 = new TextArea();
        ta1.setSize(125, 50);
        sp1.add(ta1);// 文本框比滚动窗格大,出现滚动条
        spe.add(sp1);
        ScrollPane sp2 = new ScrollPane();
        sp2.setSize(100, 45);
        spe.add(sp2);
    }
}
```

**4. 程序运行结果(图 10-9)**

图 10-9 一个 ScrollPane 组件应用程序的运行结果

## 10.3 AWT 独立组件类

独立组件是 Component 类的子类或间接子类,它们直接与用户交互,如标签(Label)、按钮(Button)及文本框(TextField、TextArea)等,一个组件在图形界面中需要添加到容器中才能看到,所用方法是 add(),该方法有多种形式。组件在容器中的位置和尺寸由布局管理器决定。

### 10.3.1 标签(Label) 类

**1. Label 类描述**

Label 对象是一个可在容器中放置文本的组件。一个标签只显示一行只读文本。文本可由应用程序更改,但是用户不能直接对其进行编辑。在 Swing 中有 JLabel 类与之对应。

**2. 构造方法**

Label():构造一个空标签。

Label(String text):构造一个文本内容为 text 的标签,对齐方式为左对齐。

Label(String text, int alignment):以指定内容和对齐方式构造标签;常量 CENTER、RIGHT、LEFT(默认)表示文本的对齐方式。

**3. 常用方法**

getText():获取标签的文本。

setText():设置标签的文本。

**4. 应用示例**

例如,代码片段如下:

setLayout(new FlowLayout(FlowLayout.CENTER, 10, 10));
add(new Label("Hi There!"));
add(new Label("Another Label"));

程序运行结果(图 10-10):

图 10-10　Label 组件应用程序的运行结果

### 10.3.2 按钮(Button) 类

**1. Button 类描述**

Button 类是 Component 类的子类,它用于创建有标签的按钮;在 Swing 中有 JButton 类与之对应。通常,只要有一个按钮被单击,就会执行一种特定操作,Button(按键)相应事件处理过程在接下来的章节中将会有详尽的介绍。

**2. 构造方法**

Button():构造一个无标签的按钮。

Button(String label):构造一个带指定标签的按钮。

**3. 常用方法**

getLabel():获得按钮的标签。

setLabel(String label):设置按钮的标签。

**4. 应用示例**

本例中设计一个继承 Frame 类的窗体,利用构造方法 Button(String label) 创建 Button 类对象,使用"p.add(b1);"将按钮添加到 Panel 面板上。

**例 10.6** 代码如下。

```
import java.awt.*;
class ButtonExample extends Frame {
    public static void main(String[] args) {
        ButtonExample f = new ButtonExample();
        f.setTitle("Button Example");// 设计标题
        f.setLayout(new FlowLayout());
        Panel p = new Panel();// Panel 不能单独使用
        p.setBackground(new Color(0,200,200));
        Button b1 = new Button("Click");
        Button b2 = new Button("Submit");
        p.add(b1);// 在 Panel 增加按钮
        p.add(b2);
        f.add(p,"North");// Panel 布局在 Frame 的北边
        f.setSize(200,200);
        f.setVisible(true);
    }
}
```

**5. 程序运行结果(图 10-11)**

图 10-11　Button 组件应用程序的运行结果

## 10.3.3　文本框(TextField、TextArea)

**1. TextField 类描述**

TextField 类是 TextComponent 类的子类,TextField 对象允许编辑单行文本的文本组件,即该类的对象允许用户输入、编辑单独一行文本。在 Swing 中 JTextField 类与之对应。

**2. 构造方法**

TextField():创建一个文本域。

TextField(String text):以指定字符串创建一个文本域。

TextField(int cols):以指定列数创建一个文本域。

## 3. 常用方法

setText(String text):设置文本域内容。

setEchoChar(char c):设置遮掩码,在输入密码时通常设为"*"。

## 4. 应用示例

本例中设计了一个继承 Frame 类的窗体,使用构造方法 TextField(int cols)创建 TextField 类对象,例如"emailID = new TextField(12);"使用"add(emailID);"添加文本区 TextField 对象。

**例 10.7** 代码如下。

```
import java.awt.*;
import java.awt.Frame;
public class TextFieldExample extends Frame {
    TextField emailID, password;
    TextFieldExample() {
        Frame f = new Frame();
        setLayout(new FlowLayout());
        setTitle("TextField Example");
        Label label1 = new Label("e-mail ID:", Label.RIGHT);
        Label label2 = new Label("Password:", Label.RIGHT);
        emailID = new TextField(12);
        password = new TextField(8);
        password.setEchoChar('*');
        add(label1);
        add(emailID);
        add(label2);
        add(password);
        setSize(200, 100);
        setVisible(true);
    }
    public static void main(String[] args) {
        TextFieldExample txtF = new TextFieldExample();
    }
}
```

## 5. 程序运行结果(图 10-12)

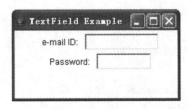

图 10-12 TextField 组件应用程序的运行结果

## 6. TextArea 类描述

TextArea 类是 TextComponent 类的子类,TextArea 对象是显示文本的多行区域。可以将它设置为允许编辑或只读。与 TextField 类不同,该类的对象允许用户在给定文本区域内输入、编辑多行文本。在 Swing 中有 JTextArea 类与之对应。

**7. 构造方法**

TextArea():创建一个缺省文本域对象。

TextArea(int rows, int columns):以指定行数、列数创建一个多行文本域。

TextArea(String text, int rows, int columns)。

**8. 常用方法**

append(String str):将给定文本追加到文本区末。

insert(String str, int pos):在指定位置插入文本。

replaceRange(String str, int start, int end):用指定文本替换指定开始位置与结束位置之间的内容。

**9. 应用示例**

本例中设计一个继承 Frame 类的窗体,使用构造方法 TextArea(int rows, int columns) 创建 TextArea 类对象,例如"textArea = new TextArea(5, 20);"使用"add(textArea);"添加文本区 TextArea 对象。

**例 10.8** 代码如下。

```java
import java.awt.*;
public class TextAreaExample extends Frame {
    TextField emailID, password;
    TextArea textArea;
    TextField textField;
    Label email, message;
    String string;
    TextAreaExample() {
        string = "You cannot edit the text";
        setLayout(new FlowLayout());
        setTitle("TextArea Example");
        email = new Label("e-mail ID:");
        add(email);
        textField = new TextField(20);
        add(textField);
        message = new Label("Message:");
        add(message);
        textArea = new TextArea(5, 20);
        add(textArea);
        message = new Label("Message:");
        add(message);
        textArea = new TextArea(string, 3, 20);
        textArea.setEditable(false);
        add(textArea);
        setSize(300, 250);
        setVisible(true);
    }
```

```
    public static void main(String[] args) {
        TextAreaExample txtA = new TextAreaExample();
    }
}
```

**10. 程序运行结果(图 10-13)**

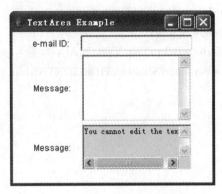

图 10-13　TextArea 组件应用程序的运行结果

## 10.3.4　状态条(Scrollbar)类

**1. Scrollbar 类描述**

Scrollbar 类是 Component 类的子类,它实现了 Adjustable 接口,Scrollbar 类描述了一个滚动条,这是大家都很熟悉的用户界面对象。滚动条提供了一个允许用户在一定范围的值中进行选择的便捷方式。在 Swing 中有 JScrollBar 类与之对应。

常量:HORIZONTAL 代表水平滚动条,VERTICAL 代表垂直滚动条。

**2. 构造方法**

Scrollbar():创建一个无参滚动条。

Scrollbar(int orientation):创建具有指定方向的滚动条。

Scrollbar(int orientation, int value, int visible, int minimum, int maximum):创建一个滚动条,它具有指定的方向、初始值、可视量、最小值和最大值。

**3. 常用方法**

getValue():获得此滚动条的当前值。

setValue(int newValue):设置滚动条的值。

**4. 应用示例**

本例中设计一个继承 Frame 类的窗体,使用构造方法 Scrollbar(int orientation, int value, int visible, int minimum, int maximum)创建 Scrollbar 类对象,例如"verticalSB = new Scrollbar(Scrollbar.VERTICAL, 0, 1, 0, height);"使用"add(vertical);"添加 Scrollbar 对象。

**例 10.9**　代码如下。

```
import java.awt.*;
public class ScrollBarExample extends Frame {
    Scrollbar verticalSB, horizontalSB;
```

```
        Label vertical, horizontal;
        ScrollBarExample() {
            setTitle("Scrollbar Example");
            vertical = new Label("This is vertical scroll bar");
            horizontal = new Label("This is horizontal scroll" + " bar");
            setLayout(new FlowLayout());
            int width = 300, height = 200;
            verticalSB = new Scrollbar(Scrollbar.VERTICAL, 0, 1, 0, height);
            horizontalSB = new Scrollbar(Scrollbar.HORIZONTAL, 0, 1, 0, width);
            add(vertical);
            add(verticalSB);
            add(horizontal);
            add(horizontalSB);
            setSize(300, 150);
            setVisible(true);
        }
        public static void main(String[] args) {
            ScrollBarExample testS = new ScrollBarExample();
        }
    }
```

**5. 程序运行结果(图 10-14)**

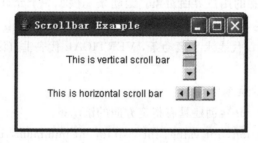

图 10-14  Scrollbar 组件应用程序的运行结果

## 10.3.5 列表框(List)类

**1. List 类描述**

(1)List 类是 Component 类的子类,在 Swing 中有 JList 类与之对应。List 组件为用户提供了一个可滚动的文本项列表。可设置此 list,使其允许用户进行单项或多项选择。其水平和垂直滚动条不可手动控制,而是根据列表框中选项的数量、长度自动控制,可以设置可视行数。

(2)选择模式:单选模式和多选模式。

**2. 构造方法**

List():创建一个缺省列表框。

List(int rows):指定可视列数创建滚动列表框。

List(int rows，boolean multipleMode)：创建一个滚动列表框，并指定可视行数以及是否多选。

**3. 常用方法**

add(String item)：在列表框末尾添加指定的项。

remove(int position)：从列表框中移除指定位置处的项。

**4. 应用示例**

本例中设计一个继承 Frame 类的窗体，使用构造方法 List(int rows，boolean multipleMode)创建 List 类对象，例如"list1 = new List(4，true);"使用"add(list1);"添加文本区 List 对象。

**例 10.10** 代码如下。

```
import java.awt.*;
public class ListExample extends Frame {
    List list1, list2;
    Label select1, select2;
    ListExample() {
        setTitle("List Example");
        setLayout(new FlowLayout());
        list1 = new List(4, true);
        list2 = new List(4, false);
        select1 = new Label("Select one or more:");
        select2 = new Label("Select only one:");
        list1.add("Java");
        list1.add("Servlets");
        list1.add("EJB");
        list1.add("JSP");
        list2.add("ASP");
        list2.add(".NET");
        list2.add("VC++");
        list2.add("VB");
        list2.add("ActiveX");
        add(select1);
        add(list1);
        add(select2);
        add(list2);
        setSize(300, 200);
        setVisible(true);
    }
    public static void main(String[] args) {
        ListExample testL = new ListExample();
    }
}
```

### 5. 程序运行结果(图 10-15)

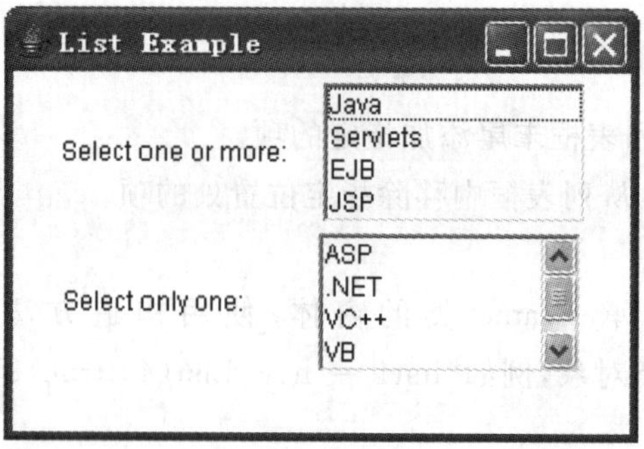

图 10-15　List 组件应用程序的运行结果

## 10.3.6　单选框(Choice)类与复选框(Checkbox)类

**1. 单选框(Choice)类描述**

Choice 类是 Component 的子类，Choice 类表示一个弹出式选择菜单，当前选择显示为菜单的标题。

**2. 构造方法**

choice()：创建一个缺省单选框。

**3. 常用方法**

add(String item)：将一个项添加到 Choice 中。

remove(int position)：从下拉列表中的指定位置处移除一个项。

getSelectedIndex()：返回当前选定项的索引。

getSelectedItem()：获得当前选项的字符串形式。

**4. 应用示例**

本例中设计一个继承 Frame 类的窗体，使用构造方法 Choice()创建 Choice 类对象，例如"choice = new Choice();"使用"add(choice);"添加文本区 Choice 对象。

例 10.11　代码如下。

```
import java.awt.*;
public class ChoiceListExample extends Frame{
    Choice choice;
    Label select;
    ChoiceListExample(){
        setLayout(new FlowLayout());
        choice = new Choice();
        select = new Label("Choose your option:");
        choice.add("C++");
        choice.add("C");
        choice.add("Core Java");
        choice.add("DB2");
        add(select);
        add(choice);
```

```
        setSize(300, 150);
        setVisible(true);
    }
    public static void main(String[] args) {
        ChoiceListExample testC = new ChoiceListExample();
    }
}
```

**5. 程序运行结果（图 10-16）**

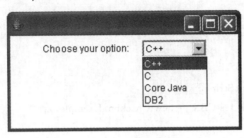

图 10-16　Choice 类应用程序的运行结果

**6. 复选框（Checkbox）类描述**

Checkbox（复选框）是一个可处于"开"（true）或"关"（false）状态的图形组件，默认状态为"关"（false）。单击复选框可将其状态从"开"更改为"关"，或从"关"更改为"开"。

Checkbox 除了做复选按钮外，还可被 CheckboxGroup 管理实现单选框功能。在 Swing 中有 JCheckBox 类与之对应。

**7. 构造方法**

Checkbox()：构造缺省复选框。

Checkbox(String label)：构造指定标签的复选框。

Checkbox(String label, boolean state)：创建复选框，并指定标签和状态。

Checkbox(String label, boolean state, CheckboxGroup group)：创建单选框。

**8. 常用方法**

getState()：获得复选框的状态。

setState(boolean state)：设置复选框的状态。

**9. 应用示例**

本例中继承 Frame 类，使用构造方法 Checkbox() 创建 TextField 类对象，例如"servlets = new Checkbox("Servlets")；"使用"add(servlets；)"添加文本区 Checkbox 对象。

**例 10.12**　代码如下。

```
import java.awt.*;
public class CheckboxExample extends Frame {
    Checkbox servlets, jsp, ejb, vc;
    Button submit;
    CheckboxExample() {
        setTitle("Checkbox Example");
        setLayout(new FlowLayout());
        setFont(new Font("SansSerif", Font.BOLD, 15));
        servlets = new Checkbox("Servlets");
```

```
            jsp = new Checkbox("JSP");
            ejb = new Checkbox("EJB", true);
            vc = new Checkbox("VC++");
            submit = new Button("Submit");
            add(servlets);
            add(jsp);
            add(ejb);
            add(vc);
            add(submit);
            setSize(250, 150);
            setVisible(true);
        }
        public static void main(String[] args) {
            CheckboxExample testCBX = new CheckboxExample();
        }
    }
```

**10. 程序运行结果(图 10-17)**

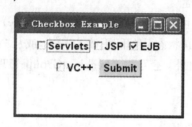

图 10-17  Checkbox 类应用程序的运行结果

## 10.3.7  画布(Canvas)类

**1. Canvas 类描述**

Canvas(画布)类是 Component 的子类,它不同于 Panel 类和 Frame 类,后两个类是 Container 的子类。Canvas 组件表示屏幕上一个空白矩形区域,应用程序可以在该区域内绘图,或者可以从该区域捕获用户的输入事件。

应用程序必须为 Canvas 类创建子类,以获得有用的功能(如创建自定义组件)。应用程序必须重写 paint()方法,以便在 Canvas 上执行自定义图形。

**2. 构造方法**

Canvas():构造一个无参 Canvas 对象。

Canvas(GraphicsConfiguration config):构造一个给定了 GraphicsConfiguration 对象的 Canvas。

**3. 常用方法**

paint(Graphics g):绘制 Canvas,重写此方法。参数 g 是自动实例化的,这样就可以在子类中使用 g 调用相应方法,比如输出字符串、显示图形或图像等。

update(Graphics g):更新 Canvas。

**4. 应用示例**

本例中继承 Canvas 类,使用构造方法 Canvas()创建 Canvas 类对象,例如

"CanvasExample1 Cans1=new CanvasExample1();"使用"add(Cans1);",将画布 Canvas 对象添加到窗体中。

**例 10.13** 代码如下。

```
import java.awt.Canvas;
import java.awt.Color;
import java.awt.FlowLayout;
import java.awt.Frame;
import java.awt.Graphics;
import java.awt.Label;
public class CanvasExample extends Frame {
    CanvasExample Cans1;
    Label message = new Label("Welcome to IBM Displayed Using ");
    CanvasExample() {
        CanvasExample1 Cans1 = new CanvasExample1();
        setLayout(new FlowLayout());
        setTitle("Canvas Example");
        setBackground(Color.orange);
        add(Cans1);
        add(message);
        setSize(300,100);
        setVisible(true);
    }
    public static void main(String[] args) {
        CanvasExample testCAV = new CanvasExample();
    }
}
```

**5. 程序运行结果(图 10-18)**

图 10-18 Canvas 类应用程序的运行结果

## 10.4 AWT 菜单类

菜单类是 MenuComponent 类的子类或其间接子类,如菜单条(MenuBar)、菜单(Menu)、菜单项(MenuItem)等。

## 10.4.1 菜单(MenuComponent)类

抽象类 MenuComponent 是所有与菜单相关的组件的超类。在这一方面，类 MenuComponent 与 AWT 组件的抽象超类 Component 相似(图10-19)。

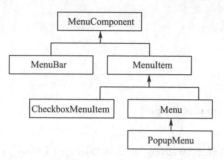

图 10-19  MenuComponent 类的结构

## 10.4.2 菜单条(MenuBar)、菜单 (Menu)、菜单项(MenuItem)

一个框架中可以包含一个菜单条,一个菜单条由多个菜单组成,而每一个菜单又由多个菜单项组成,即:框架(Frame)→菜单条(MenuBar)→菜单(Menu)→菜单项(MenuItem)。创建菜单类时使用到的组件类及其常用方法如下:

**1. MenuBar(菜单条)**

(1)构造方法

Menu():无参数构造方法。

Menu(String label):构造指定标签的菜单。

(2)常用方法

add(MenuItem mi):将菜单项对象添加到菜单中。

addSeparator():在菜单上增加一条分隔线。

**2. MenuItem(菜单项)**

(1)构造方法

MenuItem():无参数构造方法。

MenuItem(String label):构造指定标签的菜单项。

(2)常用方法

setEnable(boolean bl):设置菜单项是否可用。

CheckboxMenuItem():无参数构造方法。

CheckboxMenuItem(String):构造指定标签的复选菜单项。

setMenuBar(MenuBar mb):将菜单条加入框架等容器。

**3. 创建下拉式菜单的主要步骤**

(1)创建一个 MenuBar(菜单条)对象;

(2)创建一个或多个 Menu (菜单)对象;

(3)创建各个菜单中包含的一个或多个MenuItem(菜单项)对象;

(4)将这些菜单项加入到对应的Menu对象中;

(5)将所有的菜单添加到前面创建的MenuBar对象中;

(6)将MenuBar对象放置于一个可容纳菜单的容器(如Frame对象)中。

**4. 菜单应用案例一:一个记事本的源程序**

(1)设计思路

①生成一个框架,再创建一个菜单条,例如:MenuBar mb=new MenuBar();。

②创建三个菜单:文件,编辑,帮助,例如:Menu m1=new Menu("文件");。

③创建上述三个菜单的菜单项,例如:MenuItem m101=new MenuItem("新建");。

④将菜单项放置到菜单中,例如:m1.add(m101);。

⑤将菜单放置到菜单条中,例如:mb.add(m1);。

⑥将菜单条放置到框架中,例如:f.setMenuBar(mb);。

(2)例10.14 代码 MenuExample.java(见光盘)

(3)程序运行结果(图10-20)

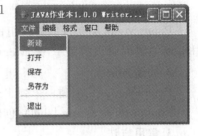

图10-20 Menu综合应用程序

**5. 菜单应用案例二:一个复选菜单项(前面带√)菜单程序**

(1)设计思路

MenuItem(菜单项)中有一种CheckboxMenuItem(复选菜单项),通过创建CheckboxMenuItem对象,可以生成复选菜单项(前面带√),如图10-21所示。从菜单类的继承层次中可知,Menu类是MenuItem的子类,如果将菜单对象当作菜单项对象来处理,则可以生成二级菜单。

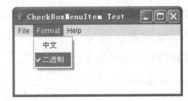

图10-21 CheckBoxMenuItem类应用程序的运行结果

**例10.15** 代码如下。

```java
import java.awt.*;
public class TestCheckBoxMenuItem {
    public static void main(String[] args) {
        Frame f = new Frame("CheckBoxMenuItem Test");
        MenuBar mb = new MenuBar();
        f.setMenuBar(mb);
        Menu m1 = new Menu("File");
        Menu m2 = new Menu("Format");
        Menu m3 = new Menu("Help");
        mb.add(m1);
        mb.add(m2);
        mb.setHelpMenu(m3);
        MenuItem m11 = new MenuItem("中文");
        m2.add(m11);
```

```
            CheckboxMenuItem m12 = new CheckboxMenuItem("二进制");
            m2.add(m12);
            f.setSize(200,150);
            f.setVisible(true);
        }
    }
```

(2)程序运行结果(图 10-21)

## 10.4.3 弹出式菜单(PopupMenu)

**1. PopupMenu 类描述**

PopupMenu 类实现能够在组件中的指定位置动态弹出的菜单——弹出式菜单,是我们单击鼠标右键时弹出的菜单,是 Menu 的子类。

**2. 构造方法**

PopupMenu():创建一个弹出式菜单。

PopupMenu(String label):创建标签为 label 的弹出式菜单。

**3. 常用方法**

void show(Component origin, int x, int y):在指定位置(x,y)中显示弹出式菜单,origin 包含弹出式菜单的组件。

**4. 应用示例**

本例中继承 Frame 类,使用构造方法 PopupMenu()创建 PopupMenu 类对象,例如"PopupMenu pEdit = new PopupMenu();"使用"fm.add(pEdit);"添加弹出菜单 PopupMenu 对象。

**例 10.16** 代码如下。

```
import java.awt.*;
public class PopupMenuExample {
    public static void main(String args[]) {
        Frame fm = new Frame("弹出式菜单");
        PopupMenu pEdit = new PopupMenu();// 创建弹出式菜单
        MenuItem miCut = new MenuItem("剪切");
        MenuItem miCopy = new MenuItem("复制");
        MenuItem miPaste = new MenuItem("粘贴");
        pEdit.add(miCut);// 将菜单项添加到弹出式菜单中
        pEdit.add(miCopy);
        pEdit.add(miPaste);
        fm.add(pEdit);// 将弹出式菜单添加到框架中
        fm.setSize(300,200);
        fm.setVisible(true);
        pEdit.show(fm,50,50);//在指定位置显示弹出式菜单
    }
}
```

**5. 程序运行结果（图 10-22）**

图 10-22　PopupMenu 类应用程序的运行结果

## 10.5　事件委托模型

到目前为止，我们已经学习了 Java 的图形用户界面（GUI）知识，相信已经能够运用各种独立组件和容器，设计出美观漂亮的图形用户界面，但是大家也许会发现我们的界面还不能"动"起来，实现不了用户与程序的交互功能。例如，在图 10-23 中，当我们用鼠标按下"红色"按键，在窗体中并不会出现红色的背景色；当我们用鼠标单击窗体右上角"×"时，也不能如我们所愿关闭窗口。其原因是，我们尚未进行事件处理，也没有编写相应的事件处理程序。

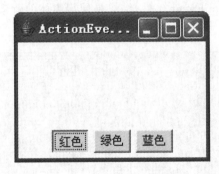

图 10-23　图形用户界面

在图形界面中，用户和程序的交互主要通过数据的输入输出操作进行。从 JDK 1.1 开始，AWT 采用了事件委托模型来处理事件。本章中我们将讨论 Java 中的事件委托模型及常见的事件处理。

### 10.5.1　事件

**1. 什么是事件**

这是一个比较难于回答的问题。我们先来看两个生活中的情景：手机响了，表示有人要与我们通话，我们要做出决定：接听还是不接听？某人肠胃不好，不断腹泻，我们要建议他/她吃药或看医生。这里的"手机响""腹泻"就是事件，它们表示发生了什么事情。当我们在 GUI 上进行交互操作时也是如此，鼠标在窗口上移动、拖动，我们认为发生了鼠标事件；在文本框中输入用户名，需要不断按下、松开键盘，我们认为发生了键盘事件。由上可知，事件描述的就是发生了什么事情。

Java 中事件（Event）是对象，对应的类称为事件类，Java 规定了一系列的事件类，命名规则是 XxxEvent,如:WindowEvent、KeyEvent、ActionEvent 等,它们主要集中存放在 java. awt. event 和 javax. swing. event 两个包中。

**2. Java 中事件的分类**

(1)低级事件类:指的是一些低层事件,如按键操作、鼠标操作等,WindowEvent、FocusEvent、KeyEvent、MouseEvent 等都是低级事件类。

(2)语义事件类:指的是一些有意义的动作,如按钮被单击、滚动条被卷动等。一个语义事件可能包含多个低级事件,就以刚才提到的按钮被单击为例,它可能包含焦点(Focus)、鼠标(Mouse),或者是用键盘按 Enter 键,多个动作用一个有意义的名称给它命名就构成了语义事件,从中可以看出,语义事件在程序设计和使用时会简洁得多。ActionEvent、TextEvent、AdjustmentEvent、ItemEvent 等都属于这种类型。

### 10.5.2 事件源

事件源是指引发事件的组件,如图 10-23 中,当我们用鼠标单击"红色""绿色""蓝色"三个按键时,系统会分别响应这些动作事件(ActionEvent),这三个按钮即称为三个"事件源",事件响应就是分别处理三个 ActionEvent 事件,结果是使得窗体的背景颜色分别变为红色、绿色和蓝色,如图 10-24 所示。

图 10-24 事件处理示图

那么,事件源在什么情况下会引发事件呢? 当事件源的内部状态发生改变时,就会自动生成相应事件,用户不必自己去创建事件对象。

### 10.5.3 事件委托模型

通过上面的介绍,我们已经知道,事件是指发生的事情。在 Java 中事件是以对象方式存在,并定义一系列标准的事件类;事件源是引发事件的组件(包括容器)。对于事件来说,我们更关心的是事件发生之后,由"谁"来处理? 怎样处理? 这要涉及事件委托模型。

在学习相关内容之前,我们有必要理解一个事件处理中的重要角色:事件侦听器。

事件侦听器是指能够接收事件通知并处理事件的对象,就像地震观测仪器,一旦检测到地震波,就向相关机构传送数据、报告地震发生的位置及震级等,以便做出相应处理。事件侦听器不仅检测事件的发生,更重要的是进行事件处理。Java 是面向对象程序设计语言,事件侦听器也是一个对象。我们不禁要问，要成为事件侦听器需要具备什么条件？或者说事件侦听器类该如何定义呢？

Java 使用一种非常高明的方法来解决这一问题，那就是定义事件侦听接口（Listener），它没有规定哪些类可以成为事件侦听器类，只声明侦听接口及其包含的一些方法，一旦指定事件发生，就可以去调用其中的方法，至于如何处理，它不可能也没必要去具体规定，只需交给实现接口的具体类去定义。如此一来，每一个类都有可能成为事件侦听器类，只要它实现了对应侦听接口即可，其形式可以多种多样。当然，一个侦听器去侦听哪些事件源引发的什么类型事件，这要在事件源上进行注册之后才能确定。

现在，我们来讲解本节的中心内容——事件委托模型。

(1) 从 JDK 1.1 开始，AWT 采用了事件委托模型来处理事件，它将处理事件的程序实体（事件侦听器）与事件源进行了分离；

(2) 通常情况下，组件（事件源）可以不处理自身引发的事件，而是将事件委托给事件侦听器来处理，不同的事件，可以交由不同类型的侦听器去处理；

(3) 要让事件侦听器能够处理某一类事件，必须实现该事件对应侦听接口的所有方法；

(4) 要让事件侦听器明白处理哪一个事件源引发的何类事件，需要在事件源上注册。

这种事件源与事件处理相分离的模型称为事件委托模型，它效率更高，使用更为灵活。图 10-25 给出了事件委托模型示意图：

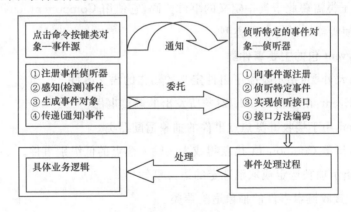

图 10-25　事件委托模型

为加深大家对事件委托模型的理解，我们举一个现实生活中的例子进行类比。有一个很顽皮又很喜欢踢足球的小学生，有一天他踢球不小心把学校的玻璃打碎了，班主任老师打电话让他的家长前来处理这件事情。这其中就用到了事件委托机制，该学生是"事件源"，他引发了"打碎学校玻璃"的事件，事件发生之后，处理方式是老师让家长来校赔偿，并进行批评教育。从中不难看出，这里"事件源"与事件处理进行了分离，小学生无经济支付能力，赔偿需要由家长来承担，家长就是"事件侦听器"，负责事件的后续处理。为什么老师能通知到该学生的家长而不是其他人呢？因为学生报到时，他留下了家长的电话号码，这相当于"侦听器向事件源注册"。

## 10.6 事件类和事件对象

### 10.6.1 事件类

上面已经讲过,Java 的事件是用对象来表示的,它已定义了一系列标准的事件类,这些类能够满足我们的需要,事件类命名有一定规律,以 Event 结尾。java.awt.event 包含了由 AWT 组件引发的各类事件类和侦听接口。java.util.EventObject 是所有事件类的父类,java.awt.AWTEvent 是所有事件委托模型中处理的 AWT 事件类的父类。

**1. 层次结构**

```
java.lang.Object
  └ java.util.EventObject
       └ java.awt.AWTEvent
```

**2. 事件类描述**

AWTEvent 是所有 AWT 事件的根事件类。此类及其子类取代了原来的 java.awt.event 类。此根 AWTEvent 类(在 java.awt.event 包的外部定义)的子类定义的事件 ID 值应该大于 RESERVED_ID_MAX 定义的值。

Component 子类需要此子类中定义的事件掩码,它使用 Component.enableEvents()来选择未被已注册的侦听器选择的事件类型。

**3. java.awt.event 包的主要事件类**

ActionEvent 动作类:指示发生了组件定义的动作的语义事件。

AdjustmentEvent:由 Adjustable 对象所发出的调整事件。

FocusAdapter:用于接收键盘焦点事件的抽象适配器类。

FocusEvent:指示 Component 已获得或失去输入焦点的低级别事件。

ItemEvent:指示项被选定或取消选定的语义事件。

KeyAdapter:接收键盘事件的抽象适配器类。

KeyEvent:表示组件中发生键击的事件。

MouseAdapter:接收鼠标事件的抽象适配器类。

MouseEvent:指示组件中发生鼠标动作的事件。

TextEvent:指示对象文本已改变的语义事件。

WindowAdapter:接收窗口事件的抽象适配器类。

WindowEvent:指示窗口状态改变的低级别事件。

**4. javax.swing.event 包主要事件类**

InternalFrameAdapter:用于接收内部窗体事件的抽象适配器类。

InternalFrameEvent:以事件源的形式添加对 JInternalFrame 对象的支持的 AWTEvent。

ListDataEvent:定义一个封装列表更改的事件。

ListSelectionEvent：表现选择中更改的特征的事件。
MenuEvent：用于通知感兴趣的参与者，作为事件源的菜单已经被发送、选定或取消。
MenuKeyEvent：用于通知感兴趣的参与者，菜单元素已在菜单树中接收，并转发给它的 KeyEvent。
TableColumnModelEvent：用于通知侦听器某一个表的列模型已发生更改，比如添加、移除或移动列。
TreeModelEvent：封装描述树模型更改的信息，并用于通知侦听更改的树模型侦听器。
TreeSelectionEvent：描述当前选择中的更改的事件。

## 10.6.2 事件对象

当事件源的内部状态发生改变时就会自动生成事件，用户不必自己创建事件对象。当针对每一个事件源发生一个动作时，就会产生一个事件。事件也可以当作是一种消息来理解。如图 10-26 中，当我们按下"提交"按钮时，"提交"按钮就是事件源，而产生的事件就是"我们按下了提交按钮"。而当我们用鼠标调整一个组件的大小时，事件源就是被调整的组件，对应产生的事件就是"我们调整了组件的大小"。由于 Java 是面向对象的编程语言，所有的内容都是对象，因此这些事件又是一个个具体的事件对象。

在 Java 事件委托模型中，源对象创建的事件对象必须发送给侦听器对象。事件源和侦听器的关系是，源对象创建的事件对象必须发送给侦听器对象，事件源仅能向专门为接收特定事件而设计的侦听器发送事件对象。在设计一个侦听器对象时，必须将其设计为可接收特定类型的事件对象，必须将侦听器对象注册到事件源中，如图 10-27 所示。

图 10-26　用户登录界面

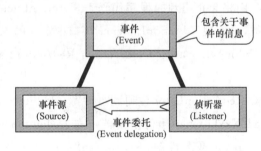

图 10-27　事件源－事件－侦听器

## 10.6.3 返回事件源的方法

前面讲过 AWT 组件上发生的事件对象的最终父类都是 EventObject，该类中有一 public Object getSource( )，返回事件源对象。在进行事件处理时，经常会使用该方法获取"事件源"。

**几个事件类的相关方法：**

(1)java.util.EventObject 类中

Object getSource( )：返回类型为 Object。

(2)java.awt.event.ComponentEvent 类中

Component getComponent():返回类型为 Component。

(3)java.awt.event.WindowEvent 类中

Window getWindow():返回类型为 Window。

(4)java.awt.event.ActionEvent 类中

String getActionCommand():返回与此动作相关的命令字符串,String 类型（按钮或标签的命令字符串是指其标签内容）。

## 10.7 事件侦听器与侦听接口

针对每一类型的事件,Java 都定义了特定的事件侦听器接口,用于侦听事件的发生。如接口 ActionListener 是用于侦听 ActionEvent(动作事件)的事件侦听器接口。为了让事件侦听器能够正常工作,事件侦听器类(形如:XxxListener)必须实现对应事件侦听接口的所有方法。

### 10.7.1 事件侦听器

在 Java 事件委托模型中,源对象创建的事件对象必须发送给侦听器对象,侦听器对象又叫作侦听器。事件源和侦听器的关系是,源对象创建的事件对象必须发送给侦听器对象,事件源专门为接收特定事件而设计的侦听器发送事件对象。在设计一个侦听器对象时,必须将其设计为可接收特定类型的事件对象,必须将侦听器对象注册到事件源中。

如稍后我们将会介绍到的程序代码 11-1ActionEventFrame.java 中,ColorAction 是一个动作侦听器类,它实现了 ActionListener 接口中定义的 actionPerformed 方法。接着我们实例化侦听器类 ColorAction,如:"ColorAction RedActionLster = new ColorAction(this,Color.red);"。

将侦听器 RedActionLster 注册到事件源(Redbutton)中,为事件源注册事件侦听器的方法:事件源.addXxxListener(事件侦听器);,如:redbutton.addActionListener(RedActionLster);。

这里 redbutton 是事件源,RedActionLster 是事件侦听器。处理 ActionEvent 事件的 ActionListener 接口有一个方法 actionPerformed()。事件的侦听器类 ColorAction 中必须实现这个方法。

### 10.7.2 事件侦听器类

为了让事件侦听器能够正常工作,事件侦听器类(形如:XxxListener)必须实现对应事件侦听接口的所有方法,以便其行为得到"规范"。如上面例子中的 ColorAction implements ActionListener。

**1. java.awt.event 包的主要接口**

ActionListener:用于接收操作事件的侦听器接口。

AdjustmentListener：用于接收调整事件的侦听器接口。
ComponentListener：用于接收组件事件的侦听器接口。
ContainerListener：用于接收容器事件的侦听器接口。
FocusListener：用于接收组件上的键盘焦点事件的侦听器接口。
ItemListener：用于接收项事件的侦听器接口。
KeyListener：用于接收键盘事件（击键）的侦听器接口。
MouseListener：用于接收组件上的鼠标事件（按下、释放、单击、进入或离开）的侦听器接口。
MouseMotionListener：用于接收组件上的鼠标移动事件的侦听器接口。
TextListener：用于接收文本事件的侦听器接口。
WindowListener：用于接收窗口事件的侦听器接口。
WindowStateListener：用于接收窗口状态事件的侦听器接口。

除了 java.awt.event 包中的事件之外，还使用到 javax.swing.event 软件包中，用于触发的事件的事件类和相应事件侦听器接口的 Swing 组件。

**2. javax.swing.event 包的主要接口**

DocumentEvent：用于文档更改通知的接口。
DocumentListener：观察者使用该接口注册以接收文本文档的更改通知。
ListSelectionListener：列表选择值发生更改时收到通知的侦听器。
MenuKeyListener：定义一个菜单按钮的事件侦听器。
MenuListener：定义一个菜单事件侦听器。
PopupMenuListener：弹出菜单侦听器。

**3. Java 已在 java.awt.event 包中对各事件的侦听接口及其方法进行定义（表 10-1）**

表 10-1 　　　　　　　　对应常用事件的侦听接口及其方法

| 事件 | 对应的侦听接口 | 侦听接口中的方法 |
| --- | --- | --- |
| ActionEvent | ActionListener | actionPerformed(ActionEvent e){…} |
| WindowEvent | WindowListener | windowClosing(WindowEvent e) {…}<br>windowOpened(WindowEvent e) {…}<br>windowIconified(WindowEvent e) {…}<br>windowDeiconified(WindowEvent e) {…}<br>windowClosed(WindowEvent e) {…}<br>windowActivated(WindowEvent e) {…}<br>windowDeactivated(WindowEvent e) {…} |
| MouseEvent | MouseListener | mousePressed(MouseEvent e) {…}<br>mouseReleased(MouseEvent e) {…}<br>mouseEntered(MouseEvent e) {…}<br>mouseExited(MouseEvent e) {…}<br>mouseClicked(MouseEvent e) {…} |
| | MouseMotionListener | mouseDragged(MouseEvent e) {…}<br>mouseMoved(MouseEvent e) {…} |
| KeyEvent | KeyListener | keyPressed(KeyEvent e) {…} |

(续表)

| 事件 | 对应的侦听接口 | 侦听接口中的方法 |
|---|---|---|
| FocusEvent | FocusListener | focusGained(FocusEvent e) {…}<br>focusLost(FocusEvent e) {…} |
| ItemEvent | ItemListener | itemStateChanged(ItemEvent e) {…} |
| TextEvent | TextListener | textValueChanged(TextEvent e) {…} |
| AdjustmentEvent | AdjustmentListener | adjustmentValueChanged<br>(AdjustmentEvent e) {…} |

### 10.7.3 多重事件侦听器

有时,用户在 GUI 界面上的操作可能触发了多个事件源的事件,也可能一个事件源上产生了多种不同类型事件。针对这种情况,应根据需求具体问题具体分析,如有必要可将这些事件分别注册到侦听器来处理。

**1. 在多个事件源上注册同一事件侦听器类对象**

下面是一个窗体中有多个组件的情况。我们经常会在多个组件上,例如:"红色""绿色"、"蓝色"三个按键,当我们按下这三个按键时,它们接受同一个动作事件。这时可以将一个事件侦听器注册到多个事件源上,即:多个事件源产生的同一事件都由一个侦听器类对象来处理。如图 10-28 所示。

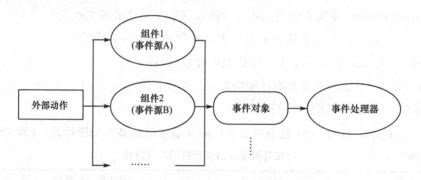

图 10-28 在多个事件源上注册同一事件侦听器类对象

例如:redbutton、greenbutton、bluebutton 为三个不同的事件源注册同一事件侦听器类对象(同一个类,三个不同对象):

redbutton.addActionListener(new ColorAction(this, Color.red));
greenbutton.addActionListener (new ColorAction(this, Color.red));
bluebutton.addActionListener(new ColorAction(this, Color.red));

**2. 一个事件源引发多个事件**

接下来是一个窗体中的一个组件可能需要引发多个事件情况,例如,动作事件、键盘事件、鼠标事件等,即:一个事件源上引发了不同类型事件。可以使用 Java 中的多个接口实现技术,如:class xxxx implements MouseMotionListener, MouseListener, WindowListener。这样,通过向同一事件源上注册多种不同类型的事件侦听器,可以实现一个事件源上感知不同类型的事件,即对不同类型事件进行处理。如图 10-29 所示。

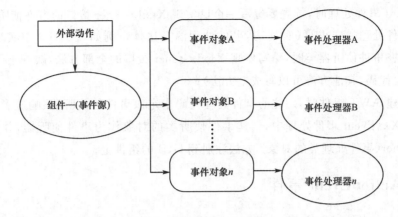

图 10-29　一个事件源上注册多个事件侦听器

例如：由同一个对象监听一个事件源上发生的多种事件：

f. addMouseMotionListener(this);

f. addMouseListener(this);

f. addWindowListener(this);

对象 f 上发生的多个事件都将被同一个侦听器接收和处理。

## 10.8　事件处理

**1. 事件处理编程的基本原则**

事件侦听器类要对某一类事件进行处理，该类要实现所对应的接口，并且对该接口中声明的全部事件响应方法有具体的功能实现（即重写其方法体）；然后在事件源组件上注册该侦听器类对象。

**2. 事件侦听器处理注册**

事件侦听器在事件源上注册某一类事件，这样就能指定该事件的侦听器（响应者）。

（1）侦听器注册方法

每一种事件都有自己的注册方法。方法名由"add ＋ 事件类型对应的侦听器接口名称"组成，方法参数为侦听器对象（实现事件侦听接口的类的对象，如果是由容器组件自身处理该事件，则侦听器对象应该用 this 表示）。它的通用形式：

public void add< listenerType >(< listenerType > ListenerObj){…}

listenerType：事件的名称；ListenerObj：事件监听器的对象

例如：

add KeyListener(this)

add MouseMotionListener(this)

（2）侦听器注销方法

public void remove<listenerType> (<listenerType> ListenerObj) {…}

**3. 事件处理编程的一般步骤**

（1）实现某一事件的侦听器接口（定义事件处理类并实现侦听器接口）。例如，在 GUI 中实现 XxxEvent 事件处理时,首先要编写一个已实现 XxxListener 接口的事件侦听器类。

(2)在事件处理类中重写(实现)其事件处理的方法体。例如,在 GUI 中实现 XxxEvent 事件处理中,在事件侦听器类时,编写实现 XxxListener 接口的全部方法,缺一不可(对于感兴趣的方法编写代码,其他方法可以写成空方法)。

(3)在创建 AWT 组件时,用注册事件处理代码指定该事件的侦听器(响应者)。例如,在 GUI 中实现 XxxEvent 事件处理中,创建事件侦听类的对象作为事件侦听器,并调用组件的 addXxxListener(事件处理类的对象)方法注册到 GUI 的组件上。

## 10.8.1 ActionEvent 事件

ActionEvent 事件对应的 ActionListener 接口中,只有一个方法 actionPerformed(),因此根据上述事件处理编程的原则,首先设计一个实现 ActionListener 接口的实现类,添加 GUI 的组件,在事件源上注册侦听器,改写 actionPerformed()方法体(实现接口方法)实现 ActionEvent 事件处理编程。见例 10.1 程序代码。当用鼠标单击"红色""绿色"和"蓝色"按钮时,窗体背景色分别变成红色、绿色和蓝色。

**例 10.1** 代码如下。

```java
import java.awt.*;
import java.awt.event.*;
class ColorAction implements ActionListener {// 事件侦听器类
    private ActionEventExample frame;// 用主类对象作为变量,方便两类之间联系
    private Color backgroundcolor;
    public ColorAction(ActionEventExample aef, Color c) {// 带两个参数构造方法
        frame = aef;
        backgroundcolor = c;
    }
    public void actionPerformed(ActionEvent e) {// 实现接口方法
        frame.setBackground(backgroundcolor);
    }
}
public class ActionEventExample extends Frame {
    ActionEventExample() {
        Panel panel = new Panel();
        // 创建三个事件源
        Button redbutton = new Button("红色");
        Button greenbutton = new Button("绿色");
        Button bluebutton = new Button("蓝色");
        panel.add(redbutton);
        panel.add(greenbutton);
        panel.add(bluebutton);
        add(panel,"South");
```

```
        // 注册事件侦听器:同一个类的三个不同对象
        ColorAction RedActionLster = new ColorAction(this, Color.red);
        ColorAction GrnActionLster = new ColorAction(this, Color.green);
        ColorAction BluActionLster = new ColorAction(this, Color.blue);
        redbutton.addActionListener(RedActionLster);
        greenbutton.addActionListener(GrnActionLster);
        bluebutton.addActionListener(BluActionLster);
    }
    public static void main(String argc[]) {
        ActionEventExample myframe = new ActionEventExample();
        myframe.setTitle("ActionEvent 事件");
        myframe.setSize(200, 150);
        myframe.setVisible(true);
    }
}
```

程序运行结果(图 10-30):

图 10-30　动作事件处理程序

## 10.8.2　WindowEvent 事件

WindowEvent 事件表示一个窗口的状态发生了更改。该类用于表示窗口在被激活、取消激活、打开、关闭、图标化、取消图标化时生成的事件。

**1. WindowEvent 事件对应的 WindowActionListener 接口中的七个方法**

```
windowClosing(WindowEvent e) {…}          //窗口关闭方法
windowOpened(WindowEvent e) {…}           //窗口打开方法
windowIconified(WindowEvent e) {…}        //窗口最小化方法
windowDeiconified(WindowEvent e) {…}      //窗口非最小化方法
windowClosed(WindowEvent e) {…}           //窗口关闭后方法
windowActivated(WindowEvent e) {…}        //窗口激活方法
windowDeactivated(WindowEvent e) {…}      //窗口失效方法
```

依照上述事件处理编程的原则,首先设计一个实现 WindowActionListener 接口的类,添加 GUI 的组件,在事件源上注册侦听器,改写上述七种方法的方法体(实现接口方法),不感兴趣时也要全部实现(空方法),从而实现 WindowEvent 事件处理编程。

如程序代码 10.18 所示。当用鼠标单击窗口关闭按钮时,弹出对话框,单击"是"按钮关闭窗口,单击"否"按钮关闭对话框。

**2. 例 10.18 代码 WinEventTest.java(见光盘)。**

## 3. 程序运行结果(图10-31)

图 10-31 窗口事件处理程序

## 10.8.3 适配器(Adapter)类

### 1. 问题的提出

在例 10.18 程序代码中,我们只用到了 WindowListener 接口的 windowClosing (WindowEvent e){…}方法用于窗口关闭,但是为了实现 WindowListener 接口,我们不得不实现其他六个方法:

  public void windowClosed(WindowEvent e){}

  public void windowDeactivated(WindowEvent e){}

  public void windowActivated(WindowEvent e){}

  public void windowIconified(WindowEvent e){}

  public void windowDeiconified(WindowEvent e){}

  public void windowOpened(WindowEvent e){}

这时我们不禁会问:有必要写那么多吗?有没有简单的方法进行简化呢?答案是有的,我们将会使用到适配器类。

### 2. 问题的解决

Java 提供了适配器(Adapter)类来解决这一问题,这样可以使一些情况下的事件处理变得简单。一个适配器类实现了监听器接口中所有的方法,但这些方法都是空实现(即方法体内容为空)。当你只想接受、处理待定的事件监听器接口对应的事件时,适配器将十分有用。为什么呢?因为适配器可以继承,继承时子类只重写自己需要用到的方法,而其他方法维持不变,不必重写。因此,可以减少代码的书写量,在实际应用编程中,用户可以定义一个继承了相应适配器类的子类来作为事件监听器类,然后只改写那些感兴趣的事件处理方法即可。

### 3. Java 适配器类(表10-2)

表 10-2   常用适配器类对应的接口

| 适配器类(Adapter) | 实现的接口 |
| --- | --- |
| ComponentAdapter | ComponentListener |
| ContainerAdapter | ContainerListener |
| FocusAdapter | FocusListener |
| KeyAdapter | KeyListener |
| MouseAdapter | MouseListener |
| MouseMotionAdapter | MouseMotionListener |
| WindowAdapter | WindowListener |

使用 WindowAdapter 类改写程序代码例 10.18,同样可以实现关闭窗口的功能。例如程序代码例 10.19 所示。

**4. 例 10.19 代码 WinAdapterTest.java(见光盘)**

**5. 程序运行结果**

如图 10-31 窗口事件处理程序。

**注意**:并不是每一个侦听接口都有对应的适配器,只包含一个方法的侦听接口没有提供适配器。为什么呢?原因很简单,如果有这样适配器,继承时也需要重写该方法,与实现接口相比,并没有减少代码量。

### 10.8.4 事件侦听器的几种方式

事件侦听器是实现事件处理的重要对象,了解其类声明、定义形式很有必要。归纳起来,有如下几种方式。

**1. 在容器类中实现侦听接口**

容器类要实现接口中的所有方法,对于不使用的方法也要写方法体(内容为空)。此时,容器类对象本身用 this 表示,并注册到事件源中,形如:组件对象.addXxxListener(this);。

此时,可能面临着"同一事件侦听器处理多个不同事件源事件"问题,解决办法是调用组件的 getSource()来区分不同的"源",针对不同情况进行相应处理。

(1) 应用举例

利用按钮控制面板背景色。

(2) 例 10.20 代码 EventTestCase1.java(见光盘)。

(3) 程序运行结果(图 10-32)

图 10-32 按钮点击事件处理程序

**2. 使用内部类处理事件**

内部类的优点是可以直接访问外部类,使用内部类处理事件会更为方便。

(1) 应用举例

例如,定义私有的内部类 MyBtnHandler 实现 ActionListener 接口,处理按钮事件:

```
private MyBtnHandler implements ActionListener{
    public void actionPerformed(ActionEvent event){
        …;// 判断事件源,并做相应的处理
    }
}
```

把按钮 btn 注册给内部类对象,实现对组件按钮的侦听:

btn.addActionListener(new MyBtnHandler());

(2)例10.21代码EventTestCase3.java(见光盘)。
(3)程序运行结果(图10-33)

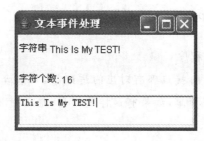

图10-33 文本事件处理程序

**3. 使用内部匿名类(接口)对象处理事件**

如果一个对象只使用一次,我们可以不给它命名,甚至它所对应的类也可以不命名,用完后由垃圾处理器来回收其所占资源。这时,将类的定义与对象的创建过程"合二为一",尽管其中的代码编写包含类定义、方法重写等内容,但其主要目的还是创建一个侦听器对象,它位于注册语句的一对圆括号()中,末尾的分号不能省略。

(1)注册事件监听器的格式

事件源.addXxxListener(new 适配器类或接口([实参表]){
　　//重写或实现方法
});

(2)应用举例

例如,按钮对象btn用匿名接口对象处理事件:

btn.addActionListener(new ActionListener(){
　　public void actionPerformed(ActionEvent e){
　　　　……//具体事件处理过程代码
　　}
});

(3)例10.22程序代码片段

```
public void windowClosing(WindowEvent e){// 重写窗口关闭方法
    yes.addActionListener(new ActionListener(){// 定义匿名类(接口)对象方法
        public void actionPerformed(ActionEvent e){
            owner.dispose();
        }
    });
    no.addActionListener(new ActionListener(){
        public void actionPerformed(ActionEvent e){
            dig.dispose();
        }
    });
……
}
```

**4. 事件源所在类与事件侦听类完全独立**

此时面临的问题是:这两个类如何联系?常用的方法是在事件侦听器类增加一个事件源所在类的对象作为其成员,在创建事件侦听器时将事件源所在类的对象引用赋给相应的成员字段,这样两者间就建立了联系。

**例 10.23** 代码如下:

```
import java.awt.*;
import java.awt.event.*;
class ColorAction implements ActionListener{//事件侦听器类
    private ActionEventFrame frame;//用主类对象作为变量,方便两类之间联系
    private Color backgroundcolor;
    public ColorAction(ActionEventFrame aef,Color c){//带两个参数的构造方法
        frame = aef;
        backgroundcolor = c;
    }
    public void actionPerformed(ActionEvent e){//实现接口方法
        frame.setBackground(backgroundcolor);
    }
}
public class ActionEventFrame extends Frame{
    ActionEventFrame(){
        Panel panel = new Panel();
        //创建三个事件源
        Button redbutton = new Button("红色");
        Button greenbutton = new Button("绿色");
        Button bluebutton = new Button("蓝色");
        panel.add(redbutton);
        panel.add(greenbutton);
        panel.add(bluebutton);
        add(panel,"North");
        //注册事件侦听器:同一个类的三个不同对象
        redbutton.addActionListener(new ColorAction(this,Color.red));
        greenbutton.addActionListener(new ColorAction(this,Color.green));
        bluebutton.addActionListener(new ColorAction(this,Color.blue));
    }
    public static void main(String argc[]){
        ActionEventFrame myframe = new ActionEventFrame();
        myframe.setTitle("ActionEvent 事件");
        myframe.setSize(300,200);
        myframe.setVisible(true);
    }
}
```

程序运行结果与图 10-32 类似。

## 10.8.5 鼠标事件处理

**1. 使用 MouseListener 接口处理鼠标事件**

鼠标事件有五种状态:按下鼠标键,释放鼠标键,单击鼠标键,鼠标进入和鼠标退出。

(1) 鼠标事件类型是 MouseEvent,主要方法有:

int getX(),int getY():获取鼠标位置。
getModifiers():获取鼠标左键或者右键。
getClickCount():获取鼠标被单击的次数。
getSource():获取鼠标发生的事件源。
(2)事件源获得监视器的方法是 addMouseListener( ),移去监视器的方法是 removeMouseListener()。
处理事件源发生的时间的事件的接口是 MouseListener。

### 2. 使用 MouseMotionListener 接口处理鼠标事件

事件源发生的鼠标事件有两种:拖动鼠标和鼠标移动。
鼠标事件的类型:MouseEvent。
事件源获得监视器的方法:addMouseMotionListener()。
处理事件源发生的事件的接口:MouseMotionListener 接口中的方法。

### 3. 控制鼠标的指针形状

setCursor(Cursor. getPreddfinedCursor(Cursor. 鼠标形状定义)):鼠标形状定义。
(1)MouseListener 接口和 MouseMotionListener 接口的方法见表 10-3。

表 10-3　　MouseListener 和 MouseMotionListener 对应的接口方法

| 侦听接口 | 侦听接口中的方法 |
| --- | --- |
| MouseListener | 鼠标键被按下时,调用方法:mousePressed(MouseEvent e) {…}<br>释放鼠标按键时,调用方法:<br>mouseReleased(MouseEvent e) {…}<br>鼠标被单击时,调用方法:<br>mouseClicked(MouseEvent e) {…}<br>鼠标进入组件时,调用方法:<br>mouseEntered(MouseEvent e) {…}<br>鼠标离开组件时,调用方法:<br>mouseExited(MouseEvent e) {…} |
| MouseMotionListener | 鼠标键未被按下时,鼠标移动调用方法:mouseMoved(MouseEvent e) {…}<br>鼠标键已按下时,鼠标移动调用方法 mouseDragged(MouseEvent e) {…} |

### 4. 例 10.24 程序代码 MouseEventTest.java,鼠标事件处理程序案例(见光盘)

### 5. 程序运行结果(图 10-34)

图 10-34　鼠标事件处理程序

## 10.8.6 键盘事件处理

**1. KeyEvent 类的常用方法**

char getKeyChar()：返回按键表示的字符。

例如：若按"Shift＋a"，则返回字符 A。

int getKeyCode()：返回整数 keyCode。

该类定义许多常量来表示键码值，例如：VK_F1～VK_F12、VK_LEFT、VK_KP_UP、VK_HOME、VK_SHIFT、VK_ALT……具体见 API 文档。

String getKeyText(int keyCode)：返回 keyCode 所对应的 String，如"HOME""F1"或"A"。

**2. 键盘事件源使用 addKeyListener 方法获得监视器**

键盘事件接口 KeyListener 中有三个方法，见表 10-4。

表 10-4　　　　　键盘事件的接口的接口方法

| 侦听接口 | 侦听接口中的方法 |
| --- | --- |
| KeyListener | 键被按下时,调用方法：<br>keyPressed(KeyEvent e) {…}<br>松开键时,调用方法：<br>keyReleased(KeyEvent e) {…}<br>击键一次时,调用方法：<br>keyTyped(KeyEvent e) {…}<br>它是 keyPressed()和 KeyReleased()方法的组合 |

下面是键盘事件处理程序案例。

**3. 例 10.25 程序代码 KeyEventTest.java（见光盘程序代码 11-9）**

**4. 程序运行结果（图 11-35）**

图 11-35　键盘事件处理程序

Java 中图形用户界面（GUI）通过事件委托机制进行事件处理。引发事件的组件称为事件

源。例如当用户单击某个按钮时就会产生动作事件,该按钮就是事件源。事件的处理是由事件侦听器来完成的,事件侦听器需要实现对应事件的侦听接口,并在事件源上进行注册。当事件源产生某种事件时,就会通知侦听器,由侦听器调用相应方法来处理,从而实现用户与程序的交互,这就是图形用户界面事件处理的机制。

**1. Java 事件处理**

JDK 1.1 之后 Java 采用的是事件源——事件监听者模型,引发事件的对象称为事件源。接收并处理事件的对象是事件侦听者,无论应用程序还是小程序都采用这一机制。

引入事件处理机制后的编程基本方法如下:

(1)对 java.awt 中组件实现事件处理必须使用 java.awt.event 包,所以在程序开始时应加入 import java.awt.event.* 语句。

(2)用如下语句设置事件监听者:

事件源.addXxxListener(XxxListener 代表某种事件监听者);

(3)事件监听者所对应的类实现事件所对应的接口 XxxListener,并重写接口中的全部方法。

这样就可以处理图形用户界面中的对应事件了。要删除事件监听者可以使用语句:事件源.removeXxxListener;。

**2. Java 常用事件**

Java 将所有组件可能发生的事件进行分类,具有共同特征的事件被抽象为一个事件类 AWTEvent,其中包括 ActionEvent 类(动作事件)、MouseEvent 类(鼠标事件)、KeyEvent 类(键盘事件)等。表 10-1 中列出了一些常用 Java 事件类、处理该事件的接口及接口中的方法。

**3. 事件适配器**

为了进行事件处理,需要创建实现 Listener 接口的类,而按 Java 的规定,在实现该接口的类中,必须同时实现接口中所定义的全部方法。在具体程序设计过程中,我们可能只用到接口中的一个或几个方法。为了方便使用,Java 为那些声明了多个方法的 Listener 接口提供了一个对应的适配器(Adapter)类,该类实现了对应接口的所有方法,只是方法体为空。表 10-2 中是一些常用接口及对应的适配器类:

**4. 事件处理的几种方式**

(1)在容器类中实现侦听接口

容器类要实现接口中的所有方法,对于不使用的方法也要写方法体(内容为空)。此时,容器类对象本身用 this 表示,并注册到事件源中,形如:组件对象.addXxxListener(this);。

此时,可能面临着"同一事件侦听器处理多个不同事件源事件"问题,解决办法是调用组件的 getSource()来区分不同的"源",针对不同情况进行相应处理。

(2)使用内部类处理事件

内部类的优点是可以直接访问外部类,使用内部类处理事件会更为方便。

(3)使用内部匿名类(接口)对象处理事件

如果一个对象只使用一次,我们可以不给它命名,甚至它所对应的类也可以不命名,用完后由垃圾处理器来回收其所占资源。这时,将类的定义与对象的创建过程"合二为一",尽管其中的代码编写包含类定义、方法重写等内容,但其主要目的还是创建一个侦听器对象,它位于注册语句的一对圆括号()中,末尾的分号不能省略。

(4) 事件源所在类与事件侦听类完全独立

此时面临的问题是:这两个类如何联系?常用的方法是为事件侦听器类增加一个事件源所在类的对象作为其成员,在创建事件侦听器时将事件源所在类的对象的引用赋给相应的成员字段,这样两者间就建立了联系。

# 第 11 章　Android UI 与事件处理

上一章中介绍了 Java 的图形界面与事件处理，在 Android 原生应用程序开发中，采用了两种事件处理机制，一是基于事件委托模型的处理机制，二是基于回调的处理机制。本章将介绍 Android 开发环境的搭建，Android 简单的 UI 布局，Android 基于委托模型的事件处理，为后续学习奠定基础。

● 学习目标
- 熟悉 Eclipse 平台下 Android 开发环境的搭建；
- 熟悉 Android 项目结构；
- 熟悉 Android 中基于 xml 的界面布局；
- 掌握 Android 基于事件委托模型的事件处理。

## 11.1　Android 开发环境搭建

Android 开发环境主要有两种，一种是谷歌推荐的也是当前主流使用的 Android Studio，另一种是基于 Eclipse 平台进行搭建，由于 Android Studio 对电脑配置要求比较高，对于学习有较高的要求，同学们对 Eclipse 平台比较熟悉，并在 Java 开发中正在使用，因此在 Eclipse 平台下搭建 Android 开发环境是比较合适的。在 Eclipse 平台搭建 Android 开发环境分为 5 个步骤：

1. 安装 JDK；
2. 配置 Windows 上 JDK 的环境变量；
3. 下载安装 Eclipse；
4. 下载安装 Android SDK；
5. 为 Eclipse 安装 ADT 插件。

要通过 Eclipse 来开发 Android 应用程序，需要下载 Android SDK（Software Development Kit）和在 Eclipse 中安装 ADT 插件，这个插件能让 Eclipse 和 Android SDK 关联起来，可以为用户提供一个强大的 Android 集成开发环境。通过给 Eclipse 安装 ADT 插件，用户才能够完成快速新建 Android 项目、创建界面、调试程序、导出 apk 等一系列的开发任务。前三个步骤前面章节已有详细介绍，此处重点介绍 Android SDK 的安装和 Eclipse 安装 ADT 插件。

### 11.1.1　下载安装 Android SDK

Android SDK 提供了开发 Android 应用程序所需的 API 库和构建、测试和调试 Android 应用程序所需的开发工具。打开 http://developer.android.com/sdk/index.html。

下载后双击安装，指定 Android SDK 的安装目录，为了方便使用 Android SDK 包含的开发工具，可在系统环境变量中的 Path 设置 Android SDK 的安装目录下的 tools 目录。在

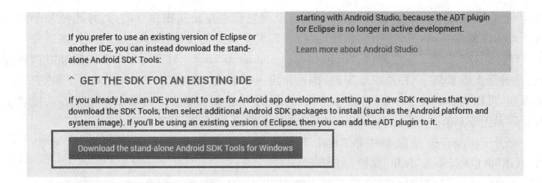

Android SDK 的安装目录下,双击"SDK Manager.exe",打开 Android SDK Manager,Android SDK Manage 负责下载或更新不同版本的 SDK 包,默认安装的 Android SDK Manager 只安装了一个版本的 sdk tools。具体见图 11-1。

图 11-1  Android SDK 下载

打开 Android SDK Manager,它会获取可安装的 sdk 版本,正常情况下就可以下载 Android 的各个版本的 sdk 了。只需要选择想要安装或更新的安装包安装即可。这里是比较耗时的过程,还会出现下载失败的情况,失败的安装包只需要重新选择后再安装就可以了。国内现无法访问 Google 服务器,可通过代理或是直接拷贝光盘中的 SDK 文件到本地电脑。

## 11.1.2  下载安装 ADT

前面已经配置好了 Java 的开发环境,安装了开发 Eclipse,下载安装了 Android SDK,但是

Eclipse 还没有和 Android SDK 进行关联,也就是它们现在是互相独立的,就好比枪和子弹分开了。为了使得 Android 应用的创建,运行和调试更加方便快捷,Android 的开发团队专门针对 Eclipse IDE 定制了一个插件:Android Development Tools(ADT)。ADT 的安装有两种方式,一种是在线安装,一种是本地安装,这里介绍一下本地安装方法。首先在网上下载好 ADT 插件包,可以到(http://tools.android-studio.org/index.php/adt-bundle-plugin),或者去这个网站上下(http://www.androiddevtools.cn/)。

打开 Eclipse,选择菜单中的"Help",然后选择"Install New Software…",在弹出的"Install"窗口中,单击"Add"按钮,如图所示 11-2 所示。

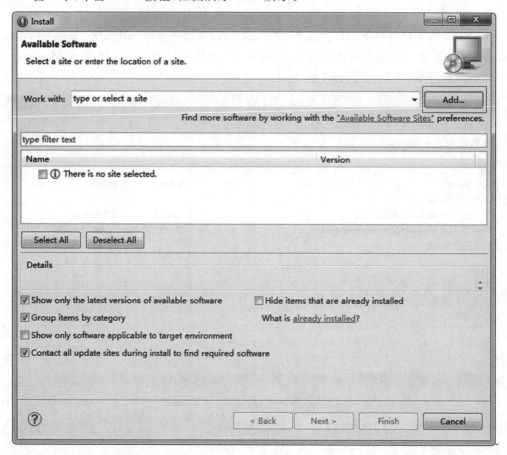

图 11-2　安装新插件

然后会弹出一个"Add Repository"窗口,单击"Archive…"按钮,如图 11-3 所示:

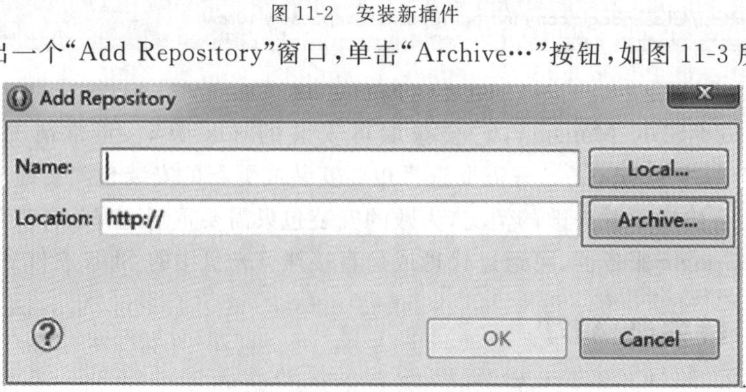

图 11-3　选择本地安装

然后选择已经下载好的 ADT 压缩包，如图 11-4 所示。

图 11-4　选择下载 ADT 压缩包

完成后，再填 Name 那一栏，随便给个名字就行了（建议是 ADT－版本号），如图 11-5 所示。

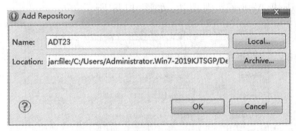

图 11-5　填写安装信息

单击"OK"按钮，经过 pending 解析后，就可以看到对应的 Developer Tools 了，选中它，建议去掉左下角的那个选项的勾（默认是选中的），不然会装得很慢。

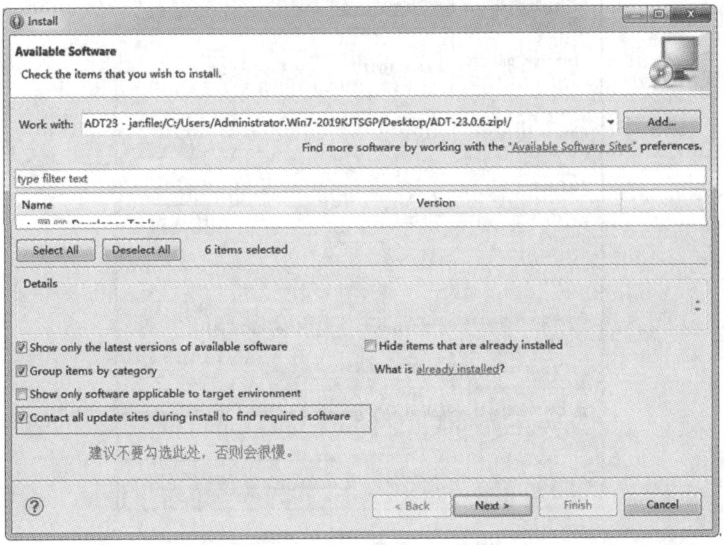

图 11-6　安装 ADT 插件

然后不断"next"下去,直到最后一步,接受协议,然后"Finish",安装完成后,要求重启,直接"YES"。

要想运行 Android 程序,必须新建 Android 虚拟机,运行 Eclipse,点击工具栏上的 Android Virtual Device Manage 图标,弹出如图 11-7 所示界面。

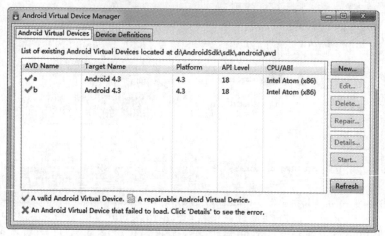

图 11-7　Android Virtual Device Manage

点击 New 按钮,新建 Android 虚拟机,如图 11-8 所示。

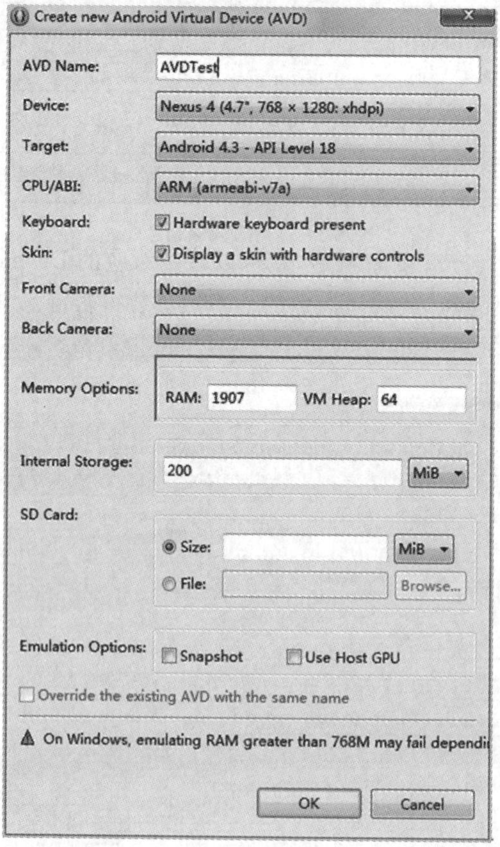

图 11-8　新建 Android 虚拟机

新建 Android 项目，如图 11-9 所示。

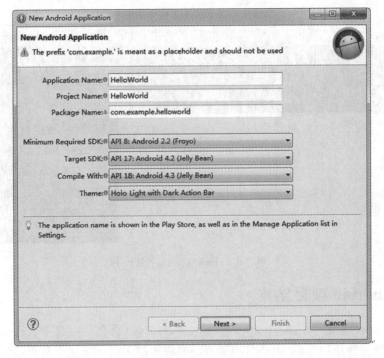

图 11-9　新建 Android 项目

之后一直点击 next，直到出现图 11-10 界面。

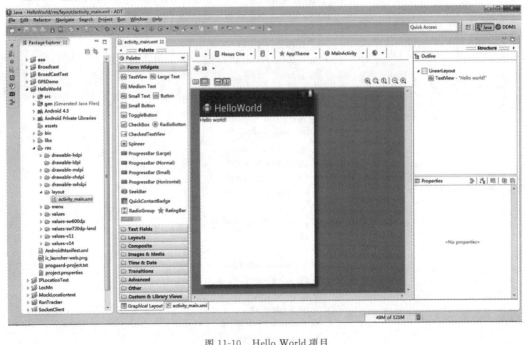

图 11-10　Hello World 项目

在 HelloWorld 项目上点击右键,选择 Run AS－》Android Application,运行结果如图 11-11所示。

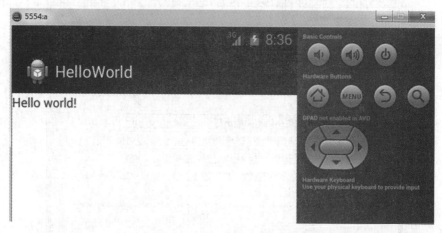

图 11-11　HelloWorld 运行结果

## 11.1.3　Android 项目结构

当使用 Eclipse 创建一个 Android 工程的时候,Eclipse 会自动生成一个目录结构,这个目录机构是开发所有应用程序的"原型",因此有必要深入的了解一下这个目录结构的各个部分。在 eclipse 中创建一个项目,把它全部展开,如下图 11-12 所示。

图 11-12　Android 项目结构

需要重点关注是 res 目录、src 目录、AndroidManifest.xml 文件：

res 目录主要是用来存放 android 项目的各种资源文件，res 就是 resource 单词的缩写。该目录几乎存放了 android 应用所用的全部资源，包括：图片资源、字符串资源、颜色资源、尺寸资源，以及布局文件等。不同的文件存放在不同的目录当中，在 res 目录下面又有下一级目录。

layout 目录主要是存放布局文件，比如主界面布局文件 activity_main.xml 就在这里面。

```
<LinearLayout xmlns:android="http://schemas.android.com/apk/res/android"
    xmlns:tools="http://schemas.android.com/tools"
android:layout_width="match_parent"
android:layout_height="match_parent"
android:orientation="vertical" >
    <TextView
        android:layout_width="wrap_content"
        android:layout_height="wrap_content"
        android:text="@string/hello_world" />
</LinearLayout>
```

menu 目录主要是存放菜单文件，现在在 android 开发中使用菜单不是很频繁，比如手机很多软件在点击菜单按钮是弹出来的对话框的布局就是放在这个目录当中。

valus 目录主要是存放一些数值，比如字符串资源存放在 strings.xml 中。

```
<?xml version="1.0" encoding="utf-8"?>
<resources>
    <string name="app_name">HelloWorld</string>
    <string name="action_settings">Settings</string>
    <string name="hello_world">Hello world!</string>
</resources>
```

布局文件中的 android:text="@string/hello_world"就是引用字符串资源中的 hello_world 的值。

颜色资源存放中 colors.xml 中，尺寸资源放在 dimens.xml 文件中，主题样式存放在 styles.xml 中，图片资源：由于图片资源要考虑到不同分辨率的图片，所以就要把不同的图片放到不同的文件目录中，系统会根据手机分辨率去调用适合的分辨率图片资源。drawable-ldpi、drawable-mdpi、drawable-hdpi、drawable-xhdpi 这四个目录分辨存放低分辨率、中等分辨、高分辨率、超高分辨率的图片资源。在实际项目中，一般会自己新建一个 drawable 目录用于存放控件在不同状态实现的不同效果，比如按下、选中、松开等状态。

src 目录是一个普通的、存放 Java 资源文件的目录。一般开发项目过程中会建很多的包，不同包名下存放不同的 java 文件，比如：服务、广播、活动等区别放。

gen 目录：存放所有由 Android 开发工具自动生成的文件。目录中最重要的就是 R.java 文件。Android 开发工具会自动根据放入 res 目录的 xml 界面文件、图标与常量同步更新修改 R.java 文件。应避免手动添加。编译器会检查 R.java 列表中的资源是否被使用到，没有被使用到的资源不会编译进软件中，这样可以减少应用在手机中占用的空间。。

bin：存放自动生成的二进制文件、资源打包文件以及 dalvik 虚拟机的可执行文件等。

libs：存放引用的一些 java 包，比如第三方的 java 包。

AndroidManifest.xml：功能清单文件，这个文件列出了应用程序所提供的所有功能。每当添加一个 Activity 时，就需要在此文件中作相应的配置，否则应用程序就无法识别和使用这个 Activity。也可以指定应用程序需要的服务、接收器等，以及它们对应的＜Intent－filter＞，用于通过 intent 的方式打开指定服务或接收器。程序所需权限也需要在这里设置，HelloWorld 项目清单文件代码如下。

```
<? xml version="1.0" encoding="utf-8"? >
<manifest xmlns:android="http://schemas.android.com/apk/res/android"
    package="com.example.helloworld"
    android:versionCode="1"
    android:versionName="1.0" >
    <uses-sdk
        android:minSdkVersion="8"
        android:targetSdkVersion="17" />
    <application
        android:allowBackup="true"
        android:icon="@drawable/ic_launcher"
        android:label="@string/app_name"
        android:theme="@style/AppTheme" >
        <activity
            android:name="com.example.helloworld.MainActivity"
            android:label="@string/app_name" >
            <intent-filter>
                <action android:name="android.intent.action.MAIN" />
                <category android:name="android.intent.category.LAUNCHER" />
            </intent-filter>
        </activity>
    </application>
</manifest>
```

xmlns:android——包含命名空间的声明。xmlns:android = http://schemas.android.com/apk/res/android，使得 Android 中各种标准属性能在文件中使用，提供了大部分元素中的数据；

application——包含 package 中 application 级别组件声明的根节点。此元素也包含 application 的一些全局和默认属性，如标签、icon、主题、必要的权限，等等。一个 manifest 能包含另个或一个此元素（不能大于 1 个）；

android:icon——应用程序图标；

android:label——应用程序名字；

Activity——用来与用户交互的主要工具。Activity 是用户打开一个应用程序的初始页面，大部分被使用到的其他页面也由不同的 activity 所实现，并声明在另外的 activity 标记中；

android:name——应用程序默认启动的 activity；

intent-filter——声明了指定的一组组件支持的 Intent 值，从而形成了 IntentFilter。除了能在此元素下制定不同类型的值，属性也能放在这里来描述一个操作所需的唯一的标签、icon 和其他信息；

action——组件所支持的 Intent action；

category——组件支持的 Intent Category,这里指定了应用程序默认启动的 activity;
uses-sdk——该应用程序所使用的 SDK 版本信息。

## 11.2　Android UI 元素

Android 借鉴了 Java 中的 UI 设计思想,包括事件响应机制和布局管理器,提供了丰富的可视化用户界面组件,例如菜单、对话框、按钮、文本框等。

Android 中界面元素主要由以下几个部分构成。

View(视图)是 Android 所有 UI 组件的父类,它代表了屏幕上一块空白的矩形区域。至于这块空白的区域内应该显示什么内容,这个工作就交给具体的界面元素来处理。如文本框应该显示什么样的内容,按钮、输入框、图标等这些具体的界面元素就会实现安卓的方法。

ViewGroup(视图容器)作为其它 UI 组件的容器使用,ViewGroup 是 View 的子类。最主要的是帮助对这些界面元素进行位置分区,需要注意的是,此类同样有宽和高以及在屏幕上所显示的位置,只是此类的方法只是循环调用容器里面所有的 UI 控件的安卓方法,将容器里面的所有安卓控件逐一绘制出来。

Layout(布局管理)是由 ViewGroup 派生而来,用于管理组件的布局组织形式,组织界面中组件的呈现方式。

Activity 用于为用户呈现窗口或屏幕,当程序需要显示一个 UI 界面时,需要为 Activity 分配一个视图,通常为一个布局。

### 11.2.1　View(视图)

View 视图组件是用户界面的基础元素,View 对象是 Android 屏幕上的一个特定的矩形区域的布局和内容属性的数据载体,通过 View 对象可实现布局、绘图、焦点变换等相应功能。Android 应用的绝大部分 UI 组件都放在 android.widget 包及其子包中,所有的 UI 组件都继承了 View 类。View 视图结构件图 11-13。

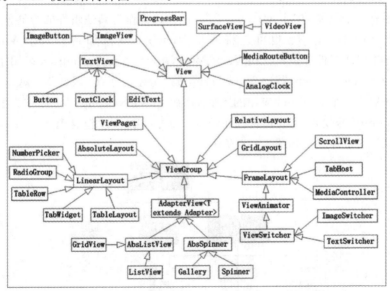

图 11-13　View 视图结构

View 的常见子类及其功能如表 3-1 所示。

表 11-1　　　　　　　　　　　View 类的主要子类

| 类名 | 功能描述 | 类名 | 功能描述 |
| --- | --- | --- | --- |
| TextView | 文本视图 | ScrollView | 滚动条 |
| EditText | 编辑文本框 | ProgressBar | 进度条 |
| Button | 按钮 | SeekBar | 拖动条 |
| CheckBox | 复选框 | RatingBar | 评分条 |
| RadioGroup | 单选按钮 | ImageView | 图片显示组件 |
| Spinner | 下拉列表框 | GridView | 网格视图 |
| AutoCompleteTextView | 自动完成文本框 | ListView | 列表视图 |
| DatePicker | 日期选择组件 | ScrollView | 滚动视图 |
| TimePicker | 时间选择组件 | | |

View 及其子元素常用属性：(所有子控件都有的属性)

android:id 为该控件定义一个 id，同一个布局中不可以有相同 id

android:background 为控件设置背景色或者背景图片

android:onClick 为控件的单击事件绑定监听器

android:padding 设置控件的内间距，即内容与控件边界的距离

android:layout_margin 设置控件的外边距，即该控件与其他控件的距离

android:visibility 设置该控件是否可见

android:alpha 设置该控件的透明度

android:layout_height 该控件在布局中的高度，FILL_PARENT，与父容器相同，MATCH_PATENT，与父容器相同 WRAP_CONTENT，根据组件内容

android:layout_width 该控件在布局中的宽度，属性同 android:layout_height

android:height 该控件的高度

android:width 该控件的宽度

View 类还有一个重要的 ViewGroup 子类，该类通常作为其他组件的容器使用。View 组件可以添加到 ViewGroup 中，也可以将一个 ViewGroup 添加到另一个 ViewGroup 中。Android 中所有的 UI 组件都是建立在 View、ViewGroup 之上的，Android 采用了"组合器"模式来设计 View 和 ViewGroup；其中 ViewGroup 是 View 的子类，因此 ViewGroup 可以当成 View 来使用。对于一个 Android 应用的图形 UI 而言，ViewGroup 又可以作为容器来盛装其它组件；ViewGroup 不仅可以包含普通的 View 组件，还可以包含其它 ViewGroup 组件。Android 图形 UI 的组件层次如图 11-14 所示。

图 11-14　UI 组件层次图

ViewGroup.LayoutParams 类是用来控制布局的位置,高度,宽度等信息,
android:layout_height 设置组件的高度
android:layout_width 设置组件的宽度
可设置属性值为:

## 11.3 Android 布局管理器

Android 的布局方式主要有 6 种,分别是 LinearLayout(线性布局)、TableLayout(表格布局)、FrameLayout(帧布局)、RelativeLayout(相对布局)、GridLayout(网格布局)以及 AbsoluteLayout(绝对布局)。下面介绍一下常用线性布局、表格布局和相对布局。

### 11.3.1 线性布局

线性布局由 LinearLayout 类来代表,LinearLayout 可以控制各组件横向或纵向排列,不会换行(列),超出显示的范围则不显示。

android:orientation 属性用来设置布局管理器内组件的排列方式,可设置为 horizontal(水平排列)、vertical(垂直排列);

android:gravity 属性用来设置布局管理器内组件的对齐方式,该属性值可设为 top(顶部对齐)、bottom(底部对齐)、left(左对齐)、right(右对齐)、center_vertical(垂直方向居中)、fill_vertical(垂直方向填充)、center_horizontal(水平方向居中)、fill_horizontal(水平方向填充)、center(垂直与水平方向都居中)、fill(填充)、clip_vertical(垂直方向裁剪)、clip_horizontal(水平方向裁剪)。可同时指定多种对其方式的组合,中间用"|"连接,如代码 left|center_vertical 表示出现在屏幕左边且垂直居中;

android:layout_gravity 指定该子元素在 LinearLayout 中的对其方式;
android:layout_weight 指定该子元素在 LinearLayout 中所占的权重。

代码 11-1 linearlayout.xml

```
<LinearLayout xmlns:android="http://schemas.android.com/apk/res/android"
    xmlns:tools="http://schemas.android.com/tools"
    android:layout_width="match_parent"
    android:layout_height="match_parent"
    android:orientation="vertical">
    <TextView
        android:layout_width="wrap_content"
        android:layout_height="wrap_content"
        android:text="用户名:"/>
    <EditText
        android:layout_width="match_parent"
        android:layout_height="wrap_content"/>
    <TextView
        android:layout_width="wrap_content"
        android:layout_height="wrap_content"
        android:text="密码:"/>
```

```
    <EditText
        android:layout_width="match_parent"
        android:layout_height="wrap_content"/>
    <LinearLayout
        android:layout_width="match_parent"
        android:layout_height="match_parent"
        android:orientation="horizontal" >
        <Button
            android:layout_width="wrap_content"
            android:layout_height="wrap_content"
            android:text="确定" />
        <Button
            android:layout_width="wrap_content"
            android:layout_height="wrap_content"
            android:text="取消" />
    </LinearLayout>
</LinearLayout>
```

上述代码中，页面布局比较简单，外层定义了一个线性布局，组件垂直排列，分别是 TextView 组件（用户名标签），EditText 组件（文本框），TextView 组件（密码标签），EditText 组件（文本框），之后嵌套了一个线性布局，组件水平排列，里面是两个按钮。运行结果如图 11-15 所示。

图 11-15　线性布局

## 11.3.2　表格布局

TableLayout 类似表格形式，以行和列的方式来布局子组件。TableLayout 并不需要明确地声明所包含的行数和列数，而是通过 TableRow 及其子元素来控制表格的行数和列数。每一行为一个 TableRow 对象，或一个 View 控件。当为 TableRow 对象时，可在 TableRow 下添加子控件，默认情况下，每个子控件占据一列。当为 View 时，该 View 将独占一行。TableLayout 的列数等于含有最多子控件的 TableRow 的列数。如第一 TableRow 含 2 个子控件，第二个 TableRow 含 3 个，第三个 TableRow 含 4 个，那么该 TableLayout 的列数为 4，在 TableLayout 布局中，某列的宽度由该列中最宽的那个单元格决定的。在表格布局中，可通过以下三种方式对单元格进行设置。

android:stretchColumns 设置可伸展的列。该列可以向行方向伸展，最多可占据一整行。

android:shrinkColumns 设置可收缩的列。当该列子控件的内容太多，已经挤满所在行，那么该子控件的内容将往列方向显示。

android:collapseColumns 设置要隐藏的列。

代码 11-2 tablelayout.xml

```xml
<?xml version="1.0" encoding="utf-8"?>
<TableLayout xmlns:android="http://schemas.android.com/apk/res/android"
    android:layout_width="match_parent"
    android:stretchColumns="*"
    android:layout_height="match_parent" >
    <TextView
        android:layout_weight="1"
        android:id="@+id/TextView1"
        android:layout_width="wrap_content"
        android:layout_height="60dp"
        android:gravity="right|center_vertical"
        android:textSize="30sp"
        android:text="90"/>
    <TableRow
        android:id="@+id/tableRow1"
        android:layout_weight="1"
        android:layout_width="wrap_content"
        android:layout_height="match_parent" >
        <Button
            android:id="@+id/button1"
            android:layout_width="wrap_content"
            android:layout_height="match_parent"
            android:textSize="25sp"
            android:text="7" />
        <Button
            android:id="@+id/button2"
            android:layout_width="wrap_content"
            android:textSize="25sp"
            android:layout_height="match_parent"
            android:text="8" />
        <Button
            android:id="@+id/button3"
            android:layout_width="wrap_content"
            android:textSize="25sp"
            android:layout_height="match_parent"
            android:text="9" />
        <Button
            android:id="@+id/button4"
            android:layout_width="wrap_content"
            android:layout_height="match_parent"
            android:textSize="25sp"
```

```xml
            android:text="/" />
    </TableRow>
    <TableRow
        android:id="@+id/tableRow2"
        android:layout_weight="1"
        android:layout_width="wrap_content"
        android:layout_height="match_parent" >
        <Button
            android:id="@+id/button5"
            android:textSize="25sp"
            android:layout_width="wrap_content"
            android:layout_height="match_parent"
            android:text="4" />
        <Button
            android:id="@+id/button6"
            android:textSize="25sp"
            android:layout_width="wrap_content"
            android:layout_height="match_parent"
            android:text="5" />
        <Button
            android:id="@+id/button7"
            android:textSize="25sp"
            android:layout_width="wrap_content"
            android:layout_height="match_parent"
            android:text="6" />
        <Button
            android:id="@+id/button8"
            android:textSize="25sp"
            android:layout_width="wrap_content"
            android:layout_height="match_parent"
            android:text=" * " />
    </TableRow>
    <TableRow
        android:id="@+id/tableRow3"
        android:layout_weight="1"
        android:layout_width="wrap_content"
        android:layout_height="match_parent"   >
        <Button
            android:id="@+id/button9"
            android:textSize="25sp"
            android:layout_width="wrap_content"
            android:layout_height="match_parent"
            android:text="1" />
        <Button
```

```xml
        android:id="@+id/button10"
        android:textSize="25sp"
        android:layout_width="wrap_content"
        android:layout_height="match_parent"
        android:text="2" />
    <Button
        android:textSize="25sp"
        android:id="@+id/button11"
        android:layout_width="wrap_content"
        android:layout_height="match_parent"
        android:text="3" />
    <Button
        android:id="@+id/button12"
        android:textSize="25sp"
        android:layout_width="wrap_content"
        android:layout_height="match_parent"
        android:text="-" />
</TableRow>
<TableRow
    android:id="@+id/tableRow4"
    android:layout_weight="1"
    android:layout_width="wrap_content"
    android:layout_height="match_parent" >
    <Button
        android:id="@+id/button13"
        android:layout_width="wrap_content"
        android:layout_height="match_parent"
        android:textSize="25sp"
        android:text="0" />
    <Button
        android:id="@+id/button14"
        android:layout_width="wrap_content"
        android:textSize="25sp"
        android:layout_height="match_parent"
        android:text="." />
    <Button
        android:id="@+id/button15"
        android:textSize="25sp"
        android:layout_width="wrap_content"
        android:layout_height="match_parent"
        android:text="+" />
    <Button
        android:id="@+id/button16"
        android:textSize="25sp"
```

```
            android:layout_width="wrap_content"
            android:layout_height="match_parent"
            android:text="=" />
    </TableRow>
    <TableRow
        android:id="@+id/tableRow5"
        android:layout_weight="1"
        android:layout_width="wrap_content"
        android:layout_height="match_parent" >
        <Button
            android:id="@+id/button17"
            android:layout_span="4"
            android:textSize="25sp"
            android:layout_width="wrap_content"
            android:layout_height="match_parent"
            android:text="clear" />
    </TableRow>
</TableLayout>
```

运行结果如图 11-16 所示。

图 11-16 表格布局

## 11.3.3 相对布局

RelativeLayout 相对布局是通过相对定位的方式让控件出现在布局任意位置；在相对布局中如果不指定控件摆放的位置，那么控件都会被默认放在 RelativeLayout 的左上角。因此要先指定第一个控件的位置，再根据一个控件去给其他控件布局。

RelativeLayout 常见属性：

(1) 相对于父组件，属性值为 true

android:layout_centerHrizontal 水平居中
android:layout_centerVertical 垂直居中
android:layout_centerInparent 相对于父元素完全居中
android:layout_alignParentBottom 位于父元素的下边缘
android:layout_alignParentLeft 位于父元素的左边缘
android:layout_alignParentRight 位于父元素的右边缘
android:layout_alignParentTop 位于父元素的上边缘
android:layout_alignWithParentIfMissing 如果对应的兄弟元素找不到的话就以父元素做参照物

(2)根据兄弟组件来定位,属性值必须为 id 的引用名"@id/id-name"
android:layout_below 位于元素的下方
android:layout_above 位于元素的的上方
android:layout_toLeftOf 位于元素的左边
android:layout_toRightOf 位于元素的右边
android:layout_alignTop 该元素的上边缘和某元素的的上边缘对齐
android:layout_alignLeft 该元素的左边缘和某元素的的左边缘对齐
android:layout_alignBottom 该元素的下边缘和某元素的的下边缘对齐
android:layout_alignRight 该元素的右边缘和某元素的的右边缘对齐

(3)设置边距,给属性赋予像素值
android:layout_marginBottom 底边缘的距离
android:layout_marginLeft 左边缘的距离
android:layout_marginRight 右边缘的距离
android:layout_marginTop 上边缘的距离

代码 11-3 relativelayout.xml

```xml
<?xml version="1.0" encoding="utf-8"?>
<RelativeLayout xmlns:android="http://schemas.android.com/apk/res/android"
    android:layout_width="match_parent"
    android:layout_height="match_parent" >
    <Button
      android:id="@+id/center"
      android:layout_width="wrap_content"
      android:layout_height="wrap_content"
      android:layout_centerInParent="true"
      android:text="中间"/>
    <Button
      android:id="@+id/top"
      android:layout_width="wrap_content"
      android:layout_height="wrap_content"
      android:layout_alignLeft="@id/center"
      android:layout_above="@id/center"
      android:text="上"/>
```

```xml
<Button
    android:id="@+id/bottom"
    android:layout_width="wrap_content"
    android:layout_height="wrap_content"
    android:layout_alignLeft="@id/center"
    android:layout_below="@id/center"
    android:text="下"/>
<Button
    android:id="@+id/left"
    android:layout_width="wrap_content"
    android:layout_height="wrap_content"
    android:layout_alignTop="@id/center"
    android:layout_toLeftOf="@id/center"
    android:text="左"/>
<Button
    android:id="@+id/right"
    android:layout_width="wrap_content"
    android:layout_height="wrap_content"
    android:layout_alignTop="@id/center"
    android:layout_toRightOf="@id/center"
    android:text="右"/>
</RelativeLayout>
```

运行结果如图 11-17 所示。

图 11-17 相对布局

## 11.4 Android 事件处理

UI 编程通常都会伴随事件处理，Android 也不例外，它提供了两种方式的事件处理：基于回调的事件处理和基于监听器的事件处理。

对于基于监听器的事件处理而言，主要就是为 Android 界面组件绑定特定的事件监听器；对于基于回调的事件处理而言，主要做法是重写 Android 组件特定的回调函数，Android 大部分界面组件都提供了事件响应的回调函数，重写它们就行。

## 11.4.1 基于监听器的事件处理

相比于基于回调的事件处理,这是更具"面向对象"性质的事件处理方式。学过 AWT、Swing 的同学对监听器已有所了解,在 Android 的基于监听的事件处理中,与其基本相同。在监听器模型中,主要涉及三类对象:

1)事件源 Event Source:产生事件的来源,通常是各种组件,如按钮、窗口等。

2)事件 Event:事件封装了界面组件上发生的特定事件的具体信息,如果监听器需要获取界面组件上所发生事件的相关信息,一般通过事件 Event 对象来传递。

3)事件监听器 Event Listener:负责监听事件源发生的事件,并对不同的事件做相应的处理。

Android 中常用的事件监听器如表 11-2 所示,这些事件监听器以内部接口的形式定义在 android.view.View 中。

表 11-2 Android 中的事件监听器

| 事件监听器接口 | 事件 |
| --- | --- |
| OnClickListener | 单击事件 |
| OnFocusChangeListener | 焦点事件 |
| OnKeyListener | 按键事件 |
| OnTouchListener | 触摸事件 |
| OnCheckedChangeListener | 选项改变事件 |

由此可知,事件监听器本质上是一个实现了特定接口的 Java 对象,在程序中实现事件监听器通常有以下几种形式:

Activity 本身作为事件监听器:通过 Activity 实现监听接口,并实现事件处理方法;

匿名内部类:使用匿名内部类创建事件监听器对象;

内部类或外部类:将事件监听类定义为当前类的内部类或是普通的外部类;

绑定标签:在布局文件中为指定标签绑定事件处理方法。

通常实现基于监听的事件处理步骤如下:

创建事件监听器;

在事件处理方法中编写事件处理代码;

在相应的组件上注册监听器。

Activity 本身作为事件监听器

通过 Activity 实现监听接口,并实现该接口中对应的事件处理方法,下述代码演示了在 Button 按钮上绑定了单击事件,当单击按钮时改变文字的内容,布局代码如下所示。

```
<LinearLayout xmlns:android="http://schemas.android.com/apk/res/android"
    xmlns:tools="http://schemas.android.com/tools"
    android:layout_width="match_parent"
    android:layout_height="match_parent"
    android:orientation="vertical" >
    <EditText
        android:id="@+id/show"
```

```
        android:layout_width="match_parent"
        android:layout_height="wrap_content"
        android:editable="false"/>
    <Button
        android:id="@+id/bt"
        android:layout_width="wrap_content"
        android:layout_height="wrap_content"
        android:text="单击我"/>
</LinearLayout>
```

上述代码定义了 EditText 和 Button 两个组件,主要用于实现 Button 的单击事件,实现监听和事件处理的 Activity 代码如下所示。

```
public class MainActivity extends Activity
        implements OnClickListener{
    private Button clickBtn;
    private EditText showText;
    @Override
    protected void onCreate(Bundle savedInstanceState) {
        super.onCreate(savedInstanceState);
        setContentView(R.layout.activity_main);
        //初始化组件
        clickBtn=(Button)findViewById(R.id.bt);
        showText=(EditText)findViewById(R.id.show);
        //直接使用 Activity 作为事件监听器
        clickBtn.setOnClickListener(this);
    }
    @Override
    public void onClick(View view) {
        showText.setText("Activity 作为单击事件的监听器。");
    }
}
```

程序运行结果如图 11-18 所示。

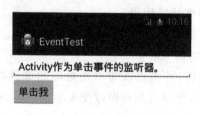

图 11-18 按钮单击事件

### 2. 匿名内部类

Activity 的主要任务是完成界面的初始化工作,而上述代码使用 Activity 本身作为监听器类,并在 Activity 类中定义事件处理方法,易造成程序混乱,大部分情况下,事件监听器只是临时使用一次,所以匿名内部类形式的事件监听器更合适,将上述代码改为匿名内部类的形式,代码如下所示。

```java
public class MainActivity extends Activity {
    private Button clickBtn;
    private EditText showText;
    @Override
    protected void onCreate(Bundle savedInstanceState) {
        super.onCreate(savedInstanceState);
        setContentView(R.layout.activity_main);
        //初始化组件
        clickBtn=(Button)findViewById(R.id.bt);
        showText=(EditText)findViewById(R.id.show);
        //使用匿名内部类作为事件监听器
        clickBtn.setOnClickListener(new OnClickListener() {
            @Override
            public void onClick(View arg0) {
                showText.setText("匿名内部类作为单击事件的监听器。");
            }
        });
    }
}
```

上述代码的粗体部分使用了匿名内部类创建了一个事件监听器对象,运行结果与图11-16类似,只是 EditText 里显示内容不同,此处不再演示。

### 3. 内部类、外部类

所谓的"内部类"形式,是指将事件监听器定义成当前类的内部类,下述代码演示使用内部类的方式实现事件监听。

```java
public class MainActivity extends Activity {
    private Button clickBtn;
    private EditText showText;
    @Override
    protected void onCreate(Bundle savedInstanceState) {
        super.onCreate(savedInstanceState);
        setContentView(R.layout.activity_main);
        //初始化组件
        clickBtn=(Button)findViewById(R.id.bt);
        showText=(EditText)findViewById(R.id.show);
        //使用内部类作为事件监听器
        clickBtn.setOnClickListener(new ClickListener());
    }
    class ClickListener implements OnClickListener{
        @Override
        public void onClick(View arg0) {
            showText.setText("内部类作为单击事件的监听器。");
        }
    }
}
```

用内部类有以下优点：

(1) 可以在当前类中复用内部类监听器类；

(2) 由于监听器是当前类的内部类，所以可以访问当前类的所有界面组件。

外部监听器的定义方式和内部类的定义方式和内部类的方式相似，但是访问 Activity 类的界面组件需要进行参数传递，没有内部类方便，与 Java 中的 AWT 或 Swing 方式基本相同，此处不再扩展。

### 4. 绑定标签

Android 还有一种更简单的绑定事件的方式，在界面布局文件中，直接为指定标签绑定事件处理方法，对于大多数 Android 界面的组件标签而言，基本都支持 OnClick 事件属性，相应的属性值就是一个类似 xxxMethod 形式的方法名称。

将前面的布局文件进行简单修改，代码如下。

```xml
<LinearLayout xmlns:android="http://schemas.android.com/apk/res/android"
    xmlns:tools="http://schemas.android.com/tools"
    android:layout_width="match_parent"
    android:layout_height="match_parent"
    android:orientation="vertical" >
    <EditText
        android:id="@+id/show"
        android:layout_width="match_parent"
        android:layout_height="wrap_content"
        android:editable="false"/>
    <Button
        android:id="@+id/bt"
        android:layout_width="wrap_content"
        android:layout_height="wrap_content"
        android:onClick="clickMe"
        android:text="单击我"/>
</LinearLayout>
```

上述代码粗体部分为用于为按钮绑定一个事件处理方法 clickMe，此时，需要开发者在 Activity 中定义一个名为 clickMe 的方法，该方法用于负责处理按钮的单击事件，该方法必须有一个 View 类型的参数，代码如下所示。

```java
public class MainActivity extends Activity {
    private Button clickBtn;
    private EditText showText;
    @Override
    protected void onCreate(Bundle savedInstanceState) {
        super.onCreate(savedInstanceState);
        setContentView(R.layout.activity_main);
        //初始化组件
        clickBtn = (Button)findViewById(R.id.bt);
        showText = (EditText)findViewById(R.id.show);
    }
```

```
public void clickMe(View arg0){
    showText.setText("绑定标签的方式");
}
}
```

## 11.4.2 基于回调机制的事件处理

假设说事件监听机制是一种托付式的事件处理,那么回调机制则与之相反,对于基于回调的事件处理模型来说,事件源和事件监听器是统一的,或者说事件监听器全然消失了,当用户在 GUI 控件上激发某个事件时,控件自己特定的方法将会负责处理该事件。

一、View 类的常见回调方法

为了使用回调机制来处理 GUI 控件上所发生的事件,须要为该组件提供相应的事件处理方法,而 Java 又是一种静态语言,无法为每一个对象动态地加入方法。因此仅仅能通过继承 GUI 控件类,并重写该类的事件处理方法来实现。Android 平台中,每一个 View 都有自己处理特定事件的回调方法,开发通过重写 View 中的这些回调方法来实现对应的事件。

二、基于回调的事件处理开发方法

**1. 自己定义控件的一般步骤**

(1)定义自己组件的类名。并让该类继承 View 类或一个现有的 View 的子类;

(2)重写父类的一些方法,通常须要提供一个构造器,构造器是创建自己定义控件的基本方式。

当 Java 代码创建该控件或依据 XML 布局文件载入并构建界面时都将调用该构造器,依据业务须要重写父类的部分方法。比如 onDraw 方法,用于实现界面显示,其它方法还有 onSizeChanged()、onKeyDown()、onKeyUp()等。

使用自己定义的组件,既可通过 Java 代码来创建,也能够通过 XML 布局文件进行创建,须要注意的是在 XML 布局文件里,该组件的标签是完整的包名+类名,而不再不过原来的类名。

**2. View 类包含如下方法。**

(1)boolean onKeyDown(int keyCode,KeyEvent event):当用户在该组件上按下某个按键时触发该方法。

(2)boolean onKeyLongPress(int keyCode,KeyEvent event):当用户在该组件上长按某个按键时触发该方法。

(3)boolean onKeyShortcut(int keyCode,KeyEvent event):当一个键盘快捷键事件发生时触发该方法。

(4)boolean onKeyUp(int keyCode,KeyEvent event):当用户在该组件上松开某个按键时触发该方法。

(5)boolean onTouchEvent(MotionEvent event):当用户在该组件上触发触摸屏事件时触发该方法。

(6)boolean onTrackballEvent(MotionEvent event):当用户在该组件上触发轨迹球事件时触发该方法。

(7)void onFocusChanged(boolean gainFocus,int direction,Rect previouslyFocusedRect):当组件的焦点发生改变时触发该方法。和前面的 6 个方法不同,该方法只能够

在 View 中重写。

几乎所有基于回调的事件处理方法都有一个 boolean 类型的返回值,该返回值用于标识该处理方法是否能完全处理该事件。如果处理事件的回调方法返回 true,表明该处理方法已完全处理该事件,该事件不会传播出去。如果处理事件的回调方法返回 false,表明该处理方法并未完全处理该事件,该事件会传播出去。对于基于回调的事件传播而言,某组件上所发生的事件不仅会激发该组件上的回调方法,也会触发该组件所在 Activity 的回调方法——只要事件能传播到该 Activity。

自定义组件 MyEditText,代码如下。

```java
public class MyEditText extends EditText {
    public MyEditText(Context context, AttributeSet attrs) {
        super(context, attrs);
    }
    public boolean onKeyDown(int keyCode, KeyEvent event){
        Log.v("Tag","Message");
        return false;//表示不继续向外传播
    }
}
```

在布局文件中引用自定义组件代码如下。

```xml
<?xml version="1.0" encoding="utf-8"?>
<LinearLayout
    xmlns:android="http://schemas.android.com/apk/res/android"
    android:orientation="vertical"
    android:layout_width="fill_parent"
    android:layout_height="fill_parent">
    <!-- 使用自定义组件 -->
    <org.crazyit.event.MyEditText
        android:orientation="vertical"
        android:layout_width="fill_parent"
        android:layout_height="wrap_content"/>
</LinearLayout>
```

程序运行时在文本框中有按键按下时,LogCat 窗口结果如图 11-19 所示。

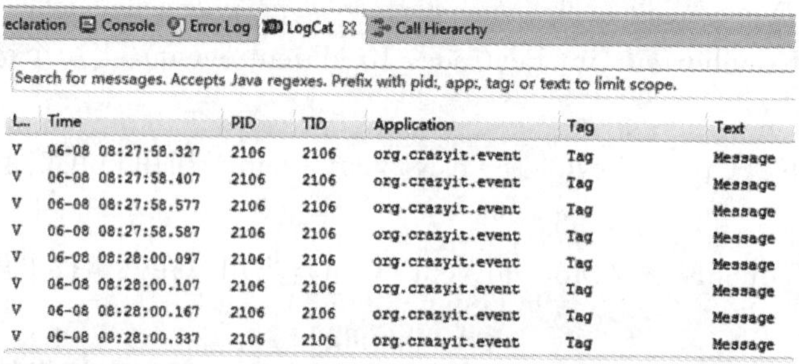

| L... | Time | PID | TID | Application | Tag | Text |
|---|---|---|---|---|---|---|
| V | 06-08 08:27:58.327 | 2106 | 2106 | org.crazyit.event | Tag | Message |
| V | 06-08 08:27:58.407 | 2106 | 2106 | org.crazyit.event | Tag | Message |
| V | 06-08 08:27:58.577 | 2106 | 2106 | org.crazyit.event | Tag | Message |
| V | 06-08 08:27:58.587 | 2106 | 2106 | org.crazyit.event | Tag | Message |
| V | 06-08 08:28:00.097 | 2106 | 2106 | org.crazyit.event | Tag | Message |
| V | 06-08 08:28:00.107 | 2106 | 2106 | org.crazyit.event | Tag | Message |
| V | 06-08 08:28:00.167 | 2106 | 2106 | org.crazyit.event | Tag | Message |
| V | 06-08 08:28:00.337 | 2106 | 2106 | org.crazyit.event | Tag | Message |

图 11-19　LogCat 中结果

## 本章习题

一、填空题

1. Android 中有两种事件处理机制,分别是：_____ 和 _____。
2. Android 中的常用布局管理器有：_____、_____、_____、_____、_____、_____。
3. Android 中界面元素主要由 _____、_____、_____、_____ 组成。把 Container 的子类或间接子类创建的对象称为一个容器。

二、思考题

1. ADT 插件与 SDK 的作用分别是什么？
2. Android 中有哪几种常用的布局管理器,各有什么特点？
3. Android 中的事件处理机制有几种？各有什么特点？

三、编程题

1. 编写应用程序,用线性布局、表格布局和相对布局三种方式,分别实现如下图所示的登录界面,用户名与密码都为 admin,登录成功,否则显示登录失败。

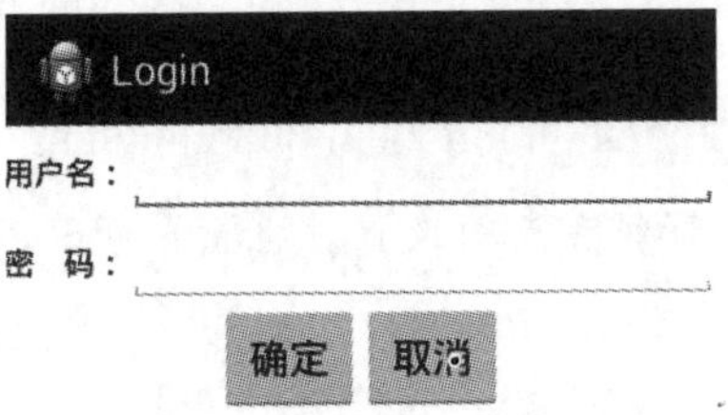

图 11-20  程序运行结果

# 第12章　数据库编程

数据库可以存储大量的信息，并具有高效的操作效率，Java 具有强大的数据库操作功能。JDBC 提供了一些用 Java 语言编写的类与接口，程序开发人员可以用纯 Java 语言编写完整的数据库应用程序。本章先介绍 JDBC 的基础知识，接着以 MySQL 为例讲述了数据库连接的主要步骤及相关的对象，然后重点说明了查询和更新操作，最后讨论了存储过程的调用、结果集的滚动、更新及事务处理。

◆ 学习目标

- 了解驱动程序的四种类型，熟悉 JDBC 的典型用法；
- 熟悉创建数据库连接的主要步骤；
- 熟悉 Connection、Statement、ResultSet 对象的功能及常用方法；
- 掌握数据库的查询、更新操作；
- 熟悉结果集可滚动性的设置及更新操作；
- 掌握存储过程的调用；
- 理解事务处理的概念，了解保存点的设置及批量更新。

## 12.1　JDBC 设计

从一开始，Sun 公司的 Java 技术人员就意识到了 Java 在数据库应用方面的巨大潜力。从 1995 年开始，他们就致力于扩展 Java 标准类库，使之可以应用 SQL 语言访问数据库。他们最初希望，通过扩展 Java，人们就可以用"纯"Java 语言与任何数据库进行通信。但是，他们很快发现这是一项无法完成的任务，因为业界存在许多不同的数据库，且它们所使用的协议各不相同。很多数据库供应商都表示支持 Sun 公司提供的一套数据库访问的标准网络协议，因为每一家企业都希望 Sun 公司能采用他们自己的网络协议。

所有的数据库供应商和工具开发商确实都认为，如果 Sun 公司能够为 SQL 访问提供一套"纯"Java API，同时提供一个驱动管理器，以允许第三方驱动程序可以连接到特定的数据库，那它们会显得非常有用。这样，数据库供应商就可以提供自己的驱动程序，并插入到驱动管理器中。另外还需要一套简单的机制，以使得第三方驱动程序可以向驱动管理器注册。关键的问题是，所有的驱动程序都必须满足驱动管理器 API 提出的要求。

随后，Sun 公司指定了两套接口：应用程序开发者使用 JDBC API，而数据库供应商和工具开发商则使用 JDBC 驱动 API。

这种接口组织方式遵循了微软公司非常成功的 ODBC 模式，ODBC 为 C 语言访问数据库提供了一套编程接口。JDBC 和 ODBC 都是基于同一个思想：根据 API 编写的程序都可以与驱动管理器进行通信，而驱动管理器则通过插入其中的驱动程序与实际数据库通信。

所有这些都意味着 JDBC API 是大部分程序员不得不使用的接口,如图 12-1 所示。

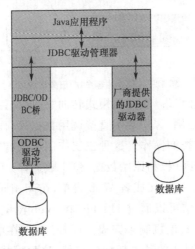

图 12-1　JDBC 至数据库的通信路径

## 12.1.1　JDBC 驱动程序类型

JDBC 驱动程序可以归结为以下几类:

第 1 类驱动程序:将 JDBC 翻译成 ODBC,然后使用一个 ODBC 驱动程序与数据库进行通信。Sun 公司发布的 JDK 中包含了一个这样的驱动程序:JDBC/ODBC 桥。不过在使用这个桥接器之前需要对 ODBC 进行相应的部署和正确的设置。在 JDBC 面市之初,桥接器可以方便地用于测试,却不太适用于产品的开发。目前我们可以得到更多更好的驱动程序,因此我们不建议使用 JDBC/ODBC 桥。

第 2 类驱动程序:是由部分 Java 程序和部分本地代码组成的,用于与数据库客户端 API 进行通信。在使用这种驱动程序之前,不仅需要安装 Java 类库,还需要安装一些与平台相关的代码。

第 3 类驱动程序:是纯 Java 类库,它使用一种与具体数据库无关的协议将数据库请求发送给服务器构件,然后该构件再将数据库请求翻译成特定数据库协议。

第 4 类驱动程序:是纯 Java 类库,它将 JDBC 请求直接翻译成特定的数据库协议。

大部分数据库供应商都为它们的产品提供了第 3 类或第 4 类驱动程序。与数据库供应商提供的驱动程序相比,许多第三方公司开发了符合标准的产品,它们支持更多的平台、运行性能更佳,某些情况下甚至具有更高的可靠性。

总之,JDBC 最终是为了实现以下目标:

1. 通过使用 SQL 语句(甚至是专有的 SQL 扩展),程序员可以利用 Java 语言开发访问数据库的应用。需要说明的是,扩展 SQL 仍然需要遵守 Java 语言的相关约定。

2. 数据库供应商和数据库工具开发商可以提供底层的驱动程序。因此,他们有能力优化各自数据库的驱动程序。

## 12.1.2　JDBC 典型用法

在传统的客户端/服务器模式中,通常是在服务器端配置数据库,在客户端安装内容丰富的 GUI 界面(如图 12-2 所示)。在此模型中,JDBC 驱动程序应该部署在客户端。

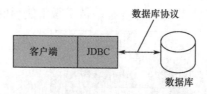

图 12-2　传统的客户端/服务器应用

但是,如今软件业界都从客户端/服务器模式转向"三层应用模式",甚至更高级的"n 层应用模式"。现以三层应用模式为例,客户端不直接调用数据库,而是调用服务器上的中间件层,最后由中间件层完成数据库的查询操作。这种三层应用模式有以下优点:它将可视化表示(位于客户端)从业务逻辑(位于中间层)和原始数据(位于数据库)中分离出来。因此,我们就可以从不同的客户端,如 Java 应用、Applet 或者 Web 表单,访问相同的数据和相同的业务规则。

客户端和中间层之间的通信可以通过 HTTP(将 Web 浏览器用作客户端时)、RMI(使用 Application 或 Applet 时)或者其他机制来完成。JDBC 负责在中间层和后台数据库之间进行通信,图 12-3 展示了这种通信模式的基本架构。当然,这种模式有多种变化。尤其是 Java EE 为应用服务器定义了一种结构,用于管理被称为企业级 JavaBean 的代码模块,并且显示了很多的优势,比如高安全性、负载平衡、访问请求的高速缓存以及简单的数据访问等。在此架构中,JDBC 仍扮演了重要的角色,即完成了复杂的数据查询。

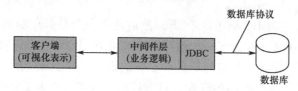

图 12-3　三层结构的应用

## 12.2　安装 JDBC

首先,需要有一个与 JDBC 兼容的数据库软件。目前这方面有许多出色的软件可供选择,比如:Microsoft SQL Server、IBM DB2、MySQL、Oracle 和 PostgreSQL。

本章以 MySQL 5.1 版本的数据库为例进行介绍,先讲述如何下载、安装。读者可以通过网址:http://dev.mysql.com/downloads/windows/installer/(如图 12-4)下载 MySQL 数据库安装包。

图 12-4　MySQL 数据库下载版本选择

在这里我们选择 X8,32-bit 版本的 MSI 安装程序,单击"Download"下载至本地。下载成功后,双击打开安装程序,如图 12-5 所示。

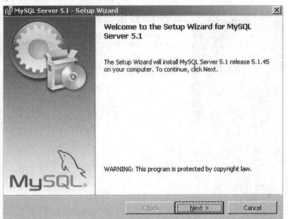

图 12-5　MySQL 数据库安装

单击"Next",进入数据库安装类型选择界面,如图 12-6 所示。

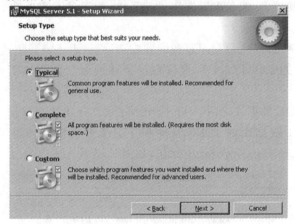

图 12-6　选择数据库安装模式

在学习本章内容的过程中,对数据库的要求比较低,读者保持默认选择即可。继续单击"Next"进入安装过程。

安装成功后可以生成如图 12-7 所示的界面。

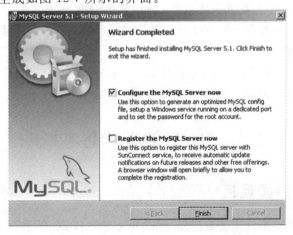

图 12-7　安装 MySQL 成功后转入配置服务向导

此时，读者需要勾选"Configure the MySQL Server now"，只有配置了 MySQL 的数据库服务才能使用它。所以，单击"Finish"按钮，进入服务配置页面，如图 12-8 所示。

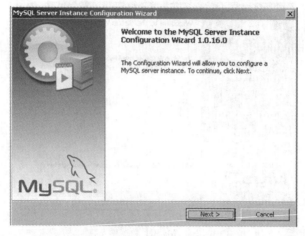

图 12-8　MySQL 数据库服务配置向导

服务器的配置步骤较多，但是配置方法比较简单，读者只需要保持默认选项即可，这里不一一赘述。

为了巩固本章的学习内容，数据库服务配置成功后，读者还需要创建一个数据库。我们建议将这个数据库命名为 COREJAVA，可以自己创建或者让数据库管理员创建并分配适当权限。

安装并创建 MySQL 数据库之后，Java 应用程序仍然还不能与数据库建立连接，还需要下载特定于 MySQL 5.1 数据库的 JDBC 驱动程序。读者可以到网址：http://www.mysql.com/downloads/connector/j/ 下载 jar 驱动包，如图 12-9 所示。

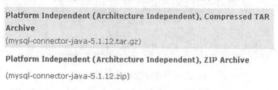

图 12-9　MySQL 的 JDBC 驱动下载列表

用户可以下载 tar.gz 或者 zip 文件，解压后将其中的 mysql-connector-java-5.1.6-bin.jar 加入到 classpath 的设置中。配置方式和第 1 章讲述的 JDK 环境变量配置中 classpath 路径配置方式一样。如果使用的操作系统是 Linux，则选择下载第一项，这里我们选择第二项，即在 Windows 操作系统下使用。

实际上，所有的数据库供应商都为自己的产品开发了 JDBC 驱动程序。读者可以按照产品说明书上要求在程序中加载驱动程序，并与数据库建立连接。

## 12.3　JDBC 编程的基本概念

### 12.3.1　创建数据库连接

Java 程序通过 JDBC 组件连接数据库，可以分为加载 JDBC 驱动程序、提供 JDBC URL 和获取Connection对象等几个步骤。下面以连接MySQL数据库为例,演示JDBC连接数据库的基本过程。

**1. 加载驱动程序**

首先必须通过java.lang.Class类的forName()动态加载驱动程序类,并向DriverManager注册JDBC驱动程序(驱动程序会自动通过DriverManager.registerDriver()方法注册)。MySQL的驱动类型是com.mysql.jdbc.Driver。

**例12.1** 加载数据库驱动示例。

```
public static void main(String []args){
  try{
    Class.forName("com.mysql.jdbc.Driver");
    System.out.println("成功加载MySQL驱动程序");
  }
  catch(ClassNotFoundException e){
    System.out.println("找不到MySQL驱动程序");
    e.printStackTrace();
  }
}
```

如果使用JDBC-ODBC桥连接数据库,则此时Class类加载的驱动程序为:

```
Class.forName("sun.jdbc.odbc.JdbcOdbcDriver");
```

**2. 提供JDBC URL**

当Java程序完成了MySQL驱动程序的加载后,就可以创建字符串来指向要操作的数据源及相关属性,这个字符串被称为JDBC URL。JDBC URL定义了连接数据库时的协议、子协议和数据源名称。其格式为:

协议:子协议:数据源名称

"协议"在JDBC中总是以jdbc开始;"子协议"是桥接的驱动程序或是数据库系统名称,使用MySQL数据库则为"mysql";"数据源名称"表示数据来源的地址和连接端口,例如:在Windows操作系统中,可通过菜单"开始"|"管理工具"|"数据源(ODBC)"来创建数据源。

例如MySQL的JDBC URL编写方式:

jdbc:mysql://主机名称:连接端口/数据库名称?参数=值&参数=值

主机名称可以是本机localhost或者其他连接主机,连接端口为3306。加入要连接的数据库名称为company,并指明用户名和密码,可以做如下指定:

```
String url = jdbc:mysql://localhost:3306/company? user=root&password=111111";
```

如果需要使用中文存储数据,还必须设置编码参数useUnicode及characterEncoding,表明是否使用Unicode,并指明字符编码方式,例如:

```
String url = "jdbc:mysql://localhost:3306/company? user=Root
&password=111111&useUnicode=true&characterEncoding=UTF8";
```

如果使用JDBC-ODBC桥连接数据库,此时URL如下所示:

```
"jdbc:odbc:company","root","111111"
```

company表示数据源名称,root表示用户名,后面参数表示数据库用户密码。

**3. 获取Connection对象**

URL字符串创建完毕后,就可以获取数据库连接对象了。要连接数据库,实际上就是向

java.sql.DriverManager 发出请求并获得 java.sql.Connection 对象。Connection 是数据库连接的具体代表对象，一个 Connection 对象就代表一个数据库连接，可以使用 DriverManager 的 getConnection()方法，指定 JDBC URL 作为自变量获得 Connection 对象。其代码如下：

```
try {
    String url = "jdbc:mysql://localhost:3306/company?"+"user=root&password=111111";
    Class.forName("com.mysql.jdbc.Driver");
    System.out.println("成功加载 MySQL 驱动程序");
    Connection conn = DriverManager.getConnection(url);
    ...
}
catch(ClassNotFoundException e) {
    System.out.println("找不到 MySQL 驱动程序");
    e.printStackTrace();
}
catch(SQLException e) {
    e.printStackTrace();
}
```

java.sql.SQLException 是在处理 JDBC 时经常遇到的异常，故需要使用 try…catch 或 throws 明确处理。SQLException 表示 JDBC 操作过程中若发生错误时的具体对象代表。

获得 Connection 对象之后，可以使用 isClosed()方法测试与数据库的连接是否关闭。在操作完数据库后，如果确定不需要连接，则必须使用 close()来关闭与数据库的连接，以释放连接时的必要资源。

## 12.3.2　执行 SQL 命令

在执行 SQL 命令之前，首先需要创建一个 Statement 对象。创建 Statement 对象时，需要使用调用 DriverManager.getConnection()方法获得的 Connection 对象。

```
Statement stmt = conn.createStatement();
```

接着把要执行的 SQL 语句插入到字符串中，例如：

```
String command = "Update Employee SET salary=salary+50 WHERE name LIKE %John%";
```

然后调用 Statement 类中的 executeUpdate()方法：stmt.executeUpdate(command);，executeUpdate()方法将返回受 SQL 命令影响的行数。

executeUpdate 方法既可以执行诸如 INSERT、UPDATE 和 DELETE 之类的操作，也可以执行诸如 CREATE TABLE 和 DROP TABLE 之类的数据定义命令。但是，SELECT 查询时必须使用 executeQuery()方法。另外，还有一个 execute()方法可以执行任意的 SQL 语句，此方法通常只用于用户提供的交互式查询。

当执行查询操作时，通常最感兴趣的是查询结果。executeQuery 方法返回一个 ResultSet 对象，可以通过它来每次一行地迭代遍历所有的查询结果。

```
ResultSet rs = stmt.executeQuery("SELECT * FROM Employee");
```

遍历结果集时通常可以使用类似如下循环语句的代码：

```
While(rs.next()){
    System.out.println("id:" + rs.getLong(1));
```

```
System.out.println("name:" + rs.getString("name"));
}
```

查看每一行时,可能希望知道其中每一列的内容,有许多访问器方法可用于获取这些信息。

访问器的形式为 getXxx(),不同的数据类型有不同的访问器,比如:getLong 和 getString。每个访问器都有两种形式,一种接收数字参数,另一种接收字符串参数。当使用数字参数时,我们指定的是该数字所对应的列。例如:rs.getString(1)返回的是当前行中第一列的值。

当使用字符串参数时,指的是结果集中该字符串为列名的列。例如:rs.getString("name")返回列名为 name 的列对应的值。使用数字参数的效率高一些,但是使用字符串参数可以使代码易于阅读和维护。

当 get 方法的类型和列的数据类型不一致时,每个 get 方法都会进行合理的数据类型转换。

表 12-1 列举了所有 SQL 数据类型以及它们在 Java 语言中对应的数据类型:

**表 12-1　　　　SQL 数据类型对应 Java 数据类型**

| SQL 数据类型 | Java 数据类型 |
| --- | --- |
| INTEGER 或 INT | int |
| SMALLINT | short |
| NUMERIC(m,n)、DECIMAL(m,n)或 DEC(m,n) | java.math.BigDecimal |
| FLOAT(n) | double |
| REAL | float |
| DOUBLE | double |
| CHARACTER(n)或 CHAR(n) | String |
| VARCHAR(n) | String |
| BOOLEAN | boolean |
| DATE | java.sql.Date |
| TIME | java.sql.Time |
| TIMESTAMP | java.sql.Timestamp |
| BLOB | java.sql.Blob |
| CLOB | java.sql.Clob |
| ARRAY | java.sql.Array |

## 12.3.3　高级 SQL 类型

除了数字、字符串和日期类型之外,许多数据库都可以存储较大的对象,例如图片或其他数据。在 SQL 中,二进制大对象被称为 BLOB,字符串大对象被称为 CLOB。调用 getBlob 和 getClob 方法可以返回 java.sql.Blob 对象和 java.sql.Clob 对象。这些类都提供了用以读取大对象中的字节或字符的方法。

SQL ARRAY(SQL 数组)指的是值的序列。例如,Student 表中通常都会有一个 scores 列,这个列应该是 ARRAY OF INTEGER(整型数组),getArray 方法返回一个类型为 java.

sql.Array 的对象。java.sql.Array 接口中有许多方法可以用于获取数组的值。

从数据库中获取一个 BLOB 或数组并不等于获取了它的实际内容,只有在访问具体值时它们才会从数据库中被读取出来。这对改善性能非常有好处,因为这些数据的数据量通常都非常大。

高级 SQL 类型涉及相关的 API:

1. java.sql.DriverManager——表示驱动管理器,其常用方法有:

static Connection getConnection(String url,String user,String password):建立一个到指定数据库的连接,并返回一个 Connection 对象。

2. java.sql.Connection——表示连接对象,其常用方法有:

(1)Statement createStatement():创建一个 Statement 对象,用以执行不带参数的 SQL 查询与更新。

(2)void close():用以立即关闭当前的连接以及释放由它所创建的 JDBC 资源。

3. java.sql.Statement——表示 SQL 语句对象,其常用方法有:

(1)ResultSet executeQuery(String query):执行给定的字符串中的 SQL 语句,并返回一个用于查看查询结果的 ResultSet 对象。

(2)int executeUpdate(String sqlStatement):执行字符串中指定的 INSERT、UPDATE 或 DELETE 等 SQL 语句。还可以执行数据定义语言(DLL)的语句,如:CREATE TABLE,返回受影响的行数,如果是没有更新计数的语句,则返回-1。

(3)boolean execute(String sqlStatement):执行字符串中指定的 SQL 语句。如果该语句返回一个结果集,则该方法返回 true;反之,返回 false。使用 getResultSet 或 getUpdateCount 方法可以得到语句的执行结果。

(4)int getUpdateCount():返回受前一条更新语句影响的记录总数。如果前一条语句未更新数据库,则返回-1。对于每一条执行过的语句,该方法只能被调用一次。

(5)ResultSet getResultSet():返回当前查询语句的结果集。如果当前语句未产生结果集,则返回 null 值。对于每一条执行的语句,该方法只能被调用一次。

(6)void close():关闭 Statement 对象以及它所对应的结果集。

4. java.sql.ResultSet——表示结果集对象,其常用方法有:

(1)boolean next():将结果集中的当前行向前移动一行。如果已经到达最后一行的末尾,则返回 false。注意,初始情况下必须调用该方法才能转到第一行。

(2)int findColumn(String columnName):根据指定的列名,返回该列的序号。

(3)void close():立刻关闭当前的结果集。

5. java.sql.SQLException——表示 SQL 异常对象,其常用方法有:

(1)String getSQLState():返回"SQL 状态",它是一个与错误有关的 5 位数的错误编码。

(2)int getErrorCode():返回与数据库供应商相关的异常编码。

(3)SQLException getNextException():返回连接到该 SQLException 对象的下一个异常。该异常可能包含更多的错误信息。

## 12.3.4 管理连接、语句和结果集

每个 Connection 对象都可以创建一个或一个以上的 Statement 对象。同一个 Statement 对象可以用于多个不相关的命令和查询。但是,一个 Statement 对象最多只能打开一个结果

集。如果需要执行多个查询操作,且需要同时分析查询结果,那么必须创建多个 Statement 对象。

> **注意:** 有一些数据库的 JDBC 驱动程序只允许同时存在一个激活的 Statement 对象。使用 DatabaseMetaData 类中的 getMaxStatements 方法获取 JDBC 驱动程序支持的语句对象的总数。

这看上去似乎有局限性。但实际上,我们通常并不需要同时处理多个结果集。如果结果集相互关联,我们就可以使用组合查询,这样就只需要分析一个结果。对数据库进行组合查询比使用 Java 程序遍历多个结果集要高效得多。

当使用完 ResultSet、Statement 或 Connection 对象时,应立即调用 close() 方法。这些对象都是用了规模较大的数据结构,所以我们不应该等待垃圾回收器来处理它们。

如果 Statement 对象上有一个打开的结果集,那么调用 close() 方法将自动关闭该结果集。同样地,调用 Connection 类的 close() 方法将关闭该连接上的所有语句。

如果所用连接都是短时性的,那么不用考虑关闭语句和结果集,只需将 close() 语句放在 finally 块中,以确保关闭连接对象。代码片段如下:

```java
String url = "jdbc:mysql://localhost:3306/company?"+"user=root&password=111111";
Connection conn = null;
try {
    conn = DriverManager.getConnection(url);
    Class.forName("com.mysql.jdbc.Driver");
    System.out.println("成功加载 MySQL 驱动程序");
    Statement stmt = conn.createStatement();
    String command = "SELECT * FROM Employee WHERE name LIKE %John%";
    ResultSet rs = stmt.executeQuery(command);
}
catch(ClassNotFoundException e) {
    System.out.println("找不到 MySQL 驱动程序");
    e.printStackTrace();
}
catch(SQLException e) {
    e.printStackTrace();
}
finally {
    conn.close();
}
```

## 12.4 执行查询操作

利用 DriverManager 和 Connection 接口,可以成功地连接后台数据库。当数据库连接成功后,就可以利用 ResultSet 接口来获取数据库数据。

下面通过一个案例,来演示如何利用 ResultSet 接口获取数据库数据的方法,在文本编辑器中输入如下代码:

**例 12.2** 利用 ResultSet 接口获取数据库数据的方法。

```java
public class MySQLExample {
    public static void main(String []args) throws Exception {
        String url = "jdbc:mysql://localhost:3306/company?" + "user=root&password=111111";
        Connection conn = null;
        try {
            conn = DriverManager.getConnection(url);
            Class.forName("com.mysql.jdbc.Driver");
            System.out.println("成功加载 MySQL 驱动程序");
            Statement stmt = conn.createStatement();
            String command = "SELECT * FROM Employee";
            System.out.println("员工编号 员工名称 性别 员工职务 工资");
            ResultSet rs = stmt.executeQuery(command);
            while(rs.next()) {
                System.out.print("" + rs.getInt(1) + " ");
                System.out.print("" + rs.getString(2) + " ");
                System.out.print("" + rs.getString(3) + " ");
                System.out.print("" + rs.getString(4) + " ");
                System.out.print("" + rs.getFloat(5) + " ");
            }
        }
        catch(Exception e) {
            e.printStackTrace();
        }
        finally {
            conn.close();
        }
    }
}
```

保存上述代码为 MySQLExample.java 至 D:\目录。在命令提示符窗口中，编译、运行该程序，结果如图 12-10 所示。

图 12-10 查询数据库数据

## 12.5 滚动和更新结果集

### 12.5.1 可滚动的结果集

为了从查询中获取可滚动的结果集，必须使用以下方法得到一个不同的 Statement 对象：
Statement stmt = conn.createStatement(type, concurrency);

如果要获得预编译语句,请调用以下方法:
PreparedStatement pstmt = conn.prepareStatement(command,type,concurrency);
表 12-2 与表 12-3 列出了 type 和 concurrency 的所有可能取值。可以有以下几种选择:

1.是否希望结果集是可滚动的?如果不需要,则使用 ResultSet.TYPE_FORWARD_ONLY。

2.如果结果集是可滚动的,且数据库在查询生成结果集之后发生了变化,那么是否希望结果集反映出这些变化?(在我们的讨论中,我们假设将可滚动的结果集设置为 ResultSet.TYPE_SCROLL_INSENSITIVE。这个设置将使结果集"感应"不到查询结束后出现的数据库变化)

3.是否希望通过编辑结果集就可以更新数据库?(详细内容在下一节讲解)

**表 12-2　　　　　ResultSet 类的 type 值**

| TYPE_FORWARD_ONLY | 结果集不能滚动 |
| --- | --- |
| TYPE_SCROLL_INSENSITIVE | 结果集可以滚动,但对数据库变化不敏感 |
| TYPE_SCROLL_SENSITIVE | 结果集可以滚动,且数据库变化敏感 |

**表 12-3　　　　　ResultSet 类的 concurrency 值**

| CONCUR_READ_ONLY | 结果集不能用于更新数据库 |
| --- | --- |
| CONCUR_UPDATABLE | 结果集可以用于更新数据库 |

例如:如果只想滚动遍历结果集,而不想编辑它的数据,那么可以使用以下语句:
Statement stmt = conn.createStatement(
Result.TYPE_SCROLL_INSENSITIVE,CONCUR_READ_ONLY);
现在,通过调用以下方法获得的所有结果集都是可滚动的。
ResultSet rs = stmt.executeQuery(queryString);
可滚动的结果集有一个游标,用以指示当前位置。
在结果集上的滚动是非常简单的,可以使用:
if(rs.previous()) …;//向后滚动
如果游标位于一个实际的行上,那么该方法将返回 true;如果游标位于第一行之前,那么返回 false。
可以使用以下命令将游标向后或向前移动多行:
rs.relative(n);
如果 n 为正数,游标向前移动;如果 n 为负数,游标向后移动;如果 n 为 0,那么调用该方法无效。如果试图将游标移动到当前行集的范围之外,那么根据 n 值的正负号,游标将被设置在最后一行之后或第一行之前。然后,该方法返回 false,且不移动游标。如果游标位于一个实际的行上,那么该方法将返回 true。
还可以将游标设置在指定的行号上:
rs.absolute(n);
调用以下方法将返回当前的行号:
int currentRow = rs.getRow();
结果集中第一行的行号为 1。如果返回值为 0,那么当前游标不在任何行上,它要么位于第一行之前,要么位于最后一行之后。

使用一个可滚动的结果集是非常简单的。将查询数据放入缓存中的复杂工作是由数据库驱动程序在后台完成的。

## 12.5.2 可更新的结果集

如果用户希望能够编辑结果集中的数据,并将结果集上的数据自动添加到数据库中,那么就必须使用可更新的结果集。可更新结果集并不一定是可滚动的,但用户在使用时,通常会希望结果集是可滚动的。

如果要获得可更新的结果集,使用以下方法创建一条语句:
Statement stmt=conn.createStatement(
ResultSet.TYPE_SCROLL_INSENSITIVE,ResultSet.CONCUR_UPDATE);
调用 executeQuery()方法返回的结果集就将是可更新的结果集。

例如:假设想提高某些图书的价格,但是在执行 UPDATE 命令时又没有一个简单而统一的提价标准。此时,就可以根据任意的条件,迭代遍历所有的图书并更新它们的价格。
```
String query = "SELECT * FROM BOOKS";
ResultSet rs = stmt.createQuery(query);
while(rs.next()){
  if(...) {
    double increase = ...;
    double price = rs.getDouble("price");
    rs.updateDouble("price",price + increase);
    rs.updateRow();
  }
}
```
所有对应于 SQL 类型的数据类型都配有 updateXxx() 方法,比如 updateDouble、updateString 等。与 getXxx()方法相同,在使用 updateXxx()方法时必须指定列的名称或序号。然后,才可以给该字段设置新的值。

updateXxx()方法改变的只是结果集中的行值,而非数据库的值。当执行完行中的字段值更新之后,必须调用 updateRow()方法。这个方法将当前行中的所有更新信息发送到数据库。如果没有调用 updateRow()方法将游标移到其他行上,那么所有的更新信息都将被行集丢弃,而且永远也不会被传递到数据库。还可以调用 cancelRowUpdate()方法来取消对当前行的更新。

如果想在数据库中添加一条新的记录,首先需要使用 moveToInertRow()方法将游标设置为特定的位置,称之为插入行。然后,调用 updateXxx()方法在插入行的位置上创建一个新的行。在上述操作全部完成之后,还需要调用 insertRow()方法将新建的行发送给数据库。完成插入操作后,再调用 moveToCurrentRow()方法将游标移回到调用 moveToInsertRow()方法之前的位置。下面是一段示例程序:
```
rs.moveToInsertRow();
rs.updateString("name",name);
rs.updateFloat("price",price);
rs.insertRow();
rs.moveToCurrentRow();
```

> **注意**：用户无法控制在结果集或数据库中添加新数据的位置。最后需要说明的是，可以使用以下方法删除游标所指的行：

rs.deleteRow();

deleteRow 方法会立即将该行从结果集和数据中删除。

ResultSet 类中的 updateRow()、insertRow() 和 deleteRow() 方法的执行效果等同于 SQL 命令中的 UPDATE、INSERT 和 DELETE。不过，习惯于 Java 编程语言的程序员通常会觉得使用结果集来操控数据库要比使用 SQL 语句自然得多。

## 12.6 事务及存储过程的调用

我们可以将一组语句构建成一个事务。当所有语句都顺利执行之后，事务可以被提交。否则，如果其中某个语句遇到错误，那么事务将被回滚，就好像没有执行过任何命令一样。

将多个命令组合成事务的主要原因是为了确保数据库的完整性。例如，假设需要将一笔钱从一个银行账号转到另一个银行账号。此时，一个非常重要的问题就是必须将钱从一个账号取出并且存入另一个账号，如果在将钱转入其他账号之前系统崩溃，那么必须撤销取款的操作。

如果将更新语句组合成一个事务，那么事务要么成功地执行所有操作并提交，要么在中间某个位置发生失败。在这种情况下，可以执行回滚操作，数据库将自动撤销上次提交事务之前的所有更新操作产生的影响。

默认情况下，数据库连接处于自动提交模式。每个 SQL 命令一旦被执行便被提交到数据库。一旦命令被提交，就无法对它进行回滚操作。如果要检查当前自动提交模式的设置，需调用 Connection 类的 getAutoCommit() 方法查看命令的状态：

boolean isAutoCommit = conn.getAutoCommit();

可以使用以下命令关闭自动提交模式：

conn.setAutoCommit(false);

此时，可以使用通常的方法创建一个语句对象：

Statement stmt = conn.createStatement();

任意多次地调用 executeUpdate() 方法：

stmt.executeUpdate(command1);
stmt.executeUpdate(command2);
stmt.executeUpdate(command3);
…

执行了所有命令之后，调用 commit 方法：

conn.commit();

如果发现错误，调用：

conn.rollback();

此时，程序将自动撤销自上次提交以来的所有命令。当事务被 SQLException 异常中断时，通常的办法是发起回滚操作。

### 12.6.1 保存点

使用保存点(Save Point)可以更好地控制回滚操作。创建一个保存点意味着稍后只需返

回到这个点,而非事务的开头。例如:
```
Statement stmt = conn.createStatement();//启动事务,回滚起始点
stmt.executeUpdate(command1);
Savepoint svpt = conn.setSavepoint();//设置保存点;回滚起始点
stmt.executeUpdate(command2);
if(…) conn.rollback(svpt)//回滚command命令的操作
…
conn.commit();
```
这里我们使用了匿名的保存点,也可以为它添加名字,比如:
```
Savepoint svpt = conn.setSavepoint("stage1");
```
当使用一个保存点完成了所有的操作后,使用以下语句释放它:
```
conn.releaseSavepoint(svpt);
```

### 12.6.2 批量更新

假设有一个程序需要执行许多 INSERT 语句,以便将数据填入数据库表中。在 JDBC 2 中,可以使用批量更新方法来提高程序的性能。在批量更新时,一个命令序列作为一批操作将同时被收集和提交。

**注意:**使用 DatabaseMetaData 类中的 supportsBatchUpdates()方法可以获知数据库是否支持这种特性。

处于同一批中的命令可以是 INSERT、UPDATE 和 DELETE 等操作,也可以是数据库定义命令,如 CREATE TABLE 和 DROP TABLE。不过,不能在批量处理中添加 SELECT 命令,因为执行 SELECT 语句将会返回一个结果集。

为了执行批量处理,首先必须使用通常的方法创建一个 Statement 对象:
```
Statement stmt = conn.createStatement();
```
现在应该调用 addBatch()方法,而非 executeUpdate()方法:
```
String command = "CREATE TABLE …";
stmt.addBatch(command);
while(…){
    command = "INSERT INTO …VALUES(" + …+")";
    stmt.addBatch(command);
}
```
最后,提交整个批量更新语句:
```
int[] counts = stmt.executeBatch();
```
调用 executeBatch()方法将为所有已提交命令返回一个记录数的数组。让我们回顾一下,调用一次 executeUpdate()方法将返回一个整数,即数据库中受该命令影响的记录总数。在当前的示例中,addBatch()方法返回一个数组,该数组的第一个元素为 0(因为 CREATE TABLE 命令产生 0 行记录),而其他元素为 1(因为每个 INSERT 命令都只对一行记录产生影响)。

为了在批量模式下正确地处理错误,必须将批量执行的操作视为单个事务。如果批量更新在执行过程中失败,那么必须将它回滚到批量操作开始之前的状态。

首先,关闭自动提交模式,然后收集批量操作,执行并提交该操作,最后恢复最初的自动提交模式:
```
boolean autoCommit = conn.getAutoCommit();
```

```
conn.setAutoCommit(false);
Statement stmt = conn.getStatement();
…
//调用 addBatch 收集批量处理命令
…
stmt.executeBatch();
conn.commit();
conn.setAutoCommit(autoCommit);
```

**注意：** 只能在批量操作中执行更新语句。如果发起任意一个 SELECT 查询，程序将抛出异常。

## 12.6.3 存储过程的调用

存储过程（Stored Procedure）是一组为了完成特定功能的 SQL 语句集，经编译后存储在数据库。用户通过指定存储过程的名字并给出参数（如果该存储过程带有参数）来执行它。

存储过程是 SQL 语句和可选控制流语句的预编译集合，以一个名称存储并作为一个单元处理。存储过程存储在数据库内，可由应用程序通过一个调用执行，而且允许用户声明变量、有条件执行以及其他强大的编程功能。存储过程在创建时即在服务器上进行编译，所以执行起来比单个 SQL 语句快。其优点有：

1. 存储过程只在创造时进行编译，以后每次执行存储过程都不需再重新编译，而一般 SQL 语句每执行一次就编译一次，所以使用存储过程可提高数据库执行速度。

2. 当对数据库进行复杂操作时（如对多个表进行 Update、Insert、Query、Delete 时），可将此复杂操作用存储过程封装起来与数据库提供的事务处理结合一起使用。

3. 存储过程可以重复使用，以减少数据库开发人员的工作量。

4. 安全性高，可设定只有此用户才具有对指定存储过程的使用权。

下面的例子来演示 Java 是如何调用存储过程的，假设有一张表 student：

```
create table student
(
    StuID int primary key,
    StuName varchar(10),
    StuAddress varchar(20)
);
```

写一个存储过程，当向 student 表中在插入数据时，先检查 StuID 是否在表中已经存在，如果已经存在则先删除原来表中的数据再插入。

存储过程如下：

```
create procedure insertPro
@StuID int,
@StuName varchar(10),
@StuAddress varchar(20)
as
——事务回滚
SET XACT_ABORT on
```

――事务开始

begin tran

  if exists (select * from student where StuID=@StuID)

  delete student where StuID=@StuID

  insert into student values(@StuID,@StuName,@StuAddress)

  ――事务提交

commit tran

最后再写一个存储过程用来查询student表中的所有数据,存储过程如下:

create procedure selePro

as

select * from student

**例12.3** Java调用存储过程,代码如下。

```java
public class ProcedureTest {
    public static void main(String args[]) throws Exception { // 加载驱动
        Class.forName("com.microsoft.sqlserver.jdbc.SQLServerDriver");
        // 获得连接
        Connection conn = DriverManager.getConnection(
                "jdbc:sqlserver://localhost:1433;DataBase=myjava", "sa", "");
        // 创建存储过程的对象
        CallableStatement c = conn.prepareCall("{call insertPro(?,?,?)}");
        // 给存储过程的第一个参数设置值
        c.setInt(1, 2);
        // 设置存储过程的第二个参数
        c.setString(2, "李四");
        // 设置存储过程的第三个参数
        c.setString(3, "BJ");
        // 执行存储过程
        c.execute();
        // 创建存储过程的对象
        c = conn.prepareCall("{call selePro}");
        // 执行存储过程
        ResultSet rs = c.executeQuery();
        // 得到存储过程的输出参数值
        System.out.println("学号:" + "    " + "姓名:" + "    " + "地址");
        while (rs.next()) {
            int Sid = rs.getInt("StuID");
            String name = rs.getString("StuName");
            String add = rs.getString("StuAddress");
            System.out.println(Sid + "    " + name + "    " + add);
        }
        c.close();
        conn.close();
    }
}
```

运行结果如图 12-11 所示：

```
学号：     姓名：     地址
1         张三       GZ
2         李四       BJ
```

图 12-11　调用存储过程的结果

　　CallableStatement 对象是用 Connection()方法 prepareCall 创建的。CallableStatement 对象为所有的 DBMS 提供了一种以标准形式调用已储存过程的方法。已储存过程储存在数据库中。对已储存过程的调用是 CallableStatement 对象所含的内容。这种调用是用一种换码语法来写的，有两种形式：一种形式带结果参数，另一种形式不带结果参数。结果参数是一种输出（OUT）参数，是已储存过程的返回值。两种形式都可带有数量可变的输入（IN 参数）、输出（OUT 参数）或输入和输出（INOUT 参数）的参数。问号将用作参数的占位符。

　　在 JDBC 中调用已储存过程的语法如下所示。注意，方括号表示其间的内容是可选项；方括号本身并不是语法的组成部分。

　　{call 过程名[(?, ?, …)]}

　　返回结果参数的过程的语法为：

　　{? = call 过程名[(?, ?, …)]}

　　不带参数的已储存过程的语法类似：

　　{call 过程名}

　　CallableStatement 继承 Statement 的方法（它们用于处理一般的 SQL 语句），还继承了 PreparedStatement 的方法（它们用于处理 IN 参数）。CallableStatement 中定义的所有方法都用于处理 OUT 参数或 INOUT 参数的输出部分：注册 OUT 参数的 JDBC 类型（一般 SQL 类型）、从这些参数中检索结果，或者检查所返回的值是否为 JDBC NULL。

## 本章小结

　　为实现数据库的编程，Sun 公司指定了两套 API 接口：应用程序开发者使用 JDBC API，而数据库供应商和工具开发商则使用 JDBC 驱动 API。尽管数据库的种类千差万别，但只要实现了 JDBC 驱动 API，Java 就能利用自身机制与数据库进行通信、操作；JDBC 驱动程序有 4 种类型，若条件允许推荐采用第 3、第 4 种。由于 JDBC 提供了一些用 Java 语言编写的类与接口，编程人员无须了解数据库的底层操作，就可以用"纯"Java 语言编写数据库应用程序，大大提高了编程效率。现在，JDBC 的典型用法是"三层结构"，即：客户端、中间件层（业务逻辑）、数据库。

　　MySQL 是多用户、多线程的开源的关系数据库服务器，具有结构小巧、功能齐全、查询迅捷等优点。本章以 MySQL 5.1 版本为例，介绍了其下载、安装过程，其他数据库也可以参照相关说明类似进行，利用 JDBC 编程需要下载相应的驱动程序。

　　数据库的连接、操作通常包含如下步骤，请务必理解、掌握：

　　(1) 使用 JDBC/ODBC 桥方式时，需要创建数据源，否则，跳过这一步。

　　(2) 加载驱动程序，格式：Class.forName("驱动程序名称")；，不同数据库的驱动程序不同，例如：

　　JDBC/ODBC 桥的驱动程序为"sun.jdbc.odbc.JdbcOdbcDriver"；

SQL server 2000 的驱动程序为"com.microsoft.jdbc.sqlserver.SQLServerDriver"。

SQL server 2005 的驱动程序为"com.microsoft.sqlserver.jdbc.SQLServerDriver"。

Oracle 的驱动程序为"oracle.jdab.driver.OracleDriver"。

(3)创建连接 Connection 对象,格式:Connection con = DriverManager.getConnection(url,"用户名","密码");其中:url 由三部分构成,格式为:协议:子协议:数据源名称,例如:

JDBC/ODBC 桥的连接对象为"jdbc:odbc:数据源名"。

MySQL 的连接对象为"jdbc:mysql://数据库服务器 IP:端口号/数据库名称"。

SQL Server 2000 的连接对象为"jdbc:microsoft:sqlserver://数据库服务器 IP:端口号;DatabaseName=数据库名"。

SQL Server 2005 的连接对象为"jdbc:sqlserver://数据库服务器 IP:端口号;DatabaseName=数据库名"。

Oracle 的连接对象为"jdbc:oracle:thin:@数据库服务器 IP:端口号:",MySQL、SQL Server、Oracle 默认端口号为 3306、1433、1521。

(4)利用 Connection 对象生成 Statement 对象,格式:Statement stmt = conn.createStatement()。

(5)利用 Statement 对象执行 SQL 语句,如果是查询操作,格式:ResultSet rs = stmt.executeQuery("Select 语句");,得到结果集,并跳至(6)处理;若是更新、插入、删除等,格式:int n= stmt.executeUpdate("update、insert、delete 语句");,n 为受影响的记录数;之后跳至(7)。

(6)若是执行查询语句,还需要从 ResultSet 中读取数据,利用结果集的 next()方法得到符合条件的某一记录,再用 getXxx(序号或列名);逐一得到字段值,不同数据类型调用的方法不同;这一过程可借助循环语句反复执行,直至符合条件记录遍历完为止。

(7)调用 close()方法,按打开的相反顺序依次关闭 ResultSet、Statement、Connection 等对象。需要指出的是,Java 将数据库连接、SQL 语句、结果集视为对象进行处理,应掌握相关的类或接口的功能及常用方法。

可将查询得到的结果集设置为可滚动的,这样可根据需要来回移动游标;可更新的结果集是将它的数据变化自动反映到数据库中,调用方法是:updateXxx(),结果集中的 updateRow()、insertRow()和 deleteRow()方法的执行效果等同于 SQL 命令中的 UPDATE、INSERT 和 DELETE。不过,习惯于 Java 编程语言的程序员通常会觉得使用结果集来操控数据库要比使用 SQL 语句自然得多。

存储过程是在数据库系统中,一组为了完成特定功能的 SQL 语句集,用户通过指定存储过程的名字并给出参数来执行它。存储过程是数据库中的一个重要对象,一个设计良好的数据库应用程序应合理运用存储过程。

将一组语句看作一个整体可构成一个事务,只有所有语句都顺利执行才能提交,否则,要进行回滚。默认情况下,数据库连接处于自动提交模式,每个 SQL 命令一旦被执行便被提交到数据库,可调用连接对象的 setAutoCommit(false)来设置手动提交方式。执行完毕所有命令之后,再调用 commit()方法。如果发现错误,调用 rollback()进行回滚。设置保存点(Save Point),是为了更好地控制回滚操作,只需返回到这个点,而非事务的开头。批量更新可以提高程序性能,操作时通常要创建一个 Statement 对象,然后调用 addBatch()方法,再用 executeBatch()方法提交整个批量更新语句。

本章的重点是 JDBC 基础知识、数据库连接、查询与增删改操作;难点是数据库连接步骤和涉及的对象及方法都较多,要注意区分,结果集、事务有关操作也有一定难度。只要多写代码、多实践,自然就会熟悉、掌握。

# 第13章 多线程与网络编程

到目前为止,我们所接触的程序大多是顺序执行的,顺序执行的程序有三个共同特点:一是有一个程序的执行起点;二是有一个顺序执行的指令序列;三是有一个程序的结束点。总之,在程序的运行期间,只有一个单独的执行序列。但现实世界中的很多过程都是同时发生的,在这种情况下,多线程的意义则显得尤其重要。本章将介绍如何使用多线程技术来实现网络应用程序,通过本章的学习,读者会了解到线程的概念、线程的创建、线程的生命周期、线程的状态控制、线程的同步通信以及基于 TCP 与 UDP 的网络通信等知识。

● 学习目标

- 理解线程的概念;
- 熟练掌握线程的两种创建方式;
- 熟练掌握线程的生命周期和各状态控制;
- 熟练掌握线程间的同步与通信;
- 牢记使用多线程时应该注意的问题;
- 了解网络基础知识;
- 熟练掌握基于 TCP 协议的编程技术;
- 熟练掌握基于 UDP 协议的编程技术。

## 13.1 线程的概念

对于初学者来说,线程概念很抽象。首先,我们来观察两个简单的程序例 13.1 和例 13.2,一个是普通的顺序执行程序,另一个是使用线程的程序。

**例 13.1** 编程实现打印序列 A 与序列 B 各五次(顺序执行)。

```java
public class SequentialExample {
    public static void main(String args[]) {
        new Sequential("A").run();//调用 Sequential 对象的 run()方法
        new Sequential("B").run();//调用 Sequential 对象的 run()方法
    }
}
class Sequential {//构建普通类 Sequential
    String name = null;//序列名称
    public Sequential(String n) {
        name = n;
    }
    public void run() {
        for (int i = 0; i < 5; i++) {//进行五次打印输出序列名称
            try {//休眠一段小于 1000 毫秒的时间,以延缓循环速度
                Thread.sleep((long) Math.random() * 1000);
            } catch (InterruptedException e) {
```

```
                e.printStackTrace();
            }
            System.out.println("访问:" + name);
        }
    }
}
```

例 13.1 运行结果如下:
访问:A
访问:A
访问:A
访问:A
访问:A
访问:B
访问:B
访问:B
访问:B
访问:B

**例 13.2** 编程实现打印线程 A 与线程 B 各五次(线程)。

```
public class MultiThreadExample {
    public static void main(String args[]) {// 依次创建两个线程并启动
        new MyThread("A").start();//启动线程 A,调用 MyTread 类的 run()方法
        new MyThread("B").start();//启动线程 B,调用 MyTread 类的 run()方法
    }
}
class MyThread extends Thread {//构建线程类 MyThread
    public MyThread(String n) {
        super(n);
    }
    public void run() {
        for (int i = 0; i < 5; i++) {
            try {// 休眠一段小于 1000 毫秒的时间,以延缓循环速度
                Thread.sleep((long) Math.random() * 1000);
            } catch (InterruptedException e) {
                e.printStackTrace();
            }
            System.out.println("访问:" + getName());
        }
    }
}
```

例 13.2 运行结果如下:
访问:A
访问:B
访问:A
访问:B
访问:A
访问:B

访问:A
访问:B
访问:A
访问:B

虽然例 13.1 显示的结果与例 13.2 所显示的结果一样,都对访问 A 和访问 B 显示五次。但运行时我们发现,例 13.2 的运行时间几乎只有例 13.1 的一半。这是为什么呢?通过对程序的分析,得知在例 13.1 中,先执行序列 A 五次后才执行序列 B,而例 13.2 则在执行线程 A 休眠时,线程 B 使用了 CPU,从而节省运行时间,提高运行效率。下面,我们来具体认识线程。

### 13.1.1 什么是线程

对于学过操作系统的读者来说,都知道进程(Process)就是程序运行时的一个实例。线程(Thread)和进程相似,都是独立的线性控制流。但线程是在进程提供的环境下执行的,线程只是程序中的一个单独的控制流,而并非程序,因为不能依靠自身单独运行,必须依赖程序,在程序中执行。

因此,线程是比进程更小的单元,线程是一组指令的集合,或者是程序的特殊段,它可以在程序中独立执行。所以线程基本上是轻量级的进程,它和进程一样拥有独立的执行控制,由操作系统负责调度。

### 13.1.2 什么是多线程

多线程是这样一种机制,它允许在程序中并发执行多个指令流,每个指令流都称为一个线程,彼此间互相独立,又共同协作。通常由操作系统负责多个线程的调度和执行。使用多线程是为了使多个线程并行地工作以完成多项任务,以提高系统的效率。可以说,多线程是多任务的特殊形式。

一个程序可以有多个线程,各个线程看上去像是并行地独自完成各自的工作,就像一台计算机上运行着多个处理机一样。在多处理机上实现多线程时,它们确实可以并行工作,而且采用适当的分时策略可以大大提高程序运行的效率。但是二者还是有较大的不同的,线程是共享地址空间的,也就是说多线程可以同时读取相同的地址空间,并且利用这个空间进行数据交换(这可能带来数据冲突的问题,这也是本章的主要内容之一),而处理机则不共享空间。

### 13.1.3 多线程的优点

使用多线程有什么优点呢?首先我们来看几个有关多线程的例子。比如,一个服务器程序可以同时为多个客户端提供服务;一个浏览器可以同时浏览多个页面等,都属于使用线程的现象。因此在我们接触的程序中,使用多线程的情况非常多。

多线程的优点大致有以下三个方面:

1. 加快程序的运行速度。
2. 使用 GUI 界面设计,使用户界面更加吸引人。例如,用户单击了一个按钮去触发某些事件的处理,可以弹出一个进度条来显示处理的进度等。
3. 在一些等待的任务的实现上可以使用线程。例如,用户输入、文件读写和网络收发数据等,在这种情况下我们可以释放一些资源,如内存占用、CPU 占用等。

## 13.2 创建线程的方式

Java 语言中的线程系统是自建的,有专门支持多线程的 API,所以读者可以快速地编写一个支持线程的程序。通过例 13.2 的 MultiThreadExample 代码不难发现,实现线程最重要的是实现其中的 run()方法,run()方法决定线程所做的工作。

具体来说,线程的创建包括两方面:一是定义线程体;二是创建线程对象。线程的行为由线程体决定,线程体由 run()方法定义,运行系统通过调用 run()方法实现线程的具体行为。我们通常可以通过继承 Thread 类和实现 Runnable 接口这两种方法来创建线程。

Thread 类与 Runnable 接口都位于 java.lang 包中,由于 java.lang 包被自动包含在每个 Java 文件中,所以可以直接使用 import 语句。

### 13.2.1 继承 Thread 类创建线程

Thread 类提供了创建、运行和控制线程的相关方法,我们将会在后面的小节中逐步介绍它们的作用。通过继承 Thread 类,并重写其中的 run()方法来定义线程体,以实现线程的具体行为,然后创建该子类的对象以创建、启动线程。其具体编程步骤为:

1. 创建一个继承 Thread 的子类 ThreadSubclassName,并重写 run()方法。其一般格式为:

```
public class ThreadSubclassName extends Thread {
    public ThreadSubclassName() {
        …//编写子类的构造方法,可默认
    }
    public void run() {
        …//编写自己的线程代码
    }
}
```

2. 创建线程对象。用定义的线程子类 ThreadSubclassName 创建线程对象的一般格式为:

ThreadSubclassName ThreadObject=new ThreadSubclassName();

3. 启动该线程对象表示的线程:

ThreadObject.start();

其中第 2 与第 3 步可合并以缩写代码,其表示为:

new ThreadSubclassName().start();

说明:Thread 对象通过 start()方法启动线程而不是直接调用 run()方法。因为 start()方法首先要进行必要的初始化,如设定线程运行状态,然后再调用 run()方法启动线程。不调用 start()方法而直接调用 run()方法是无法启动线程的。

下述例 13.3 中应用继承 Thread 类的方式创建了三个单独的线程对象,它们分别打印各自线程名 A、B、C 各三次。

**例 13.3** 该程序分别打印线程 A、线程 B、线程 C 各三次(应用继承 Thread 类的方式创建)。

```
public class MultiThreadExample1 {
```

```java
    public static void main(String args[]) {
        MyThread1 t1 = new MyThread1("A");// 创建线程对象 t1
        MyThread1 t2 = new MyThread1("B");
        MyThread1 t3 = new MyThread1("C");
        t1.start();// 启动线程 t1
        t2.start();
        t3.start();
    }
}
class MyThread1 extends Thread {// 定义线程类 MyThread1,必须继承类 Thread
    String name;
    public MyThread1(String n) {
        name = n;
    }
    public void run() {// 线程执行主体
        for (int i = 0; i < 3; i++) {
            try {
                Thread.sleep((long) Math.random() * 1000);
            } catch (InterruptedException e) {
                e.printStackTrace();
            }
            System.out.println("访问:" + name);
        }
    }
}
```

例 13.3 运行的一种结果如下所示：

访问:A
访问:B
访问:C
访问:A
访问:C
访问:B
访问:A
访问:B
访问:C

下面对例 13.3 的代码进行详细说明：

(1)程序运行时总是调用 main()方法,因此 main()是创建和启动线程的地方。MultiThreadExample1 的 main()方法中生成了三个 MyThread1 线程对象,并调用 start()方法启动这三个线程。

(2)从例 13.3 的运行结果可以看出,三个线程的名字是无规则显示的,这是因为三个线程是同步的,于是,三个 run()方法也同时被执行。每一个线程运行到输出语句时将在屏幕上显示自己的名字,执行到 sleep 语句时将休眠 0～1000 毫秒中的一个随机值。线程休眠时并不占用 CPU,其他线程可以继续执行。一旦休眠达到设定的时间长度,线程将被唤醒,继续执行下面的语句。这样,就实现了交替显示。

(3) Thread 类创建的线程不做任何事情,因为它的 run()方法是空的。所以,对于继承自 Thread 的子类来说,务必要覆盖 run()方法。run()是 Thread 类的关键方法,线程的所有活动都是通过它来实现的。当线程实例化后系统就调用 run()方法,正是通过 run()方法才使创建线程的目的得以实现。我们可以在 run()方法里控制程序,一旦进入 run()方法,便可执行里面的任何语句,run()方法执行完毕,这个线程也就结束了。

### 13.2.2  实现 Runnable 接口创建线程

任何类都可以实现 Runnable 接口,而这个类的实例将用一个线程来调用,以启动这个类的 run()方法。Runnable 接口的 run()方法,其作用和 Thread 类的 run()方法相同。其具体的编程步骤如下:

1. 创建一个实现 Runnable 接口的类:

```
public class SubclassName implements Runnable{
    public SubclassName(){……}
    public void run(){……// 编写自己的线程代码 }
}
```

2. 创建线程对象。将该类的对象作为 Thread 类的构造方法的参数,生成 Thread 线程对象。一般格式为:

```
Runnable a=new SubclassName("A");
Thread t=new Thread(a);
```

或

```
Thread t=new Thread(new SubclassName("A"));
```

3. 启动该线程对象表示的线程:

```
t.start(); //启动线程
```

将例 13.3 代码改为通过实现接口 Runnable 创建线程的实例,如例 13.4 所示。

**例 13.4**  该程序分别打印线程 A、线程 B、线程 C 各三次(通过实现接口 Runnable 创建)。

```
public class MultiThreadExample2 {
    public static void main(String args[]) {
        // 将 MyThread2 的对象作为 Thread 类的构造方法的参数,创建线程对象
        Thread t1 = new Thread(new MyThread2("A"));
        Thread t2 = new Thread(new MyThread2("B"));
        Thread t3 = new Thread(new MyThread2("C"));
        t1.start();// 启动线程 t1
        t2.start();
        t3.start();
    }
}
class MyThread2 implements Runnable {
    // 定义线程类 MyThread2,实现 Runnable 接口
    String name;
    public MyThread2(String n) {
```

```
            name = n;
        }
    public void run() {// 线程执行主体
        for (int i = 0; i < 3; i++) {
            try {
                Thread.sleep((long) Math.random() * 1000);
            } catch (InterruptedException e) {
                e.printStackTrace();
            }
            System.out.println("访问:" + name);
        }
    }
}
```

其执行结果与例 13.3 执行结果类似。

## 13.2.3 两种创建线程方式的比较

Thread 类是 Java 已经严格封装好的类，在面向对象思想中，继承这样的类并修改或扩充它并不是十分可取的。因为可能会出现人为失误，对一个类进行继承修改或扩充，将可能导致该子类出现不可预料的错误。

另外，由于 Java 不支持多重继承，一个继承了 Thread 的类将无法再继承其他类，因此在某些情况下只能采用实现 Runnable 接口的方式，例如要实现多线程的 Applet 则必须通过实现 Runnable 接口创建线程。

实现 Runnable 接口方式的缺点在于，在 run() 方法中如果要调用当前线程自身的方法，必须先通过调用 Thread.currentThread() 以获得对当前线程自身的引用，而采用继承 Thread 类方式时，可以直接调用当前线程自身的方法。后者为代码的编写带来了一定的便利，但这点便利与上述可能造成的不可预料的错误相比，不具有太大的意义。因此如果没有绝对的把握保证继承 Thread 类的子类的正确性和完整性，建议采用实现 Runnable 接口的方式创建线程。

然而，实现 Runnable 接口的方式并不一定总是最好的，例如要获得拥有特殊功能的线程必须通过继承并扩充 Thread 接口实现，此时若对 Thread 类的修改或扩充并不大，并希望保证其正确性和完整性，则更应该采用继承 Thread 类的方式。这也正是本章多采用继承 Thread 类的方式的原因。

在实际应用中，应该根据实际情况，权衡两种方式带来的影响，选择最合适的方式。

## 13.3 线程的生命周期

多个线程不能同时占用一个 CPU，具体什么时间让哪个进程占用 CPU 运行，以及运行多长时间，这个调度控制非常复杂，这些控制是由 Java 虚拟机的线程调度程序自动完成的。然而某些时候，我们希望能自己控制线程的运行，这就需要了解线程的生命周期及各状态之间的转换等问题。

## 13.3.1 线程生命周期的状态

所谓线程的生命周期,是指线程从创建之初到运行完毕的整个过程,就像人的整个生命周期从出生,经历童年、少年、青年、中年、老年,直到去世一样。线程的整个生命周期就是在各种状态间切换的,其过程如图 13-1 所示。

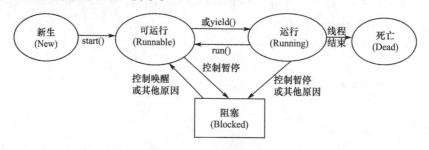

图 13-1 线程的生命周期

下面介绍图 13-1 的各个状态。

1. 新生(New):线程刚通过构造方法被创建时即处于此状态,此时线程还没有启动,无法运行。

2. 可运行(Runnable):线程位于一个等待池中,等待被调度到 CPU 运行,此时线程已启动,并做好了一切运行的准备,随时可以占用 CPU 运行。

3. 运行(Running):线程占用 CPU 运行。

4. 死亡(Dead):线程运行结束,结束方式可以是 run()方法正常结束,或从 run()方法返回,或者产生没有捕捉的异常。

5. 阻塞(Blocked):线程由于某种原因无法继续占用 CPU 运行,便会转入此状态。

线程创建之初处于新生状态。通过 start()方法启动线程后,线程进入可运行状态,位于一个等待池中等待 Java 虚拟机的调度程序将其调入 CPU。调度程序将线程调入 CPU,开始执行 run()方法,此时线程处于运行状态。在线程运行期间,若出现某个问题使其停止运行并退出 CPU,调度程序将保存线程的运行现场(如已经运行到何处),并将其转为可运行状态或阻塞状态。调用 yield()方法,或调度程序认为线程已经运行足够长的时间,应该让出 CPU 给其他线程,则线程会从运行状态转为可运行状态。若使线程从运行状态退出的原因是等待 I/O 操作,线程会转为阻塞状态,并在该 I/O 操作完成后转为可运行状态;若是因试图调用另一线程的 synchronized()方法但已有该线程的 synchronized()方法在运行,线程也会转为阻塞状态,并在后者运行完毕后转为可运行状态;若是因调用了某些控制暂停的方法,线程转为阻塞状态,并在调用相应的退出阻塞状态的方法后转为可运行状态(这种情况在稍后将详细介绍)。处于可运行状态的线程可能被正在运行的线程转为阻塞状态。调用程序在重新进入可运行状态的线程再次调入 CPU 时,恢复保存的线程的运行现场,线程从上次运行中止处继续运行,就好像从没有中止过一样。线程在整个运行期间可能多次中止而进入阻塞状态或可运行状态(也可能不会中止),在 run()方法执行完毕,或通过 return 语句从 run()方法直接返回,或产生没有捕捉的异常时,线程将结束并转为死亡状态,此后线程对象将被清除内存。

## 13.3.2 各状态的转换

事实上,此前我们已经进行了一些线程的控制,如调用 start()方法将线程从新生状态转为可执行状态,调用 yield()方法将线程转为阻塞状态,也可以通过在 run()方法中调用 return 语句将线程从运行状态转为死亡状态。在这些线程的状态间切换,从可运行状态转为运行状态只能由调度程序控制(通过设置线程优先级可以稍加干预,在 14.3.3 小节中将进行详细介绍),从新生状态转为可执行状态和从运行状态转为死亡状态很简单,而从运行状态到阻塞状态或可运行状态,以及从阻塞状态到可运行状态的切换,才是我们真正感兴趣的,也是线程状态转换的重点。

当以下任一事件发生时,正在运行的线程将由运行状态转为阻塞状态:

1. sleep()方法被调用,如 Thread.sleep(1000)。
2. 线程调用 wait()方法,并且等待一个指定的条件被满足。
3. 线程在 I/O 处阻塞。

那么,如何让处于阻塞状态的线程进入可运行状态呢?下面给出可运行状态条件:

1. 线程处于睡眠(sleep)状态,那么必须在指定时间内睡眠。
2. 线程等待一个特定条件,那么必须由其他对象通过 notify()或者 notifyAll()方法来通知等待线程条件已改变。
3. 线程由于 I/O 阻塞,那么 I/O 操作必须完成。

若对线程各状态进行更好的转换控制,可能会用到以下 Thread 对象的方法,见表 13-1。

表 13-1　　　　　　　　　　　　Thread 对象的方法

| 方法 | 说明 |
| --- | --- |
| static Thread currentThread() | 返回当前线程 |
| void destroy() | 用于销毁线程的方法,没有被实现,不建议使用 |
| String getName() | 获取线程名 |
| void setName(String name) | 设置线程名 |
| void interrupt() | 对线程发出中断信号,线程的中断标志被置为 true,不会对线程的状态产生影响 |
| static boolean interrupted() | 返回当前线程的中断标志,并清除该中断标志(置为 false) |
| boolean isInterrupted() | 返回线程的中断标志,不影响该中断标志 |
| boolean isAlive() | 判断线程是否是活动的,即是否处于可运行、运行或阻塞状态中 |
| void join() | 调用该方法的线程转为阻塞状态,直到本线程进入死亡状态,才再次进入可运行状态 |
| void join(long millis) | 调用该方法的线程转为阻塞状态,直到本线程进入死亡状态或等待时间超过 millis(毫秒),才再次进入可运行状态 |
| void join(long millis, int nanos) | 调用该方法的线程转为阻塞状态,直到本线程进入死亡状态或等待时间超过 millis(毫秒)加上 nanos(纳秒),才再次进入可运行状态 |
| void resume() | 恢复被 suspend()方法暂停而进入阻塞状态的线程,将线程切换到可运行状态。不建议使用 |
| void suspend() | 暂停线程,将其切换到阻塞状态,直到其他线程调用 resume()方法唤醒它。不建议使用 |
| void notify() | 唤醒一个因等待本线程的对象锁而进入阻塞状态的线程(若有多个这样的线程,将随机选择一个),将线程切换到可运行状态。只能在 synchronized()方法或同步代码段中调用此方法,参见 wait()方法说明 |
| void notifyAll() | 唤醒一个因等待本线程的对象锁而进入阻塞状态的线程,将这些线程切换到可运行状态,其他特性同 notify()方法 |

(续表)

| 方法 | 说明 |
|---|---|
| static Thread currentThread() | 返回当前线程 |
| static void sleep(long millis) | 暂停当前线程,将其切换到阻塞状态,在 millis(毫秒)后自动唤醒进入可运行状态 |
| static void sleep(long millis, int nanos) | 暂停当前线程,将其切换到阻塞状态,在 millis(毫秒)加(nanos)纳秒后自动唤醒进入可运行状态 |
| void stop() | 结束线程。不建议使用 |
| void wait() | 暂停线程,切换到阻塞状态,直到其他线程调用 notify()方法或 notifyAll()方法唤醒它,同时释放该线程取得的对象锁。只能在 synchronized()方法或同步代码中调用此方法 |
| void wait(long timeout) | 暂停线程,切换到阻塞状态,直到其他线程调用 notify()方法或 notifyAll()方法唤醒它,或暂停时间超过 timeout(毫秒),其他特性同 wait()方法 |
| void wait(long timeout, int nanos) | 暂停线程,切换到阻塞状态,直到其他线程调用 notify()方法或 notifyAll()方法唤醒它,或暂停时间超过 timeout(毫秒)加上 nanos(纳秒),其他特性同 wait()方法 |
| static void yield() | 暂停当前线程,将其转为可运行状态 |

其中,destroy()、stop()、suspend()和 resume()是不建议使用的。因为 destroy()方法用于销毁线程对象,但它实际上并没有被实现,不会做任何清理工作,也不会释放被销毁线程获得的对象锁,因此同样可能导致"死锁"。stop()方法用于结束线程,却不释放该线程已经取得的对象锁,因此可能导致"死锁"。我们可通过为线程设置一个 boolean 类型的属性作为结束标志,当该结束标志为 true 时,该线程内部的循环结束并使线程结束,其他线程修改该结束标志即可结束线程,从而取代 stop()方法。suspend()方法用于暂停线程,使线程进入阻塞状态,但同样不释放该线程已经获得的对象锁,因此同样可能导致"死锁",resume()方法用来唤醒被 suspend()方法暂停的线程,因此同样不建议使用。使用 wait()和 notify()方法暂停和唤醒线程是更明智的做法。

另外,wait()、notify()和 notifyAll()都是直接继承自 Java 的基类 Object 的方法,这似乎很奇怪,用于线程的方法怎么会出现在所有的对象中呢?然而事实上,wait()会释放对象锁,notify()和 notifyAll()会获取对象锁,它们都会对对象锁进行操作,而对象锁是所有对象的特征,所以这三个方法出自基类 Object 中是顺理成章的。

表 13-1 中涉及的等待线程的对象锁,是指调用了该线程的 wait()方法,或者试图调用该线程的 synchronized()方法或同步代码段,但已有该线程的 synchronized()方法或同步代码段在执行,该线程的对象锁已被占用。wait()、notify()和 notifyAll()只能在本线程对象自身的 synchronized()方法或同步代码段里调用,否则尽管编译不会报错,但执行时会产生 IllegalMonitorStateException 异常。为线程定义一个调用其自身 notify()或 notifyAll()的 synchronized()方法,其他线程可以通过调用该 synchronized()方法,间接调用 notify()或 notifyAll()方法唤醒该线程。但无论直接调用还是间接调用其他线程的 wait()方法,线程都会因无法获得其对象锁而进入阻塞状态。

sleep()方法被调用后,线程会向调度程序发送一个中断信号,调度程序强制停止该线程,进行一些处理后重新启动该线程,再让其进入阻塞状态。sleep()方法的这一特性产生了一个有趣的现象,在 sleep()方法被调用次数较多时,代表休眠时间的 sleep()方法的参数越大,系统整体速度越快。

此外,特别值得注意的是,千万不要调用线程自身的 join()方法,否则线程将陷入等待自身结束的无限循环。

以下代码为线程状态转换控制的实例。

**例 13.5** 对线程的各状态转换的使用。

```java
public class ControlThread extends Thread {
    public ControlThread(String name) {
        super(name);
    }
    public void run() {
        loop();
    }
    public void loop() {
        String name = Thread.currentThread().getName();// 获得当前线程名称
        System.out.println("进入循环函数:" + name);
        for (int i = 0; i < 3; i++) {
            try {
                Thread.sleep(2000);
            } catch (InterruptedException x) {
                System.out.println("线程被打断了");
            }
            System.out.println("线程名:" + name);
        }
        System.out.println("离开循环函数:" + name);
    }
    public static void main(String args[]) {
        ControlThread tn = new ControlThread("我的线程");// 创建新线程对象
        tn.start();// 启动线程,进入可运行状态
        tn.interrupt();// 对线程发出中断信号
        try {
            tn.join();// main 线程停止,直到 tn 线程执行完毕,main 线程才继续往下执行
        } catch (InterruptedException e) {
            e.printStackTrace();
        }
        tn.loop();
    }
}
```

这是一段完整的可编译的代码,执行结果如下所示。为了便于与代码比较,运行结果箭头右侧为线程的动作,箭头左侧为显示结果。

进入循环函数:我的线程
线程被打断了←——对"我的线程"自动发出中断信号,但不会影响线程状态
线程名:我的线程←——"我的线程"自行休眠 2 秒钟
线程名:我的线程←——"我的线程"自行休眠 2 秒钟
线程名:我的线程

离开循环函数:我的线程
进入循环函数:main
线程名:main ←——"main"自行休眠 2 秒钟
线程名:main ←——"main"自行休眠 2 秒钟
线程名:main
离开循环函数:main

说明:在该程序的 main 方法中,先创建并启动一个新的线程 tn,然后 main 线程继续执行,调用 tn.join(),这时因为是在 main 线程中调用的,main 线程停止执行,直到 tn 执行完毕。当 tn 执行完毕后 main 线程才继续执行,调用 loop()方法。这时运行的结果就同没有创建线程一样,程序中不存在线程的并行执行。可以看到在调用 join()方法时会抛出一个 InterruptedException 异常,这个异常是在该线程的 interrupt()方法被调用时抛出的。

### 13.3.3 线程的优先级与线程调度

处于可运行状态的线程进入线程队列排队等待 CPU 资源时,同一时刻在队列中的线程可能有多个,应该让哪个线程占用 CPU,是由线程调度程序决定的,我们无法直接干预。然而,通过设置线程的优先级,可以影响程序的调度。线程的优先级类似于运算符的优先级,优先级最高的线程会被调度程序最先调入 CPU 运行。对于具有同样优先级的线程,将按照先进先出(FIFO)的原则,哪个线程先进入可运行状态等待 CPU,哪个线程先运行。但这并不意味着优先级较低的线程一定要在优先级高的线程结束后才能运行,优先级低的线程只是获得 CPU 的机会比较少而已。

在 Java 语言中,对一个新建的线程,系统会分配一个默认的线程优先级:继承创建这个线程的主线程的优先级(一般为普通优先级)。类 Thread 拥有三个代表线程优先级的整型静态属性:

1. NORM_PRIORITY:分配给线程的默认优先级,优先级别为 5。
2. MIN_PRIORITY:表示线程具有的最低优先级,优先级别为 1。
3. MAX_PRIORITY:表示线程具有的最高优先级,优先级别为 10。

它们都是公有(public)属性,可以直接访问。通过 getPriority()方法可以获取线程对象的当前优先级,通过 setPriority()方法可以修改线程对象的优先级。

在实际应用中,一般不需要修改线程的优先级,在此不给出实例,但以下关于线程优先级的特性是应该了解的:

1. 线程类的默认优先级为 5,线程对象的默认优先级也是 5。但是,如果在启动线程或创建线程前将其所属线程类的最高优先级(MAX_PRIORITY)修改到 5 以下,那就相当于创建出优先级比规定的最高优先级更高的线程。
2. 可以降低但无法提升线程类的最高优先级。
3. 修改线程类的优先级,不会对已经创建的该类的线程的优先级产生影响,但此后若修改(不管是降低还是提升)这些线程的优先级,它们会自动变为修改后的线程类的优先级。

## 13.4 线程同步

在单线程的进程中,一个进程一次只能执行一个任务,不需要考虑两个或更多个任务同时使用一个资源的问题,如两个任务同时修改同一个数据,或需在一台打印机上同时进行打印操作。然而在多线程环境下,多个线程试图同时使用相同且有限的资源的情况,是很有可能发生的,若不提供某种机制避免这种情况的出现,后果将不可预料且非常严重,如造成某些线程数据的不一致,使某些线程陷入无限循环,甚至破坏某些关键文件或数据库中的重要数据。

事实上,在多任务操作系统中,多个进程同时使用相同且有限的资源的情况,也是时有发生的,操作系统为此提供了解决机制,用户不用担心。然而在进程内部的多线程环境下,如何避免这种资源冲突,是编程者必须考虑的问题。

## 13.4.1 线程同步问题

我们先来看看一个典型的生产者消费者问题,生产者生产数据后,消费者才能获取数据。其模型如图 13-2 所示。

图 13-2 生产者消费者模型

**例 13.6** 用 Box 对象存取数据。

```java
public class Box {
    private int value;
    public void put(int value) {// 存放数据
        this.value = value;
    }
    public int get() {// 取出数据
        return this.value;
    }
}
public class 生产者 extends Thread {//生产者对象产生数据
    private Box box;
    private String name;
    public 生产者(Box b, String n) {
        box = b;
        name = n;
    }
    public void run() {
        for (int i = 1; i < 6; i++) {
            box.put(i);// 存放数据 i 入 box 对象
            System.out.println("生产者" + name + "生产产品:" + i);
            try {
                sleep((int)(Math.random() * 100));
            } catch (InterruptedException e) {
                e.printStackTrace();
            }
        }
    }
}
public class 消费者 extends Thread {//消费者对象获取数据
    private Box box;
    private String name;
    public 消费者(Box b, String n) {
        box = b;
```

```java
            name = n;
        }
        public void run() {
            for (int i = 1; i < 6; i++) {
                box.get();// 从 box 对象中取出数据 i
                System.out.println("消费者" + name + "取得产品:" + i);
                try {
                    sleep((int)(Math.random() * 100));
                } catch (InterruptedException e) {
                    e.printStackTrace();
                }
            }
        }
    }
    public class 生产者消费者测试 {//主类
        public static void main(String args[]) {
            Box box = new Box();
            生产者 p = new 生产者(box, "001");// 创建生产者 001,往 box 对象中存数据
            消费者 c = new 消费者(box, "002");// 创建消费者 002,从 box 对象中取数据
            p.start();
            c.start();
        }
    }
```

以上是典型的生产者消费者问题。因为生产者和消费者线程没有进行良好的沟通(同步),处于一个资源竞争的状态,以下是例 13.6 运行显示的几种可能结果:

| | | |
|---|---|---|
| 生产者 001 生产产品:1 | 生产者 001 生产产品:1 | 生产者 001 生产产品:1 |
| 消费者 002 取得产品:1 | 消费者 002 取得产品:1 | 消费者 002 取得产品:1 |
| 消费者 002 取得产品:2 | 消费者 002 取得产品:2 | 消费者 002 取得产品:2 |
| 消费者 002 取得产品:3 | 生产者 001 生产产品:2 | 消费者 002 取得产品:3 |
| 生产者 001 生产产品:2 | 消费者 002 取得产品:3 | 消费者 002 取得产品:4 |
| 消费者 002 取得产品:4 | 消费者 002 取得产品:4 | 消费者 002 取得产品:5 |
| 生产者 001 生产产品:3 | 生产者 001 生产产品:5 | 生产者 001 生产产品:2 |
| 消费者 002 取得产品:5 | 生产者 001 生产产品:3 | 生产者 001 生产产品:3 |
| 生产者 001 生产产品:4 | 生产者 001 生产产品:4 | 生产者 001 生产产品:4 |
| 生产者 001 生产产品:5 | 生产者 001 生产产品:5 | 生产者 001 生产产品:5 |

这两个线程理想的执行方式是:生产者生产一个数据,消费者读取一个数据,依次往复,直至结束。

## 13.4.2 线程间的协作

我们永远无法知道线程什么时候开始执行(并非在创建它时,它就开始执行),也不知道它什么时候会被暂停,更加无从得知。在暂停期间其他线程会对它进行怎样的访问控制,这是多线程环境下线程的性质。由此产生的资源冲突问题是编程者必须考虑的,至少在重要的时刻必须避免关键资源的冲突。

先思考数据不一致的问题该如何解决。一个较为简单且容易想到的方法是,为关键数据

配置一个布尔类型的变量,初始值为 false,当有线程要访问该关键数据时,必须先将该布尔变量置为 true,此时,其他线程不能访问该关键数据,访问该关键数据的线程在结束访问退出前,再将该布尔变量置为 false,使得其他线程可以访问关键数据。这就好像为关键数据加了一把锁,被锁住的数据无法被访问,而首先抢到这把锁的线程,就能访问该数据。

Java 提供的线程同步机制,可以避免对象在内存中的数据资源的冲突。因为在面向对象技术中,对任何资源的访问,都是通过对象完成的,其他资源往往与对象在内存中的数据相关联。避免了数据的冲突,也就避免了资源的冲突,所以 Java 线程同步机制很好地解决了资源冲突问题。

由于我们可以通过 private 关键字来保证数据对象只能被方法访问,所以我们只需针对方法提出一套机制,这套机制就是 synchronized 关键字,用于修饰可能引起资源冲突的方法。Java 中的每个对象都拥有一把锁,用于锁定对象(即对象的所有数据)。当调用对象中任何一个被 synchronized 修饰的方法时,该对象都会被锁住,在该方法执行完毕或因某种原因(如产生异常)退出之前,该对象中其他被 synchronized 修饰的方法都无法再被调用(其他对象中的方法不受此限制)。synchronized 包括两种用法:synchronized()方法和 synchronized 块。

**1. synchronized( )方法**

通过在方法声明中加入 synchronized 关键字来声明 synchronized()方法。如:

public synchronized void put(int value) {/* … */}

synchronized( ) 方法控制对类成员变量的访问:每个类实例对应一把锁,每个 synchronized()方法都必须获得调用该方法的类实例的锁方能执行,否则线程处于阻塞状态。方法一旦被执行,就独占该锁,直到该方法返回才将锁释放,此后被阻塞的线程才能获得该锁,重新进入可执行状态。这种机制确保了同一时刻对于每一个类实例,其所有声明为 synchronized 的成员方法中至多只有一个处于可执行状态,从而有效避免了类成员变量的访问冲突。

在 Java 中,不仅是类实例,每一个类也对应一把锁,这样我们也可将类的静态成员方法声明为 synchronized,以控制对类的静态成员变量的访问。

synchronized()方法的缺陷:若将一个大的方法声明为 synchronized()将会大大影响效率,特别是若将线程类的方法 run()声明为 synchronized(),由于在线程的整个生命期内一直处于运行状态,将导致它对本类任何 synchronized()方法的调用都不会成功。当然,我们可以通过将访问类成员变量的代码放到专门的方法中,将其声明为 synchronized(),并在主方法中调用来解决这一问题,但 Java 为我们提供了更好的解决办法,那就是 synchronized 块。

**2. synchronized 块**

通过 synchronized 关键字来声明 synchronized 块。其语法如下:

synchronized(syncObject) { //访问关键数据的代码段 }

synchronized 块用于指定一个同步代码段(即被花括号括起来的代码段)。同步代码段具有和 synchronized()方法相同的同步特性,一个 synchronized()方法或同步代码段在执行时,其他 synchronized()方法和同步代码段都不能执行。其中,小括号里的参数用于指定同步代码段与对象 syncObject(可以是类实例或类)的锁相关联。由于它适用于任意代码块,且可任意指定上锁的对象,故灵活性较高。

## 13.4.3　线程同步问题的解决

通过同步机制实现了线程间的协作,我们再来解决例 13.6 中数据不一致的问题。要使得

生产者线程与消费者线程同步,经分析需要达到以下两个目标:

1. 这两个线程不能同时对 box 对象进行操作。Java 线程可以通过锁定一个对象来达到此目的。

2. 这两个线程必须协调工作。例如:生产者线程必须通知消费者线程当前数字已产生,消费者取走数字之后,通知生产者可以重新写入数字。线程类提供 wait()、notify()、notifyAll()方法来完成这些工作。

对例 13.6 的类 Box、生产者、消费者类进行修改。

**例 13.7** 用 Box 对象存放数据(修改后)(程序内容见光盘"生产者消费者测试 1.Java")。
执行结果如下:
生产者 001 生产产品:1
消费者 002 取得产品:1
生产者 001 生产产品:2
消费者 002 取得产品:2
生产者 001 生产产品:3
消费者 002 取得产品:3
生产者 001 生产产品:4
消费者 002 取得产品:4
生产者 001 生产产品:5
消费者 002 取得产品:5

## 13.5 多线程的应用

多线程在界面设计(Applet 或 GUI 设计)和网络中都有较多的应用,一些系统开销很大的并发进程程序也可以修改为多线程程序,以节省系统资源。下面给出一个在小程序中使用多线程的例子,它可以动态显示文字。

例 13.8 是一个 Java 小程序。在屏幕上显示一串字符"Hello,Java!",起点坐标(400,100),每隔 0.1 秒往左移动 10 个像素点,当移动到边界时,返回起点,依次循环。为使小程序不影响其他程序的运行,我们使用线程进行控制。

**例 13.8** 动态文字(程序内容见光盘 MovingCharacter.java)。
运行结果如图 13-3 所示。

图 13-3 例 13.8 运行效果

## 13.6 网络编程的基本概念

Java 提供了强大的网络编程技术,让网络通信变得轻而易举,它屏蔽了网络底层的实现细节,使得我们不必关心数据是如何在网络中传输的,而将精力集中在功能的实现上。尽管如此,如何定位网络中的另一台机器,机器之间如何建立联系、传输数据,这些都是网络编程要解决的重要问题。

### 13.6.1 网络编程基础

所谓网络协议,是指网络中进行通信的程序之间一种通用的约定,它规定了数据如何进行发送、传输和接收。TCP 与 UDP 就是同一体系中两个不同的网络协议,而 IP 协议是它们的基础,这三者共同组成了 TCP/IP 协议的核心——TCP/IP,它是目前 Internet 上普遍使用的协议,也是最成功的协议,为 Internet 的发展做出了卓越贡献。

TCP(Transfer Control Protocol,传输控制协议)是面向连接的,即在客户端和服务器之间建立一条实际的连接线路,数据在这条线路中传输,就像电话与电话之间通过实际的连接线路通话一样。TCP 这种面向连接的传输机制,提高了数据在传输过程中的安全性和正确性,是 TCP 提供可靠数据传输的基础。在 TCP 协议下,数据接收端会对接收到的数据进行正确性和完整性的检测,以及重新排序——由于网络状况的复杂性,接收到的数据可能并不是按其发送顺序接收的,若检测到数据损坏或丢失,数据接收端会要求发送端重传损坏或丢失的数据。图 13-4 为 TCP/IP 协议的分层结构图,在网络编程中,网络协议通常分为不同的层次,并对各层进行开发,每一层分别负责不同的通信功能。

图 13-4  TCP/TP 协议的分层结构

**1. 应用层**

应用层负责处理特定的应用程序。如:HTTP、Telnet、FTP 等。

**2. 传输层**

传输层主要为两台主机上的应用程序提供端到端的通信。包括两个互不相同的传输协议:TCP(传输控制协议)和 UDP(用户数据报协议)。

**3. 网络层**

网络层处理分组在网络中的活动,例如分组的选路。

**4. 链路层**

链路层通常包括操作系统中的设备驱动程序和计算机中对应的网络接口卡。

TCP 额外还提供了很多用于确保数据可靠性(正确性和完整性)的措施,它的目的就是提供安全可靠的数据传输机制,然而这也带来了传输速度上的缺陷,对于那些对数据可靠性要求不高,却对传输速度要求很高的应用,如语音和实时视频传输(数据量很大,虽然存在少量的音节或像素错误,但人们无法察觉或可以接受),TCP 协议便显得不合适了,此时 UDP 协议便派上了用场。

UDP(User Datagram Protocol,用户数据报协议)是基于无连接的通信,它不会在客户端和服务器之间建立一条实际的连接线路,而是采用数据报文的方式,发送端将一批数据打包成一个数据报文(其中带有目的机器的 IP 地址),发送到网络上就不再理会,继续打包并发送下一批数据,而这些数据报文由网络中的路由器负责传输到数据接收端。这就像邮寄信件,发送人将数据打包成信件,由邮局负责把信件交到收信人手中。在 UDP 下,所谓服务器与客户端之间的连接并不真实存在,而只是为了便于表述和理解而沿用的概念。

UDP 虽小巧、简单但功能有限,它不提供数据的正确性和完整性的检测,不重排乱序报文,对传输过程中损坏或丢失的数据报文不做任何处理,它的目的就是为了提供高效快速的数据传输。

在实际应用中,一般采用的是 TCP 协议,只有对数据可靠性要求不高,却对传输速度要求很高的应用中才采用 UDP 协议。

在网络编程中,我们经常提到服务器与客户端。若机器 A 要与机器 B 进行网络通信,机器 A 会首先向机器 B 发送一个建立网络连接的请求,这个主动发送连接请求的机器就是客户端(Client),而等待其他机器向其发起连接请求并进行响应的机器 B 就是服务器(Server)。服务器上提供某种服务的程序会始终监听其使用的端口,一旦某个客户端发来连接请求,它就能检测到,并及时做出响应。因此可以理解为,服务器是提供某种服务的机器,而客户端是使用这种服务的机器。服务器往往只有一个(多服务器模式采用同样的服务器名与多个 IP 地址对应),而客户端可以有很多个,对于每一个客户端的连接请求,服务器的服务程序一般采用创建一个服务线程的方法进行响应。

严格来说,服务器与客户端的概念只有在建立连接时才有意义。连接已经建立并且数据传输已经开始后,从程序的角度而言,进行通信的两个机器具有同等的地位,不存在服务器与客户端之分。但由于人们的习惯,服务器与客户端的概念一直使用。

传统的网络客户端/服务器(C/S)模式为二层结构模式。Java 支持现行较优秀的(C/S)三层结构模式,程序的维护、扩充更容易。Java 对网络编程有极好的天赋,强大的网络类库使程序轻松面对各种网络操作。在 Java 网络包(java.net)中,统一资源定位器(URL)用来访问 Internet,Internet 地址(InetAddress)用来实现 IP 协议;套接字(Socket)和服务区套接字(ServerSocket)用来实现 TCP 协议;数据报(DatagramPacket)和数据报套节字(DatagramSocket)用来实现 UDP 协议。

## 13.6.2 URL 类

URL(Uniform Resource Locator,统一资源定位器)是一种在 Internet 的 WWW 服务程序上用于指定资源位置的表示方法,这个资源可能只是一个简单的文件或目录,也可能是复杂对象,如数据库或搜索引擎,常见的网址就是一个典型的 URL,如 Oracle 公司官方网站的首页网址 http://www.oracle.com/index.html。

URL 有两种常见的格式:
协议名://主机[:端口]/路径
协议名://用户名:密码@主机[:端口]/路径

其中:协议名为具体应用所使用的协议,如:http、ftp、file 等。这里以 http 为例进行说明。其 URL 格式为:http://主机[:端口]/文件名[? 查询条件][♯区域],如:http://java.sun.com/index.html♯chapter1。其中"http"表示 HTTP 超文本传输协议,这是浏览器从网站服务器获取网页数据使用的协议。"java.sun.com"是服务器主机名,也可以使用 IP 地址,它们之间通过 DNS 一一对应;在服务器主机名或 IP 地址之后可以带有端口号,若没有端口号,将使用默认的端口号,HTTP 协议默认的端口号为 80。服务器中都会指定一个目录作为访问网站时的默认根目录,而"index.html"就是相对于根目录的文件,"chapter1"表示在"index.html"文件中的一个区域。

Java 提供了一个用于表示 URL 的类 URL,位于 java.net 包(Java 网络编程技术所用的类都包含在这个包中,下同,不再一一说明)。URL 类最常见的构造方法有三个:

1. public URL(String spec):根据 String 表示形式创建 URL 对象。

2. URL(String protocol, String host, String file):根据指定的 protocol 名称、host 名称和 file 名称创建 URL。

3. URL(String protocol, String host, int port, String file): 根据指定 protocol、host、port 号和相对于访问根目录的文件 file 创建 URL 对象。

通过 URL 对象的 getFile()、getHost()、getPort()和 getProtocol()等方法可以取得 URL 的各个部分,使用 sameFile() 方法可以将一个 URL 对象与另一个 URL 对象进行比较,看看两者是否引用相同的远程对象。通过 openStream()方法可以获得数据源为该 URL 所指资源的 InputStream 对象;通过 toExternalForm()方法和 toSting()方法可以获得 URL 的字符串表示。关于 URL 的更多信息,请参阅 Java API 文档。

例 13.9 是从网上读取资源示例。用户输入一个有效的 URL 文件对象,能提取该文件对象的各部分资源。

**例 13.9** 利用 URL 得到网络文件各部分资源。

```
import java.io.*;
import java.net.*;
import javax.swing.*;
import java.awt.event.*;
import java.awt.*;

public class UrlFile extends JFrame implements ActionListener {
    private URL url;
    JLabel lblHost, lblIP, lblPort, lblProtocol, lblFile;
    JTextField fileName;
    JButton getBtn;
    Container c;

    public UrlFile() {
        super("利用 URL 得到网络文件");
        c = getContentPane();
        setGUI();
        setSize(600, 200);
        setVisible(true);
        setDefaultCloseOperation(JFrame.EXIT_ON_CLOSE);
    }

    /* 界面元素初始化 */
    private void setGUI() {
        JPanel pNorth = new JPanel(new BorderLayout(10, 10));
        pNorth.add(new Label("URL 文件:"), BorderLayout.WEST);
        pNorth.add(fileName = new JTextField(25), BorderLayout.CENTER);
        pNorth.add(getBtn = new JButton("提取文件信息"), BorderLayout.EAST);
        getBtn.addActionListener(this);
        c.add(pNorth, BorderLayout.NORTH);

        JPanel pCenter = new JPanel(new BorderLayout());
        JPanel pCenter1 = new JPanel(new GridLayout(5, 1));
        pCenter1.add(new JLabel("主机名:", JLabel.RIGHT));
```

```java
        pCenter1.add(new JLabel("主机 IP 地址:", JLabel.RIGHT));
        pCenter1.add(new JLabel("端口:", JLabel.RIGHT));
        pCenter1.add(new JLabel("协议名:", JLabel.RIGHT));
        pCenter1.add(new JLabel("文件名:", JLabel.RIGHT));
        pCenter.add(pCenter1, BorderLayout.WEST);
        JPanel pCenter2 = new JPanel(new GridLayout(5, 1));
        pCenter2.add(lblHost = new JLabel("", JLabel.LEFT));
        pCenter2.add(lblIP = new JLabel("", JLabel.LEFT));
        pCenter2.add(lblPort = new JLabel("", JLabel.LEFT));
        pCenter2.add(lblProtocol = new JLabel("", JLabel.LEFT));
        pCenter2.add(lblFile = new JLabel("", JLabel.LEFT));
        pCenter.add(pCenter2, BorderLayout.CENTER);
        c.add(pCenter, BorderLayout.CENTER);
    }

    public void actionPerformed(ActionEvent e) {
        if (e.getSource() == getBtn) {
            if (url != null)
                url = null;
            try {
                url = new URL(fileName.getText());//创建 URL 对象
                getInfo();
                saveFile();
            } catch (Exception ex) {
                System.out.println(ex);
            }
        }
    }

    //分解 URL 对象的各资源
    private void getInfo() {
        try {
            lblHost.setText(url.getHost());
            lblProtocol.setText(url.getProtocol());
            //获取 url 对象的 IP 对象
            InetAddress host = InetAddress.getByName(url.getHost());
            lblIP.setText(host.getHostAddress());
            Integer port = new Integer(url.getPort());
            lblPort.setText(port.toString());
            lblFile.setText(url.getPath());
        } catch (Exception e) {
            System.out.println(e);
        }
    }
```

```
//保存网络文件
private void saveFile() {
    try {
        //打开与 URL 连接的输入流
        BufferedReader inStream = new BufferedReader(new InputStreamReader(url.openStream()));
        //创建一个由 url 文件名所命名的 file 文件对象
        File file = new File("." + url.getFile());
        //创建一个文件输出流
        PrintWriter outputStream = new PrintWriter(new FileWriter(file));
        String s;
        //循环地从输入流上读数据到输出流
        while ((s = inStream.readLine()) != null) {
            outputStream.println(s);
        }
        inStream.close();
        outputStream.close();
    } catch (IOException eofEx) {
        System.out.println(eofEx);
    }
}
public static void main(String[] args) {
    new UrlFile();
}
}
```

其效果如图 13-5 所示。

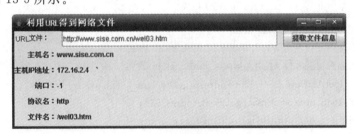

图 13-5　读取网络资源

## 13.6.3　InetAddress 类

在网络中识别一台计算机,常用域名或 IP 地址,例如:www.sun.com 或 192.18.19.103。

在 Java 语言中,可以使用 InetAddress 来获取远程系统的 IP 地址,其中包含有与 Java 网络编程相关的许多变量和方法,它们经常在实际应用中使用。InetAddress 类有两个子类 Inet4Address 和 Inet6Address,分别用于表示 IPv4 地址和 IPv6 地址,它们与 InetAddress 差别不大,一般应用中只需要使用 InetAddress 即可。InetAddress 类没有构造方法,创建类的实例可以使用以下的静态(static)方法。创建实例的几个常用方法如下。

**1. static InetAdress getLocalHost()**

getLocalHost()方法获得本机的 InetAddress 对象,其表示的是本机器真实的 IP 地址而不是回送 IP 地址 127.0.0.1。

**2. static InetAdress getByName(String host)**

getByName()方法根据主机名或字符串型 IP 地址生成 InetAddress 对象。所谓字符串型 IP 地址,是指 IP 地址的字符串形式,如 IP 地址:127.0.0.1 的字符串形式是字符串"127.0.0.1",字符串型 IP 地址必须遵循 IP 地址的格式,若该字符串型 IP 地址不是有效的 IP 地址或主机名,在网络中并不存在,则在使用该 InetAddress 对象时可能产生 UnknownHostException 异常。

**3. static InetAddress[] getAllByName(String host)**

getAllByName()方法可以生成多个 InetAddress 对象,其中每个 InetAddress 对象代表的 IP 地址都可以通过 DNS 与主机名或字符串型 IP 地址 host 对应,用于一个主机名对应多个 IP 地址的情况。

常用的 InetAddress 对象的方法有以下几个:

(1) String getHostAddress()

getHostAddress()方法获取 InetAddress 对象的字符串型 IP 地址。

(2) String getHostName()

getHostName()方法获取 InetAddress 对象的主机名,若 InetAddress 对象通过主机名生成,则直接返回该主机名;若 InetAddress 对象通过 IP 地址生成,则通过 DNS 找到与该 IP 地址对应的主机名并返回,若找不到对应的主机名,则返回字符串型 IP 地址。

(3) byte[] getAddress()

getAddress()方法返回 InetAddress 对象的 IP 地址到一个字节数组中,对于该数组中的负数,加上 256 可以得到正确的 IP 地址中的数字。

(4) boolean isMulticastAddress()

isMulticastAddress()方法判断 InetAddress 对象是否是一个 IP 多点传送地址。

**例 13.10** 使用 InetAddress 对象,显示本机地址。

```
import java.net.*;
public class Application1 {
    public static void main(String args[]) {
        try {
            InetAddress ia=InetAddress.getLocalHost();
            //InetAddress ia = InetAddress.getByName("sist.sysu.edu.cn");
            System.out.println(ia.getHostAddress());
            System.out.println(ia.toString());
        } catch (UnknownHostException uhe) {
        }
    }
}
```

## 13.7 TCP 编程

Java 中的网络通信都是通过 socket(套接字)完成,socket 是指程序间通信连接的端点,两个程序之间通过 socket 进行数据传输。socket 之间的通信线路是双向的,即每个 socket 都可以从对方 socket 中读取数据,也可以向对方 socket 写入数据。Java 在 TCP 的 socket 中封装了一个输入流和一个输出流,用于实现数据的双向传输。图 13-6 显示 socket 在 TCP 连接上的通信。

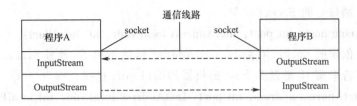

图 13-6 socket 在 TCP 连接上的通信

以上是已经建立了 TCP 连接的两个程序之间进行数据传输的模式,那么服务器程序与客户端程序是如何建立这种连接的呢？Java 提供了一个类 Socket 用于表示 TCP 的 socket,在客户端使用 Socket 对象向服务器发送连接请求。Java 提供的另一个类 ServerSocket 用于服务器响应客户端的连接请求,在服务端使用 ServerSocket 对象通过 accept()方法监听某个端口,一旦发现客户端 Socket 对象发来的连接请求并允许连接,则返回一个 Socket 对象,服务器程序便可以开始使用这个 Socket 对象中的输入输出流与客户端 Socket 对象进行通信。此时服务器端程序与客户端程序就进入如图 13-6 所示的通信模式,不再区分服务器和客户端。

以下介绍 TCP 编程的几个基本概念。

**1. 建立连接**

socket 是程序进程间的数据交换机制。当程序需要建立网络连接时,必须有一台机器运行一个程序,随时等待连接,而另一端的程序则对其发出连接请求。

**2. 连接地址**

当程序建立网络连接时,需要知道地址或主机名称。另外,网络连接还需要一个端口号(可以将其当作扩展号码),连接到正确的主机之后,需要对该连接确认特定口令。

**3. 端口号**

在 TCP/IP 系统中,端口号由 16 bits 组成,范围为 0~65535。实际应用中,前 1 024 个端口号已经预定义为特定服务器。TCP 和 UDP 各有自己的 65535 个端口号。只有客户端和服务器指定端口号一致时连接才会建立。如果系统中两个程序所用端口号不一致,则连接无法建立。

**4. 网络连接模式**

在 Java 中,TCP/IP 接口的连接是由 java.net 包中的类实现的。

## 13.7.1 Socket 类

如前所述,Java 提供类 Socket 用于进行 TCP 通信,每个 Socket 对象中都有一个字节输入流和一个字节输出流,输入流用于从对方机器读取数据,输出流向对方机器输出数据。带参数的 Socket 的构造方法会向参数所指定的服务器提出连接请求,若服务器允许建立连接,则建立连接并生成一个 Socket 对象。Socket 常见的构造方法有五个。

**1. Socket()**

该构造方法没有参数,创建未连接的 Socket 对象。

**2. Socket(String host, int port)**

该构造方法以主机名(或字符串型 IP 地址)和整型端口号为参数,创建一个指定主机名和端口的 Socket 对象。

**3. Socket(InetAddress address, int port)**

该构造方法以 InetAddress 对象和整型端口号为参数,创建一个与该 InetAddress 对象表示的主机和指定端口号的 Socket 对象。

**4. Socket(String host, int port, InetAddress localAddr, int localPort)**

该构造方法创建的 Socket 对象与 localAddr 表示的本机 IP 地址和端口 localPort 绑定，并与主机名或字符串型 IP 地址为 host 的机器的端口 port 连接。

**5. Socket(InetAddress address, int port, InetAddress localAddr, int localPort)**

该构造方法创建的 Socket 对象与 localAddr 表示的本机 IP 地址和端口 localPort 绑定，并与 address 表示的主机的端口 port 连接。

对于无参数构造方法生成的 Socket 对象，可以通过 bind()方法与本机器的 IP 地址和端口号绑定，通过 connect()方法与服务器建立连接。

TCP 连接建立之后，就可以通过 getInputStream()方法获得 Socket 对象中的字节输入流，通过 getOutputStream()方法获得 Socket 对象中的字节输出流，就可以将网络连接看成一个流进行操作，这正是 Java 为我们带来的便利。若将获得的输入输出流进行一定的包装，如包装成缓冲字符流，则能获得更好的性能。

此外，确保 Socket 对象会被关闭（调用 close()方法）十分必要，Java 的垃圾回收机制并不会回收 Socket 资源。若每次建立的连接都没关闭，网络资源将越来越少，且很快会达到服务器端允许连接的最大数目，从而使得以后的连接请求都被拒绝。Socket 对象的常用方法见表 13-2。

表 13-2　　　　　　　　　　　　Socket 对象的常用方法

| 方法 | 说明 |
| --- | --- |
| void bind(SocketAddress bindpoint) | 将本 Socket 对象与地址 bindpoint 绑定 |
| void close() | 关闭本 Socket 对象，断开连接，已关闭的 Socket 对象不能再次进行绑定和连接操作 |
| void connect(SocketAddress endpoint) | 连接地址 endpoint 表示的服务器 |
| void connect(SocketAddress endpoint, int timeout) | 连接地址 endpoint 表示的服务器，并将最长等待读取时间设为 timeout 毫秒 |
| InetAddress getInetAddress() | 返回表示所连接机器的 IP 地址的 InetAddress 对象 |
| InputStream getInputStream() | 返回本 Socket 对象中的字节输入流 |
| InetAddress getLocalAddress() | 返回表示本 Socket 对象绑定的本机器的 IP 地址的 InetAddress 对象 |
| int getLocalPort() | 返回本 Socket 对象绑定的本机器的端口号 |
| SocketAddress getLocalSocketAddress() | 返回表示本 Socket 对象绑定的本机器的 IP 地址和端口号的 SocketAddress 对象 |
| OutputStream getOutputStream() | 返回本 Socket 对象中的字节输出流 |
| int getPort() | 返回所连接的端口号 |
| int getReceiveBufferSize() | 返回代表 socket 内部接收缓冲区大小的 SO_RCVBUF 选项的值，默认值为 8192 |
| SocketAddress getRemoteSocketAddress() | 返回表示所连接机器的 IP 地址和端口号的 SocketAddress 对象 |
| int getSendBufferSize() | 返回代表 socket 内部发送缓冲区大小的 SO_SNDBUF 选项的值，默认值为 8192 |

(续表)

| 方法 | 说明 |
| --- | --- |
| int getSoTimeout() | 返回表示等待读取最长时间的 SO_TIMEOUT 选项的值,默认值为 0,单位毫秒 |
| boolean isBound() | 判断是否已绑定 |
| boolean isClosed() | 判断是否已关闭 |
| boolean isConnected() | 判断是否已连接 |
| boolean isInputShutdown() | 判断本 Socket 对象中的输入流是否已关闭 |
| boolean isOutputShutdown() | 判断本 Socket 对象中的输出流是否已关闭 |
| void setReceiveBufferSize(int size) | 设置代表 socket 内部接收缓冲区大小的 SO_RCVBUF 选项的值,只能在建立连接前调用 |
| void setSendBufferSize(int size) | 设置代表 socket 内部发送缓冲区大小的 SO_SNDBUF 选项的值 |
| void setSoTimeout(int timeout) | 设置表示等待读取最长时间的 SO_TIMEOUT 选项的值,timeout 为毫秒,只能在调用读取数据前调用 |
| void shutdownInput() | 关闭本 Socket 对象中的输入流 |
| void shotdownOutput() | 关闭本 Socket 对象中的输出流 |

值得注意的是 SO_SNDBUF 选项和 SO_TIMEOUT 选项。SO_SNDBUF 选项表示 socket 发送缓冲区的大小;SO_TIMEOUT 选项表示在 Socket 对象中等待读取数据的最长时间(毫秒数),如果超过此时间仍然无法从网络连接中读取到数据,Socket 对象将认为连接已超时,并抛出 SocketTimeoutException 异常,停止读取数据,但此时 Socket 对象仍旧有效,连接并不会断开,若该项的值为 0,表示等待时间无限。

## 13.7.2 ServerSocket 类

不管客户端 Socket 对象如何发来 TCP 连接请求,先要看服务器是如何监听 TCP 连接请求,又如何同意 TCP 连接并最终建立 TCP 连接的。如前所述,Java 提供类 ServerSocket 用于完成建立连接的任务,从 ServerSocket 这个名称看来似乎它更像是 Socket 的子类,而事实上它的对象不是一个 socket 套接字,只是可以产生 Socket 对象而已,它们都直接继承自 Java 的基类 Object,因此这个名字似乎不太适合。

类 ServerSocket 的功能有两个,一是建立一个 Server 对象,等待客户端建立连接;二是通过调用 accept()方法随时监听 Client 端连接请求。

类 ServerSocket 的构造方法有四个:

**1. ServerSocket()**

该构造方法没有参数,生成一个未绑定的 ServerSocket 对象。

**2. ServerSocket(int port)**

该构造方法以整型端口号为参数,生成与该端口号绑定的 ServerSocket 对象,该 ServerSocket 对象监听该端口的连接请求,若端口号为 0,表示任意端口。

**3. ServerSocket(int port, int count)**

该构造方法以整型端口号和整型最大连接数为参数,生成的 ServerSocket 对象最多只允许指定数量的客户端连接,若连接队列已满,则此后到达的连接请求将被拒绝。

**4. ServerSocket(int port, int count, InetAddress bindAddr)**

该构造方法以整型端口号、整型最大连接数和一个 InetAddress 对象为参数,拥有多个网卡且处于多个网络中的机器同时拥有多个 IP 地址,在只允许客户端对其中的一个 IP 地址提出连接请求时,使用该 InetAddress 对象指定生成的 ServerSocket 对象绑定本机器 IP 地址。

如前所述,ServerSocket 对象通过 accept()方法在其绑定的端口监听客户端的连接请求,若同意其连接则返回一个 Socket 对象以进行实际的数据传输,这是 ServerSocket 对象最重要的方法。有几个 socket 选项被 ServerSocket 对象的 accept()方法使用,为判断是否同意某个客户端的连接请求,以及返回的 Socket 对象的类型提供依据,其中最常用的有两个:整数 SO_RCVBUF 代表返回的 socket 内部接收缓冲区大小,单位是字节;整数 SO_TIMEOUT 表示等待连接的最大时间(毫秒数),如果超过此时间仍没有连接请求,ServerSocket 对象将不再监听端口等待连接请求,并抛出 SocketTimeoutException 异常从 accept()方法中退出;若该选项的值为 0,表示等待时间无限。ServerSocket 对象的常用方法见表 13-3。

表 13-3　　　　　　　　　　ServerSocket 对象的常用方法

| 方法 | 说明 |
| --- | --- |
| Socket accept() | 监听连接请求,当前线程进入阻塞状态,直到连接请求达到,若允许连接则返回一个 Socket 对象用于通信 |
| void bind(SocketAddress endpoint) | 将本 ServerSocket 对象与地址 endpoint 绑定 |
| void bind(SocketAddress endpoint, int count) | 将本 ServerSocket 对象与地址 endpoint 绑定,并设置允许的最大连接数为 count |
| void close() | 关闭本 ServerSocket 对象 |
| InetAddress getInetAddress() | 返回代表本 ServerSocket 对象绑定的 IP 地址的 InetAddress 对象,若没有绑定则返回 null |
| int getLocalPort() | 返回本 ServerSocket 对象绑定的监听端口,若没有绑定则返回 -1 |
| SocketAddress getLocalSocketAddress() | 返回代表本 ServerSocket 对象绑定的 IP 地址和端口号的 SocketAddress 对象,若还没有绑定则返回 null |
| int getReceiveBufferSize() | 返回代表 socket 内部接收缓冲区大小的 SO_RCVBUF 选项的值,默认值为 8 192 |
| int getSoTimeout() | 返回表示等待请求最长时间的 SO_TIMEOUT 选项的值,默认值为 0 |
| boolean isBound() | 判断是否已绑定 |
| boolean isClosed() | 判断是否已关闭 |
| void setReceivedBufferSize(int size) | 设置代表返回的 socket 内部接收缓冲区大小的 SO_RCVBUF 选项的值,只能在调用 accept()方法前调用 |
| void setSoTimeout(int timeout) | 设置表示等待请求最长时间的 SO_TIMEOUT 选项的值,timeout 为毫秒数,只能在调用 accept()方法前调用 |

### 13.7.3　TCP 通信的基本模式

TCP/IP 协议下 Java socket 连接过程如图 13-7 所示,它们实际上是 Server 端与 Client 端建立连接的过程。

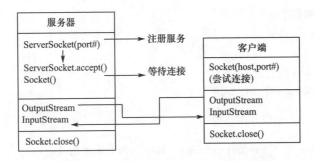

图 13-7　Server 端和 Client 端的 socket 连接过程

服务器端先创建一个 ServerSocket 实例对象，随时监听 Client 端的连接请求；当 Client 端需要连接时，相应地要生成一个 Socket 实例对象，并发出连接请求，其中 host 参数指明该主机名，port♯参数指明该主机端口号。服务器端通过 accept()方法接收到 Client 端的请求后，开设一个端口与之进行连接，并生成所需的 I/O 数据流。服务器端与客户端的通信都是通过一对 InputStream 和 OutputStream 进行的。通信结束后，两端分别关闭对应的 Socket 接口。

由上可知，使用 socket 方式进行网络通信的四个主要步骤：

1. 服务器端 ServerSocket 绑定于特定端口，服务器侦听 socket 等待连接请求。
2. 客户端向服务器的特定端口提交连接请求。
3. 服务器接收连接，产生一个新的 socket，绑定到另一端口，由此 socket 来处理和客户端的交互，服务器继续侦听原 socket 来接收其他客户端的连接请求。
4. 连接成功后客户端也产生一个 Socket 对象，并通过它来与服务器端通信（注意：客户端 socket 并不与特定端口绑定）。

### 13.7.4　通过 TCP 实现一对一的聊天室

**例 13.11**　编写一个最简单的 C/S 程序。要求如下：

1. 服务器程序能够处理多个客户端的请求，并向每一个连接服务器的客户端发送一个"你好"字符串。
2. 客户端与服务器连接后，读取一行服务器的信息，在屏幕上输出该信息。
3. 若客户端和服务器是同一台计算机，则可使用 127.0.0.1 代表本机 IP 地址。若不是，则将 IP 改为服务器实际配置的 IP 地址。
4. 本程序中使用端口号为 2345(大于 1024)。

分析上述要求，服务器需做以下工作：

1. 开设服务端口号 2345，用 ServerSocket 类则可创建。其代码段为：

ServerSocket ss = new ServerSocket(2345);

2. 一直监听端口，是否有客户的访问。若有客户访问，则与客户建立连接 socket。其代码段为：

Socket sock = ss.accept();

3. 获取 socket 连接并转换为打印输出流 out。其代码段为：

PrintStream out = new PrintStream(sock.getOutputStream());

4. 在输出流 out 上发送一个"你好"字符串。其代码段为：

out.println("你好");

//例13.11 服务器端程序
```java
import java.net.*;
import java.io.*;
public class ServerClass {
    public static void main(String args[]) {
        int i = 0;
        try {
            ServerSocket ss = new ServerSocket(2345);//开设服务端口号2345
            System.out.println("服务器启动......");
            while (true) {
                Socket sock = ss.accept();//监听端口
                i++;
                System.out.println("接收连接请求" + i);
                //在socket对象上获得输出流
                PrintStream out = new PrintStream(sock.getOutputStream());
                out.println("你好");//向客户端发送一个"你好"字符串
                out.close();
                sock.close();
            }
        } catch (IOException e) {
            e.printStackTrace();
        }
    }
}
```

客户端所做的工作：

1. 根据服务器IP和端口号，创建socket连接。其代码段为：

`Socket sock = new Socket("127.0.0.1", 2345);`

2. 获取socket连接上的输入流，并把字节流转换为字符流。其代码段为：

//获取socket网络连接的字节型输入流
`InputStream socketByteIN = sock.getInputStream();`
//把socketByteIN字节输入流转换为字符输入流
`InputStreamReader irCharIN =new InputStreamReader(socketByteIN);`
//把irCharIN字符型输入流转换为字符缓冲流
`BufferedReader in = new BufferedReader(irCharIN);`

通常把上述语句简写为以下语句：

`BufferedReader in = new BufferedReader(new InputStreamReader(sock.getInputStream()));`

3. 在输入流in中读取一行信息s。其代码段为：

`String s = in.readLine();`

4. 在屏幕上输出s信息。其代码段为：

`System.out.println(s);`

//例13.11 客户端程序
```java
import java.io.*;
```

```java
import java.net.*;
public class AClient {
    public static void main(String args[]) {
        try {
            // 根据服务器 IP 和端口号,创建 socket 连接
            Socket sock = new Socket("127.0.0.1", 2345);
            // 在 socket 连接上获得输入流
            BufferedReader in = new BufferedReader(new InputStreamReader(sock
                            .getInputStream()));
            // 在输入流 in 上读取一行服务信息
            String s = in.readLine();
            // 在屏幕上输出信息
            System.out.println(s);
            in.close();
        } catch (IOException e) {
            e.printStackTrace();
        }
    }
}
```

该类基于 TCP/IP 协议的 C/S 程序的调试运行,必须先启动服务器程序 ServerClass,再启动客户端程序 AClient,由客户端程序主动去连接访问服务器程序,从而获得服务器的服务。例 13.11 运行效果如图 13-8～图 13-11 所示。

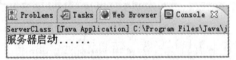

图 13-8　ServerClass 服务器程序初次运行效果

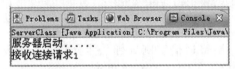

图 13-9　ServerClass 服务器程序接收一个客户连接请求

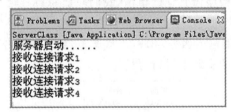

图 13-10　ServerClass 服务器程序接收四个客户连接请求

图 13-11　AClient 客户端程序运行效果

例 13.11 是一个很简单的 C/S 模式的程序,服务器可以接收多个客户请求,以控制台的

运行方式提供给用户,但在实际应用中,提供给用户的往往是图形界面。下面我们结合所学的 GUI 界面设计实现一对一的网络通信。其运行的效果如图 13-12~图 13-15 所示。

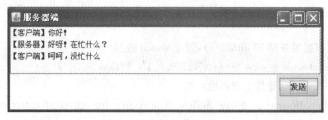

图 13-12 服务器端程序的运行效果

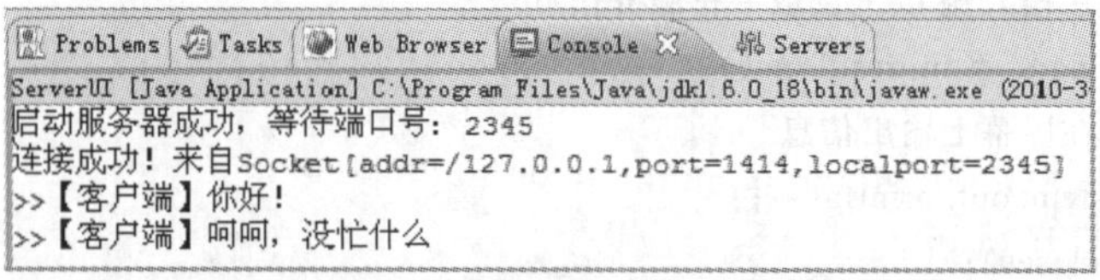

图 13-13 服务器端程序控制台运行效果

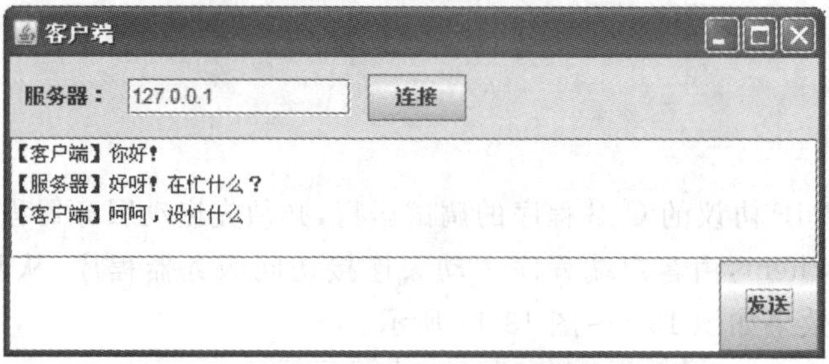

图 13-14 客户端程序的运行效果

图 13-15 客户器端程序控制台运行效果

下面我们对这个一对一网络通信实例进行总体分析。不难发现,不论是服务器端还是客户端,至少都可以分为两层——GUI 界面层和通信层。由于 socket 套接字连接中涉及输入输出流操作,为了不影响程序做其他的事情,我们应把 socket 套接字连接在一个单独的线程中去进行。服务器端接收到一个客户的套接字,就应该启动一个专门为该客户服务的线程,如图 13-16 所示。客户端输入服务器 IP,连接服务器,可与服务器进行交流。要实现该程序,我们先从服务器端程序的实现上进行分析。

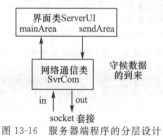

图 13-16 服务器端程序的分层设计

服务器端程序框架为：
```
public class ServerUI extends JFrame
{
    ServerUI(){}
    public static void main(){
        new ServerUI();
        new SvrCom().start();
    }
}
class SvrCom extends Thread {
    SvrCom(){}//创建端口，监听客户请求
    public void run(){}//接收客户端信息
    void sendMsg(String s){}//发送服务器信息
}
```
从图 13-17 的服务器初始化界面中分析服务器具体功能：

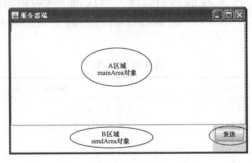

图 13-17　服务器初始化界面

1. A 区域（mainArea 对象）：用于显示服务器端的聊天记录，包括客户端传来的信息和服务器端发出的信息。

2. B 区域（sendArea 对象）：用于服务器端用户编辑发送信息。

3. 单击"发送"命令按钮，获取 B 区域聊天信息，该信息在 A 区域显示，同时发往到客户端。
下面对实现服务器端程序所遇到的技术难点逐一进行分析。
(1) 如何解决聊天记录 A 区域信息显示的问题？
①对于来自 B 区域的信息，可以通过编写"发送"按钮事件来实现。
```
sendBtn.addActionListener(new ActionListener() {
    public void actionPerformed(ActionEvent ae) {
        //把 B 区域的信息的发送信息在服务器端 A 区域信息显示
        mainArea.append("【服务器】" + sendArea.getText() + "\n"); }});
```
②对于客户端发送来的信息。我们可以利用线程，时时监控 socket 通道上是否有客户端信息的流入，如有信息，则在 A 区域显示。
```
ServerSocket soc = new ServerSocket(2345);
client = soc.accept();// 当客户端请求连接时，创建一条连接
in = new BufferedReader(new InputStreamReader(client.getInputStream()));
public void run() {
    while (true) {
```

```
            msg = in.readLine();
            if (msg! = null && msg.trim()! = ""){
                //把客户端传来的信息在服务器端的聊天记录中显示
                ui.mainArea.append(msg + "\n");
            }
        }
    }
}
```

(2) 当单击"发送"命令按钮时,如何把信息传给客户端?

该事件是由单击"发送"命令按钮所触发的事件,该代码应编写在该事件内,或在该事件内进行调用。

该信息的传输,必须利用 socket 通道进行。在通道上建立输出流:

```
Out = new PrintWriter(client.getOutputStream(), true);
out.println("【服务器】" + msg);
```

(3) 如何解决 ServerUI 与 SvrCom 类之间的参数传递问题?

SvrCom 会把客户端传来的信息,在 ServerUI 的 mainArea 组件显示;ServerUI 的 sendArea 的信息,会传递给 SvrCom 的 socket 通道的输出流。常规解决问题的方法见表 13-4。

表 13-4　　　　　　　　常规解决方法

| SvrCom.java | ServerUI.java |
|---|---|
| ServerUI ui;<br>SvrCom(ServerUI ui){<br>　　this.ui=ui;<br>} | SvrCom sc;<br>ServerUI(SvrCom sc){<br>　　this.sc=sc;<br>} |

在 main() 方法中,会遇到如下问题:

```
ServerUI sui=new ServerUI(??);//该构造方法的参数如何得到?
SvrCom sc=new SvrCom(sui);
sc.start();
ServerUI sui=new ServerUI(??);//该构造方法的参数如何得到?
```

表 13-5　　　　　　　　改进后的方法

| SvrCom.java | ServerUI.java |
|---|---|
| ServerUI ui;<br>SvrCom(ServerUI ui){<br>　　ui.setServer(this);<br>} | SvrCom sc;<br>setServer(SvrCom server) {<br>　　this.server = server;<br>} |

在 main() 方法中,就很容易编写。其代码段为:

```
ServerUI sui=new ServerUI();
SvrCom sc=new SvrCom(sui);
sc.start();
```

服务器端完整的程序见例 13.12 服务器代码。

```
//例 13.12 服务器端程序
import java.io.*;
import java.net.*;
```

```java
import javax.swing.*;
import java.awt.event.*;
import java.awt.*;

public class ServerUI extends JFrame {
    JTextArea mainArea;
    JTextArea sendArea;
    SvrCom server;

    public void setServer(SvrCom server) {
        this.server = server;
    }

    public ServerUI() {
        super("服务器端");
        Container contain = getContentPane();
        contain.setLayout(new BorderLayout());
        mainArea = new JTextArea();
        JScrollPane mainAreaP = new JScrollPane(mainArea);

        JPanel panel = new JPanel(new BorderLayout());
        sendArea = new JTextArea(3, 8);
        JButton sendBtn = new JButton("发送");

        /*"发送"命令按钮事件处理*/
        sendBtn.addActionListener(new ActionListener() {
            public void actionPerformed(ActionEvent ae) {
                server.sendMsg(sendArea.getText());//把信息发送到客户端
                //把发送信息在服务器端的聊天记录中显示
                mainArea.append("【服务器】" + sendArea.getText() + "\n");
                sendArea.setText("");
            }
        });

        JPanel tmpPanel = new JPanel();
        tmpPanel.add(sendBtn);

        panel.add(tmpPanel, BorderLayout.EAST);
        panel.add(sendArea, BorderLayout.CENTER);

        contain.add(mainAreaP, BorderLayout.CENTER);
        contain.add(panel, BorderLayout.SOUTH);
        setSize(500, 300);
        setVisible(true);
```

```java
            setDefaultCloseOperation(JFrame.EXIT_ON_CLOSE);
    }

    public static void main(String[] args) {
        ServerUI ui = new ServerUI();
        SvrCom server = new SvrCom(ui);
    }
}

/* 通信类 SvrCom 负责守候数据到来 */
class SvrCom extends Thread {
    Socket client;
    ServerSocket soc;
    BufferedReader in;
    PrintWriter out;
    ServerUI ui;

    public SvrCom(ServerUI ui) { // 初始化 SvrCom 类
        this.ui = ui;
        ui.setServer(this);
        try {
            soc = new ServerSocket(2345);
            System.out.println("启动服务器成功,等待端口号:2345");
            client = soc.accept();// 当客户端请求连接时,创建一条连接
            System.out.println("连接成功! 来自" + client.toString());
            in = new BufferedReader(new InputStreamReader(client
                    .getInputStream()));
            out = new PrintWriter(client.getOutputStream(), true);
        } catch (Exception ex) {
            System.out.println(ex);
        }
        start();
    }

    public void run() {// 用于监听客户端发送来的信息
        String msg = "";
        while (true) {
            try {
                msg = in.readLine();
            } catch (SocketException ex) {
                System.out.println(ex);
                break;
            } catch (Exception ex) {
                System.out.println(ex);
            }
```

```java
            if (msg ! = null && msg.trim() ! = ""){
                System.out.println(">>" + msg);
                //把客户端传来的信息在服务器端的聊天记录显示
                ui.mainArea.append(msg + "\n");
            }
        }
    }
    public void sendMsg(String msg){// 用于发送信息
        try {
            out.println("【服务器】" + msg);
        } catch (Exception e) {
            System.out.println(e);
        }
    }
}
```

同样的分析方式,我们可以对客户端进行分析编码。图 13-18 为客户端程序的分层设计。

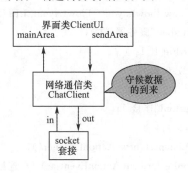

图 13-18　客户端程序的分层设计

服务器端完整的程序见例 13.3 客户端代码。

```java
//例 13.13 客户端程序
import java.io.*;
import java.net.*;
import javax.swing.*;
import java.awt.event.*;
import java.awt.*;
public class ClientUI extends JFrame{//用户界面 ClientUI
    JTextArea mainArea;
    JTextArea sendArea;
    ChatClient client;
    JTextField ipArea;
    JButton btnLink;
    public void setClient( ChatClient client ){
        this.client = client;
    }
    public ClientUI(){
        super("客户端");
```

```java
            Container contain = getContentPane();
            contain.setLayout( new BorderLayout() );
            mainArea = new JTextArea();
            JScrollPane mainAreaP = new JScrollPane( mainArea );//为文本区添加滚动条
            JPanel panel = new JPanel();
            panel.setLayout( new BorderLayout());
            sendArea = new JTextArea(3, 8);
            JButton sendBtn = new JButton("发送");
            sendBtn.addActionListener( new ActionListener(){
                public void actionPerformed(ActionEvent ae) {
                    client.sendMsg( sendArea.getText() );
                    mainArea.append( "【客户端】"+sendArea.getText() + "\n" );
                    sendArea.setText("");
                }
            });
            JPanel ipPanel = new JPanel();
            ipPanel.setLayout( new FlowLayout( FlowLayout.LEFT , 10, 10 ) );
            ipPanel.add( new JLabel("服务器:") );
            ipArea = new JTextField( 12 );
            ipArea.setText( "127.0.0.1" );
            ipPanel.add( ipArea );
            btnLink = new JButton("连接");
            ipPanel.add( btnLink );
            btnLink.addActionListener( new ActionListener(){
                public void actionPerformed(ActionEvent ae) {//连接服务器,启动线程
                    client = new ChatClient( ipArea.getText() , 2345, ClientUI.this );
                    ClientUI.this.setClient( client );
                }
            });
            panel.add( sendBtn, BorderLayout.EAST );
            panel.add( sendArea, BorderLayout.CENTER );
            contain.add( ipPanel, BorderLayout.NORTH );
            contain.add( mainAreaP, BorderLayout.CENTER );
            contain.add( panel, BorderLayout.SOUTH );
            setSize( 500, 300);
            setVisible( true );
            setDefaultCloseOperation(JFrame.EXIT_ON_CLOSE);
        }
        public static void main(String[] args)
            ClientUI ui = new ClientUI();
    }

    class ChatClient extends Thread{//通信类 ChatClient 负责守候数据到来
        Socket sc;//对象 sc,用来处理与服务器的通信
```

```java
BufferedReader in;//声明输入流缓冲区,用于存储服务器发来的信息
PrintWriter out;//声明打印输出流,用于信息的发送
ClientUI ui;
//初始化 ChatClient 类
public ChatClient( String ip, int port, ClientUI ui ){
    this.ui = ui;
    try{
        sc = new Socket(ip , port); // 创建 sc,用服务器 IP 和端口做参数
        System.out.println("已顺利连接到服务器。");
        out = new PrintWriter( sc.getOutputStream(), true );
        in = new BufferedReader( newInputStreamReader( sc.getInputStream() ) );
    }catch(Exception e){
        System.out.println( e );
    }
    start();
}
public void run () { // 用于监听服务器端发送来的信息
    String msg = "";
    while( true ){
        try {
            msg = in.readLine();//从缓冲区读入一行字符存于 msg
        } catch( SocketException ex ) {
            System.out.println(ex); break;
        }catch( Exception ex ) {
            System.out.println(ex);
        }
        if( msg! =null && msg.trim()! ="" ){//若 msg 信息不为空
            System.out.println(">>" + msg );
            //把 msg 信息添加到客户端的文本区域内
            ui.mainArea.append( msg + "\n" );
        }
    }
}

public void sendMsg( String msg ){// 用于发送信息
    try {
        out.println("【客户端】" + msg );
    }
    catch(Exception e){
        System.out.println( e );
    }
}
}
```

## 13.8　UDP 编程

现实生活中,很多应用并不需要维持一个固定连接,如收发电子邮件就不需要在两台计算机上建立固定的信息通道,发信人一旦发出邮件就可断开网络连接,收信人则可在任意时间接收邮件。这种情况下,使用基于无连接的数据报(Datagram)就比较合适,而且更加简单。数据报是独立的、内含地址信息的数据包,在到达时间和内容都没有保证,但资源占用较少。

UDP 是一种无连接的协议,每个数据包都是一个独立的信息单元,包括完整的源地址或目的地址及其端口,它在网络上以任何可能的路径传往目的地,因此能否到达目的地,到达目的地的时间以及内容的正确性都不能被保证。

下面对 TCP 与 UDP 做简单比较:

1. TCP 协议设计的目的是为网络通信的两端提供可靠的数据传送,是一个面向连接的协议,该协议可以很好地解决网络通信中的数据丢失、损坏、重复、乱序以及网络拥挤等问题,但在 socket 之间进行数据传输之前必然要建立连接,所以 TCP 比 UDP 多一个连接建立的时间。UDP 协议提供一种最简单的协议机制,实现了快速的数据传输。它定义了数据报传送模式,每个数据报都给出了完整的地址信息,因此无法建立发送方和接收方的连接,因此它的可靠性较差,不保证数据报的传送顺序、丢失和重复。UDP 协议是无连接的,可以用来实现组播、多播和广播等。

2. 使用 UDP 传输数据有大小的限制,每个被传输的数据报限定在 64 KB 之内。而 TCP 没有此限制,一旦连接建立起来,双方的 socket 就可以按统一的格式传输大量的数据。UDP 是一个不可靠的协议,发送方所发送的数据报并不一定按相同的次序到达接收方。而 TCP 是一个可靠的协议,它确保接收方完全正确地按先后顺序获取发送方所发送的全部数据。

Java 有两个数据报类:DatagramSocket 类和 DatagramPacket 类。DatagramSocket 类用于在程序直接按建立传送数据报的通信连接,DatagramPacket 类则用来表示一个数据报。

### 13.8.1　DatagramSocket 类

DatagramSocket 类是用来发送和接收数据报的套接字。数据报套接字是包投递服务的发送或接收点。每个在数据报套接字上发送或接收的包都是单独编址和路由的。从一台机器发送到另一台机器的多个包可能选择不同的路由,也可能按不同的顺序到达。在 DatagramSocket 上总是启用 UDP 广播发送。为了接收广播包,应该将 DatagramSocket 绑定到通配符地址。在某些实现中,将 DatagramSocket 绑定到一个更加具体的地址时广播包也可以被接收。先看一下 DatagramSocket 的构造方法:

**1. DatagramSocket( )**

该构造方法没有参数,生成的 DatagramSocket 对象绑定本机器上所有可用的端口。

**2. DatagramSocket(int port)**

该构造方法以整型端口号为参数,生成的 DatagramSocket 对象与该端口绑定。

**3. DatagramSocket(int port, InetAddress laddr)**

该构造方法以整型端口号和 InetAddress 对象为参数,生成的 DatagramSocket 对象与该 InetAddress 对象表示的 IP 地址和端口号绑定。

### 4. DatagramSocket(SocketAddress bindaddr)

该构造方法以 SocketAddress 对象为参数,生成的 DatagramSocket 对象绑定该 SocketAddress 对象表示的 IP 地址和端口号。

DatagramSocket 对象一个较为特殊的方法是 connect(),看起来似乎是面向服务器提出连接请求并建立连接的,而 UDP 协议中并不存在连接。事实上,connect()方法的作用并不是建立真正的连接,而是在服务器和客户端的两个 DatagramSocket 对象间建立某种关联,在这种关联下,这两个 DatagramSocket 对象都只能与对方进行数据的传输,相当于在它们之间开辟了一条专用通道,它们只能使用这个通道且其他 DatagramSocket 对象不能与它们进行数据传输。

DatagramSocket 对象也是一个 socket,同样使用了多个 socket 选项,如 SO_RCVBUF、SO_SNDBUF 和 SO_TIMEOUT,DatagramSocket 对象的很多方法跟 Socket 对象相同,而且 DatagramSocket 对象也必须确保 DatagramSocket 对象(调用 close()方法)在使用完毕后被关闭,否则由于 Java 垃圾回收机制不回收 socket 资源,因此越来越多的 socket 会占用更多的网络资源。

DatagramSocket 对象常用方法的说明见表 13-6。

表 13-6　　　　　　　　　　DatagramSocket 对象的常用方法

| 方法 | 说　明 |
| --- | --- |
| void bind(SocketAddress addr) | 将本 DatagramSocket 对象与地址 addr 绑定 |
| void close() | 关闭本 DatagramSocket 对象,释放 socket 资源 |
| void connect(InetAddress address,int port) | 连接地址为 address 和端口号为 port 的机器 |
| void connect(SocketAddress addr) | 连接地址和端口号由 addr 表示的机器 |
| void disconnect() | 关闭 DatagramSocket 对象,释放 socket 资源 |
| InetAddress getInetAddress() | 返回表示目的机器 IP 地址的 InetAddress 对象 |
| InetAddress getLocalAddress() | 返回表示本 DatagramSocket 对象绑定的本机器 IP 地址的 InetAddress 对象 |
| int getLocalPort() | 返回本 DatagramSocket 对象绑定的本机器的端口号 |
| int getPort() | 返回表示所有"连接"机器的端口号,若没有"连接"则返回 -1 |
| int getReceiveBufferSize() | 返回代表 socket 内部接收缓冲区大小的 SO_RCVBUF 选项的值,默认值为 8 192 |
| int getSendBufferSize() | 返回代表 socket 内部发送缓冲区大小的 SO_SNDBUF 选项的值,默认值为 8 192 |
| int getSoTimeout() | 返回表示等待接收数据报文包的最长时间的 SO_TIMEOUT 选项的值,默认值为 0,单位毫秒 |
| boolean isBound() | 判断是否已绑定 |
| boolean isClosed() | 判断是是否已关闭 |
| boolean isConnected() | 判断是否已"连接" |
| void receive(DatagramPacket p) | 接收数据报文包,将数据和信息保存到 p 中 |
| void send(DatagramPacket p) | 将数据报文包 p 发送出去 |

(续表)

| 方法 | 说 明 |
| --- | --- |
| void setReceiveBufferSize(int size) | 设置代表 socket 内部接收缓冲区大小的 SO_RCVBUF 选项的值,只能在建立连接前调用 |
| void setSendBufferSize(int size) | 设置代表 socket 内部发送缓冲区大小的 SO_SNDBUF 选项的值 |
| void setSoTimeout(int timeout) | 设置表示等待接收数据报文包的最长时间的 SO_TIMEOUT 选项的值,timeout 为毫秒,只能在调用读取数据前调用 |

### 13.8.2 DatagramPacket 类

DatagramPacket 用于表示数据报文包,DatagramPacket 对象中包含:发送数据报文包的 PC 的 IP 地址和端口号、目的 PC 的 IP 地址和端口号,以及要传送的数据。DatagramPacket 的构造方法有六个,说明如下:

**1. DatagramPacket(byte[] buf, int length)**

这是最常用的一个构造方法,生成以字节数组 buf 的前 length 个元素作为数据接收缓冲区的 DatagramPacket 对象,length 不能大于 buf 的长度,一般等于 buf 的长度,即将整个字节数组 buf 作为数据缓冲区。最常用的是通过以下代码生成一个 DatagramPacket 对象:

byte[] buf = new byte[1024];
DatagramPacket dataPacket = new DatagramPacket(buf,buf.length);

**2. DatagramPacket(byte[] buf, int offset, int length)**

该构造方法生成的 DatagramPacket 对象,以字节数组 buf 的第 offset 个元素起共 length 个元素作为数据接收缓冲区。

DatagramPacket(byte[] buf, int length, InetAddress address,int port)

该构造方法生成的 DatagramPacket 对象,从字节数组 buf 的前 length 个元素作为数据发送缓冲区,发送的目的地为 address 表示的机器的 port 端口。

byte data[]="近来好吗?".getByte();

**3. InetAddress addr=InetAddress.getByName("localhost");**

DatagramPacket pack=new DatagramPacket(data,data.length,addr,2345);

**4. DatagramPacket(byte[] buf, int offset, int length,InetAddress address, int port)**

该构造方法生成的 DatagramPacket 对象,从字节数组 buf 第 offset 个元素起共 length 个元素作为数据发送缓冲区,发送的目的地为 address 表示的机器的 port 端口。

**5. DatagramPacket(byte[] buf, int length, SocketAddress address)**

该构造方法生成的 DatagramPacket 对象,以字节数组 buf 的前 length 个元素作为数据发送缓冲区,发送的目的地为 address 表示的机器和端口号。

**6. DatagramPacket(byte[] buf, int offset, int length, SocketAddress address)**

该构造方法生成的 DatagramPacket 对象,从字节数组 buf 第 offset 个元素起共 length 个元素作为数据发送缓冲区,发送的目的地为 address 表示的机器和端口号。

由此可以看出,前两个构造方法生成的 DatagramPacket 对象用于保存从其他机器接收到的 UDP 数据报文包中的数据,后四个构造方法生成的 DatagramPacket 对象用于保存要发送给其他机器的数据,但这并不严格划分。通过 DatagramPacket 对象的 setXxx()系列方法,可以使用前两个构造方法生成的 DatagramPacket 对象,同样能作为发送数据的报文包。

DatagramPacket 对象的方法说明见表 13-7。

**表 13-7　　　　　　　　　DatagramPacket 对象的常用方法**

| 方法 | 说明 |
| --- | --- |
| InetAddress getAddress() | 数据报发送端获取代表目的机器 IP 地址的 InetAddress 对象，或数据报接收端获取代表发送机器 IP 地址的 InetAddress 对象 |
| byte[] getData() | 获取数据报中的数据 |
| int getLength() | 获取数据报的长度 |
| int getOffset() | 获取数据报中数据在缓冲区中的起始位置 |
| int getPort() | 数据报发送端获取代表目的机器的端口号，或数据报接收端获取代表发送机器的端口号 |
| void setAddress(InetAddress iaddr) | 设置目的机器 IP 地址 |
| void setData(byte[] buf) | 设置数据报中的数据，将整个字节数组 buf 作为数据报中的数据 |
| void setData(byte[] buf, int offset, int length) | 设置数据报中的数据，将字节数组 buf 的第 offset 个元素起的共 length 个元素作为数据报中的数据 |
| void setLength(int length) | 设置数据报的长度 |
| void setPort(int port) | 设置目的机器端口号 |
| void setSocketAddress(SocketAddress addr) | 设置目的机器的 IP 地址和端口号 |

## 13.8.3　UDP 通信的基本模式

在基于 UDP 的网络通信中，与 TCP 中的 socket 起相似作用的是 DatagramSocket，后者同样是一个 socket，但是后者的工作机制与前者截然不同。在 UDP 网络通信模式中，服务器和客户端都拥有一个 DatagramSocket 对象监听某个端口，但与 ServerSocket 对象不同的是，DatagramSocket 对象不是等待建立连接的请求，而是监听是否有数据报文包送到，在 UDP 中并不存在实际的连接。客户端的 DatagramSocket 对象向服务器发送一个带有客户端 PC 机的 IP 地址和端口号信息的数据报文包，服务器的 DatagramSocket 对象在其监听的端口发现有数据报文包送到，就接收这个数据报文包，从这个数据报文包中获取客户端机器的 IP 地址和端口号，就可以向客户端发送其他数据报文包，其中数据报文包通过类 DatagramPacket 表示。基于 UDP 的网络通信模式如图 13-19 所示。

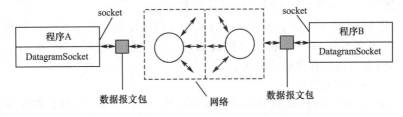

图 13-19　UDP 通信模式

值得注意的是，TCP 和 UDP 的端口是相互独立的，也就是说，可以同时运行一个 TCP 服务器程序和一个 UDP 服务器程序，同时监听 8080 端口，两者之间不会产生冲突。

## 13.8.4 通过 UDP 实现一对多聊天室

**例 13.13** 用 UDP 协议,编写一个对多的聊天程序。运行结果如图 13-20 所示。

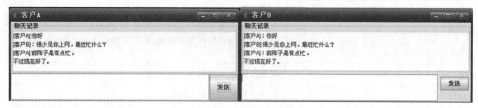

图 13-20 基于 UDP 的聊天室

通信模型如图 13-21 所示。

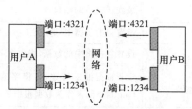

图 13-21 基于 UDP 的聊天室的通信模型

实现与例 13.12 类似,只是在通信类中发送的数据和接收的数据有所不同,以下对基于 UDP 协议的发送数据与接收进行详细介绍。

**1. 发送数据(如图 13-21 中的用户 B):**

(1)用 DatagramPacket 类将数据打包。其代码片段为:

byte buffer[]="你好!".getBytes();
InetAddress add=InetAddress.getByName("localhost");
DatagramPacket data_pack=new DatagramPacket(buffer,buffer.length,add,1234);

(2)然后用 DatagramSocket 类的不带参数构造方法创建对象,该对象负责发送数据包。其代码段为:

DatagramSocket mail_data=new DatagrameSocket();
mail_data.send(pack);

**2. 接收数据包(如图 13-21 中的用户 A)**

(1)用 DatagramSocket 类创建一个接收数据的端口。其代码段为:

DatagramSocket mail_data=new DatagramSocket(4321);

🔔**注意**:接收方的端口号跟发送方的端口号要相同。

(2)该方法使用 receive(DatagramPacket pack)接收数据包。该方法把接收到的数据包传递给该参数。因此必须预备一个数据包接收数据。接收数据包的方法为:DatagramPacket (byte data[], int length),其代码片段为:

byte data[]=new byte[8192];
DatagramPacket pack=new DatagramPacket(data,data.length);//预备一个用于接收数据的数据包
mail_data.receive(pack);//把 mail_data 端口中接收到的数据存放在 pack 包中
String msg=new String(pack.getData(),0,pack.getLength());//读取接收到的数据包的数据

🔔**注意**:
① receive()方法可能会堵塞,直到接收到数据包。
② 数据包数据的长度不要超过 8 192 KB。

```java
//例13.13 用户A端程序
import java.io.*;
import java.net.*;
import javax.swing.*;
import java.awt.event.*;
import java.awt.*;
public class AUser extends JFrame{
    JTextArea mainArea;
    JTextArea sendArea;
    JButton sendBtn;
    AUserChat userchat;
    void setAUserChat(AUserChat userchat){
        this.userchat=userchat;
    }
    public AUser(){
        super("客户A");
        Container contain = getContentPane();
        contain.setLayout( new BorderLayout() );
        mainArea = new JTextArea();
        mainArea.setEditable(false);
        JScrollPane mainAreaP = new JScrollPane( mainArea );//为文本区添加滚动条
        mainAreaP.setBorder(BorderFactory.createTitledBorder("聊天记录"));
        JPanel panel = new JPanel();
        panel.setLayout( new BorderLayout());
        sendArea = new JTextArea(3,8);
        JScrollPane sendAreaP = new JScrollPane( sendArea );
        userchat=new AUserChat(this);
        userchat.start();
        sendBtn = new JButton("发送");
        sendBtn.addActionListener(new ActionListener(){
            public void actionPerformed(ActionEvent e){
                userchat.sendMsg(sendArea.getText().trim());
                mainArea.append("[客户A]:"+sendArea.getText().trim()+"\n");
                sendArea.setText("");
            }
        });
        panel.add( sendBtn, BorderLayout.EAST );
        panel.add( sendAreaP, BorderLayout.CENTER );
        contain.add( mainAreaP, BorderLayout.CENTER );
        contain.add( panel, BorderLayout.SOUTH );
        setSize( 500, 300);
        setVisible( true );
        setDefaultCloseOperation(JFrame.EXIT_ON_CLOSE);
    }
}
```

```java
        public static void main(String[] args) {
            AUser ui = new AUser();
        }
    }
    class AUserChat extends Thread {
        AUser ui;
        AUserChat(AUser ui){
            this.ui=ui;
            ui.setAUserChat(this);
        }
        public void run(){//接收数据包
            String s=null;
            DatagramSocket mail_data=null;
            DatagramPacket pack=null;
            byte data[]=new byte[8192];
            try{
                pack=new DatagramPacket(data,data.length);
                mail_data=new DatagramSocket(4321);
            }catch(Exception e){System.out.println(e);}
            while(true){
                if(mail_data==null)
                    break;
                else{
                    try{
                        mail_data.receive(pack);
                        String msg=new String(pack.getData(),0,pack.getLength());
                        ui.mainArea.append("[客户 B]:"+msg+"\n");
                    }catch(IOException e1){
                        System.out.println("数据接收故障");
                        break;
                    }
                }
            }
        }
        public void sendMsg(String s){//发送数据包
            byte buffer[]=s.getBytes();
            try{
                InetAddress add=InetAddress.getByName("localhost");
                DatagramPacket data_pack=new
                    DatagramPacket(buffer,buffer.length,add,1234);
                DatagramSocket mail_data=new DatagramSocket();
                mail_data.send(data_pack);
            }catch(Exception e){
                System.out.println("数据发送失败!");
```

            }
        }
}
B 客户端完整程序代码如下：
//例 13.13 用户 B 端程序
import java.io.*;
import java.net.*;
import javax.swing.*;
import java.awt.event.*;
import java.awt.*;
public class BUser extends JFrame{
    JTextArea mainArea;
    JTextArea sendArea;
    BUserChat userchat;
    JButton sendBtn;
    void setBUserChat(BUserChat userchat){
        this.userchat=userchat;
    }
        public BUser() {
        super("客户 B");
        Container contain = getContentPane();
        contain.setLayout( new BorderLayout(3,3) );
        mainArea = new JTextArea();
        mainArea.setEditable(false);
        JScrollPane mainAreaP = new JScrollPane( mainArea );
        mainAreaP.setBorder(BorderFactory.createTitledBorder("聊天记录"));
        JPanel panel = new JPanel();
        panel.setLayout( new BorderLayout() );
        sendArea = new JTextArea(3, 8);
        JScrollPane sendAreaP = new JScrollPane( sendArea );
        userchat=new BUserChat(this);
        userchat.start();
        sendBtn = new JButton("发送");
        sendBtn.addActionListener(new ActionListener(){
            public void actionPerformed(ActionEvent e){
                userchat.sendMsg(sendArea.getText().trim());
                mainArea.append("[客户 B]:"+sendArea.getText().trim()+"\n");
                sendArea.setText("");
            }
        });
        JPanel tmpPanel = new JPanel();
        tmpPanel.add( sendBtn );
        panel.add( tmpPanel, BorderLayout.EAST );
        panel.add(sendAreaP, BorderLayout.CENTER );

```java
            contain.add( mainAreaP, BorderLayout.CENTER );
            contain.add( panel, BorderLayout.SOUTH );
            setSize( 500, 300);
            setDefaultCloseOperation(JFrame.EXIT_ON_CLOSE);
        }
         public static void main(String[] args) {
            BUser ui = new BUser();
            ui.setVisible( true );
        }
    }
class BUserChat extends Thread {
    BUser ui;
    BUserChat(BUser ui){
        this.ui=ui;
        ui.setBUserChat(this);
    }
    public void run(){//接收数据包
            String s=null;
            DatagramSocket mail_data=null;
            DatagramPacket pack=null;
            byte data[]=new byte[8192];
            try{
                pack=new DatagramPacket(data,data.length);
                mail_data=new DatagramSocket(1234);
            }catch(Exception e){System.out.println(e);}
            while(true){
                    if(mail_data==null)
                        break;
                else{
                try{
                    mail_data.receive(pack);
                    String msg=new String(pack.getData(),0,pack.getLength());
                    ui.mainArea.append("[客户 A]:"+msg+"\n");
                 }catch(IOException e1){
                    System.out.println("数据接收故障");
                    break;
                 }
                }
            }
        }
    public void sendMsg(String s){//发送数据包
        byte buffer[]=s.getBytes();
        try{
            InetAddress add=InetAddress.getByName("localhost");
```

```
            DatagramPacket data_pack=new
             DatagramPacket(buffer,buffer.length,add,4321);
            DatagramSocket mail_data=new DatagramSocket();
            mail_data.send(data_pack);
        }catch(Exception e){
            System.out.println("数据发送失败!");
        }
    }
}
```

## 本章小结

本章中我们讲述了Java多线程编程的内容,包括线程的概念、创建线程的两种方式(一种是继承类Thread创建线程,一种是通过实现Runnable接口创建线程),接着,我们更深入地了解了线程生命周期的各种状态,通过对各种状态的介绍,掌握各状态的控制转换。在对多个线程进行调度、管理时出现不可避免的资源竞争CPU而导致冲突现象,我们利用线程同步予以解决。

此外,读者一定要深刻认识到,多线程编程是一项十分复杂的工作,其运行结果有不可预料性,如果考虑不够细致、周全,就有可能得到意料之外的结果。其中,最容易出现的问题就是在线程控制中,若同步机制运用不当,就很可能出现无限循环。所以,我们在设计时应特别注意各线程的状态变化和相互之间的影响。当然,在实际的多线程应用中,情况往往比本章的实例复杂得多,需要更加小心谨慎,认真分析,不断探讨。

网络编程要实现的目标是通过网络协议建立计算机之间的通信。网络编程中有两个主要的问题,一个是如何准确地定位网络上的一台或多台主机,另一个就是如何可靠高效地进行数据传输。网络编程的基本模型就是客户端/服务器模型,简单地说就是两个进程之间相互通信,然后其中一个必须提供固定的位置,而另一个则只需要知道这个位置即可通信。

本章对Java网络编程的问题也进行了探讨,先介绍通过网络编程获取网上资源。InetAddress类主要用来获取互联网上计算机的名称和IP地址;URL类用来描述WWW资源的特征并读取其内容的方法。同时,也介绍了TCP/IP协议、socket编程的有关概念,以及基于TCP协议的socket编程的步骤及方法。

一个基于TCP协议的socket网络通信应用程序需要由服务器端和客户端两个程序组成。这两个程序的结构是相似的,不同之处仅仅在于服务器端的程序要比客户端程序多一个套接口对象——ServerSocket对象,它用于监视端口,等待接收连接请求。所以,服务器端和客户端程序的基本结构是:

1. 创建Socket对象;
2. 创建与Socket对象绑定的输入输出流;
3. 反复利用输入输出流进行读写,即与另一端进行通信;
4. 通信结束,关闭各个流对象,结束程序。

基于UDP协议的网络通信是另一种网络编程方式,使用java.net包提供的数据报Socket类DatagramSocket和数据包类DatagramPacket,可以很方便地编写出基于UDP协议的网络通信程序,对应的网络通信程序设计步骤如下:

1. 建立一个数据报 Socket 对象；
2. 利用数据报 Socket 对象的 receive() 方法或 send() 方法接收或发送数据报。

这种基于 UDP 协议的编程，在实现接收或发送的具体方法上是不同的。如果是要接收数据包，则需要先建立一个用于接收报文的数据包对象，然后利用数据报 Socket 对象的 receive() 方法，等待接收外面发来的数据包即可。而若要发送数据，则需要知道接收方的 IP 地址和端口号，然后将这些信息及要发送的报文打成一个数据包，再利用数据报 Socket 对象的 send() 方法发送即可。

读者通过对本章给出的几个基于 TCP 和 UDP 协议编程的经典实例展开研究，可以很快掌握网络编程的相关方法。

# 第14章　JUnit

前面的章节我们学习了面向对象的知识、Java 核心编程技术。但在开发过程中,我们编写的代码是否正确需要进一步测试,这就需要学习一些基于代码级的测试的知识。JUnit 是一个开放源代码的 Java 测试框架,用于编写和运行可重复的测试,是一个单元测试的框架。本章我们将学习 JUnit 框架的一些基础知识。

◆ 学习目标

- 了解 JUnit 框架的特征;
- 掌握 JUnit 编写测试用例的方法和技巧;
- 掌握 JUnit 3.x 与 JUnit 4.x 的区别;
- 掌握 JUnit 测试套件;
- 掌握 JUnit 的参数化测试。

## 14.1　JUnit 简介及安装

JUnit 是一个 Java 语言的单元测试框架。它由 Kent Beck 和 Erich Gamma 建立,逐渐成为源于 Kent Beck 的 sUnit 的 xUnit 家族中最为成功的一个。JUnit 有它自己的扩展生态圈,多数 Java 的开发环境都已经集成了 JUnit 作为单元测试的工具。JUnit 是一个回归测试框架(regression testing framework)。JUnit 团队为框架定义了三个不同的目标:

(1) 框架必须帮助编写有用的测试;
(2) 框架必须帮助创建具有长久价值的测试;
(3) 框架必须帮助通过复用代码来降低编写测试的成本。

### 14.1.1　JUnit 简介

JUnit 是一个开放源代码的 Java 测试框架,用于编写和运行可重复的测试。它是用于单元测试框架体系 xUnit 的一个实例(用于 Java 语言)。有以下特性:

1. 用于测试期望结果的断言(Assertion)
2. 用于共享共同测试数据的测试工具
3. 用于方便的组织和运行测试的测试套件
4. 图形和文本的测试运行器。

JUnit 是在极限编程和重构(Refactor)中被极力推荐使用的工具,因为在实现自动单元测试的情况下可以大大地提高开发的效率,但是实际上,编写测试代码也是需要耗费很多的时间和精力的。在测试驱动开发中,要求在编写代码之前先写测试,这样可以强制在写代码之前好好地思考代码(方法)的功能和逻辑,否则编写的代码很不稳定,那么需要同时维护测试代码和实际代码,这个工作量就会大大增加。因此在极限编程中,基本过程是这样的:编写测试代码→编写代码→测试,而且编写测试代码和编写代码都是增量式的,写一点测一点，在编写以后的代码中如果发现问题可以较快地追踪到问题的原因，减小回归错误的纠错难度。在重构中的好处和测试驱动开发中是类似的，因为重构可以在开发过程中不断改进设计方案，并且每次改进都能得到测试的验证。

### 14.1.2 JUnit 的安装

安装很简单，先到以下地址下载一个最新的 zip 包：http://junit.org/，下载完以后解压缩到某个目录下，假设是 JUNIT_HOME，然后将 JUNIT_HOME 下的 junit.jar 包添加到系统的 CLASSPATH 环境变量中，对于 IDE 环境，对于需要用到的 JUnit 的项目增加到 lib 中，不同的 IDE 有不同的设置，这里不多讲。

## 14.2 编写 JUnit 测试代码

白盒测试（特别是单元测试）的重要性已经不用多讲了。现在很多软件开发公司都会在软件开发的过程中进行自动化的代码测试，并且测试过程始终贯穿整个项目的开发过程。

### 14.2.1 JUnit 3.x 编写测试代码

JUnit 拥有许多功能，可以使编写、运行测试更加容易，下面通过一个例子来说明：

```
public class Calculator {
    public int add(int a, int b) {
        return a + b;
    }
    public int sub(int a, int b) {
        return a - b;
    }
}
```

在 Calculator 类中，定义了一个方法 add()，现在要对这个方法进行测试，以便判断 add() 方法是否有问题。

那么用 JUnit 如何来编写测试代码呢？其实 JUnit 有两个不同的版本，其框架在 JUnit 4.0 版本之后发生了很大的改变，编写测试代码的方式有了很大的变化。但有一些测试框架仍然使用 JUnit 4.0 之前的版本，所有要搞清楚两个版本的不同，有助于我们今后的学习。

把在 JUnit 4.0 以前的版本称为 JUnit 3.x，把 JUnit 4.0 以后的版本称为 JUnit 4.x。

在 JUnit 3.x 里编写测试用例有如下要求：

1. 所有的测试用例必须继承 TestCase（TestCase 来自 JUnit 3.x 的框架）
2. 所有的测试方法的访问权限为"public"。
3. 所有的测试方法的名称要以"test"开头。

测试一个方法是否正确，有三个步骤：

1. 构造被测试的对象。
2. 调用被测试的方法，并输入对应的测试参数。
3. 做断言（判断真实运行结果与期望值是否一致）。

**例 14.1** 用 Junit 3.x 对 Calclator 类进行单元测试,测试代码如下:

```
import junit.framework.Assert;
import junit.framework.TestCase;
//测试用例必须继承 TestCase
public class TestCalculatorWithJUnit3X extends TestCase {
    //测试方法的访问权限为"public",测试方法的名称要以"test"开头
    public void testAdd(){
        //构造被测试的对象 cal
        Calculator cal=new Calculator();
        //调用被测试的方法 add(),并输入对应的测试参数
        int result=cal.add(2,3);
        //断言(判断真实运行结果与期望值是否一致)
        Assert.assertEquals(5,result);
    }
}
```

在上面的例子中,用 new Calculator()构造一个对象,再通过对象调用被测试的方法并输入测试数据(测试数据的设计这里不做讨论)add(2,3),其目的是看看系统运行的真实结果。最后用 Assert.assertEquals(expected,actual)来判断系统真实运行的结果跟我们想象中的结果是否一致。如果一致则测试通过,如果不是测试不通过。其中的参数 expected 为期望值,actual 为系统运行的值。JUnit 的 Assert 类提供了大量断言的方法,如图 14-1 所示,方便做任意的断言。

| Constructor Summary | |
|---|---|
| protected | Assert() Protect constructor since it is a static only class |

| Method Summary | |
|---|---|
| static void | assertArrayEquals(boolean[] expecteds, boolean[] actuals) Asserts that two boolean arrays are equal. |
| static void | assertArrayEquals(byte[] expecteds, byte[] actuals) Asserts that two byte arrays are equal. |
| static void | assertArrayEquals(char[] expecteds, char[] actuals) Asserts that two char arrays are equal. |
| static void | assertArrayEquals(double[] expecteds, double[] actuals, double delta) Asserts that two double arrays are equal. |
| static void | assertArrayEquals(float[] expecteds, float[] actuals, float delta) Asserts that two float arrays are equal. |
| static void | assertArrayEquals(int[] expecteds, int[] actuals) Asserts that two int arrays are equal. |
| static void | assertArrayEquals(long[] expecteds, long[] actuals) Asserts that two long arrays are equal. |
| static void | assertArrayEquals(Object[] expecteds, Object[] actuals) Asserts that two object arrays are equal. |
| static void | assertArrayEquals(short[] expecteds, short[] actuals) Asserts that two short arrays are equal. |
| static void | assertArrayEquals(String message, boolean[] expecteds, boolean[] actuals) Asserts that two boolean arrays are equal. |
| static void | assertArrayEquals(String message, byte[] expecteds, byte[] actuals) Asserts that two byte arrays are equal. |
| static void | assertArrayEquals(String message, char[] expecteds, char[] actuals) Asserts that two char arrays are equal. |
| static void | assertArrayEquals(String message, double[] expecteds, double[] actuals, double delta) Asserts that two double arrays are equal. |
| static void | assertArrayEquals(String message, float[] expecteds, float[] actuals, float delta) Asserts that two float arrays are equal. |

图 14-1 Assert 类的部分断言方法

JUnit 要求每个单元测试必须独立于其他的单元测试而运行。以单项测试为单位来检测和报告错误。单独的 classloader 用来运行每个单元测试以避免副作用。按照这样的要求,那么接下来 sub() 方法的测试方法也是一样的。

代码如下:

```
public void testSub(){
```

```
        Calculator cal=new Calculator();
        int result=cal.sub(2,3);
        Assert.assertEquals(-1,result);
    }
```

按测试的原则,每个测试方法中所用到的测试对象都必须是新的,以避免副作用,但这样会造成代码的冗余。如上面例子中的:

Calculator cal=new Calculator();

每个测试方法中都有上面一句代码。为了解决代码冗余这个问题,JUnit 3.x 提供了两个方法:

```
/**
    * Sets up the fixture, for example, open a network connection.
    * This method is called before a test is executed
 */
protected void setUp() throws Exception {

}
```

这个方法的作用是:每次执行测试方法之前,此方法都会被执行进行一些固件的准备工作,如打开网络连接。

```
/**
    * Tears down the fixture, for example, close a network connection.
    * This method is called after a test is executed
 */
protected void tearDown() throws Exception {

}
```

这个方法的作用是:每次执行测试方法之后,此方法都会被执行进行一些固件的善后工作,如关闭网络连接,那么我们的测试代码就进行重构。

**例 14.2** 对上面例子的测试代码进行重构,测试代码如下:

```java
import junit.framework.Assert;
import junit.framework.TestCase;

//测试用例必须继承 TestCase
public class TestCalculatorWithJUnit3X extends TestCase {
    private Calculator cal;
    // 每次执行测试方法之前,此方法都会被执行进行一些固件的准备工作
    // 如打开网络连接
    public void setUp() {
        cal = new Calculator();
    }
    // 每次执行测试方法之后,此方法都会被执行进行一些固件的善后工作
    // 如关闭网络连接
    public void tearDown() {

    }
```

```
    public void testAdd() {
        int result = cal.add(2, 3);
        Assert.assertEquals(5, result);
    }

    public void testSub() {
        int result = cal.sub(2, 3);
        Assert.assertEquals(-1, result);
    }

}
```

运行结果为图 14-2 所示。

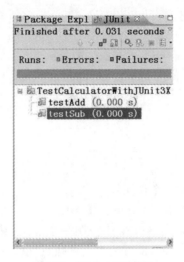

图 14-2　例 14.2 运行结果

## 14.2.2　JUnit 4.x 编写测试代码

JUnit 4.x 在原来的 JUnit 框架上做了很大的改进，其主要目标便是利用 Java 5.0 的 Annotation 特性简化测试用例的编写。与 JUnit 3.x 有如下几点不同：

不再要求所有的测试用例都 extends TestCase，在 JUnit 4.x 框架里认为只要有测试方法的类就是测试用例。

在 JUnit 4.x 框架里用 Annotation @Test 来声明测试方法，而不需要强调方法的名称一定要以"test"开头。

**例 14.3**　用 JUnit 4.x 对 Calculator 类进行单元测试，测试代码如下：

```
import static org.junit.Assert.*;//(9)
import org.junit.After;
import org.junit.Before;
import org.junit.Test;

public class TestCalculatorWithJUnit4X{ //(1)
    private Calculator cal;

    @Before //(2)
```

```java
public void setUp() { //(3)
    cal = new Calculator();
}

@After//(4)
public void tearDown() {//(5)

}

@Test//(6)
public void testAdd() {//(7)
    int result = cal.add(2, 3);
    assertEquals(5, result); //(8)
}
@Test
public void testSub() {
    int result = cal.sub(2, 3);
    assertEquals(-1, result);
}

}
```

下面对上面代码几个注释做一个说明：

在(1)中，发现测试用例不再需要 extends TestCase。

在(2)中，用一个 Annotation @Before 来声明一个方法，其作用与 JUnit 3.x 中的 setUp()方法相同：每次执行测试方法之前，此方法都会被执行进行一些固件的准备工作。

在(3)中，用@Before 来声明的方法可以随意命名，不再一定要命名为"setUp"，但为了增加代码的可读性，我们还是习惯性用 setUp 来命名。

在(4)中用一个 Annotation @After 来声明一个方法，其作用与 JUnit 3.x 中的 tearDown()方法相同：每次执行测试方法之后，此方法都会被执行进行一些固件的善后工作。

在(5)中，用@After 来声明的方法可以随意命名，不再一定要命名为"tearDown"，但为了增加代码的可读性，我们还是习惯性用 tearDown 来命名。

在(6)中，用@Test 来声明一个测试方法。在 JUnit 4.x 中，用@Test 声明的方法就是一个测试方法，有测试方法的类就是一个测试用例。

在(7)中，在 JUnit 4.x 中用@Test 声明的测试方法的命名也不再要求以"tes"开头，不过为了代码的可读性更强，我们还是习惯性将测试方法命名为以"test"开头。

在(8)中，在调用 Assert 类的断言方法时，可以直接引入静态导入。如(9)中的 import static org.junit.Assert。

除此之外，JUnit 4.x 还引入两个 annotation 分别是：@BeforeClass 和@AfterClass。

@BeforeClass：在所有的方法调用之前调用的一个方法，用来进行一些开销昂贵的初始化操作，比如连接数据库。

@AfterClass：在所有的方法调用之后调用的方法。

注意这两个修饰符修饰的方法必须是 public static void 的，并且@BeforeClass 修饰的方法抛出异常了，@AfterClass 修饰的方法也会照常执行。基类的@BeforeClass 方法会在子类的@BeforeClass 方法之前进行；而基类的@AfterClass 方法会在子类的@AfterClass 方法之后进行。

## 14.3 JUnit 的套件(Suite)

测试套件(Suite or test suite)是指一组测试。一个测试套件是把多个相关测试归入一组的便捷方式。如果没有为 TestCase 定义一个测试套件，那么 JUnit 就会自动提供一个测试套件。JUnit 中的测试运行器负责启动测试套件，JUnit 常用的测试运行器如图 14-3 所示。

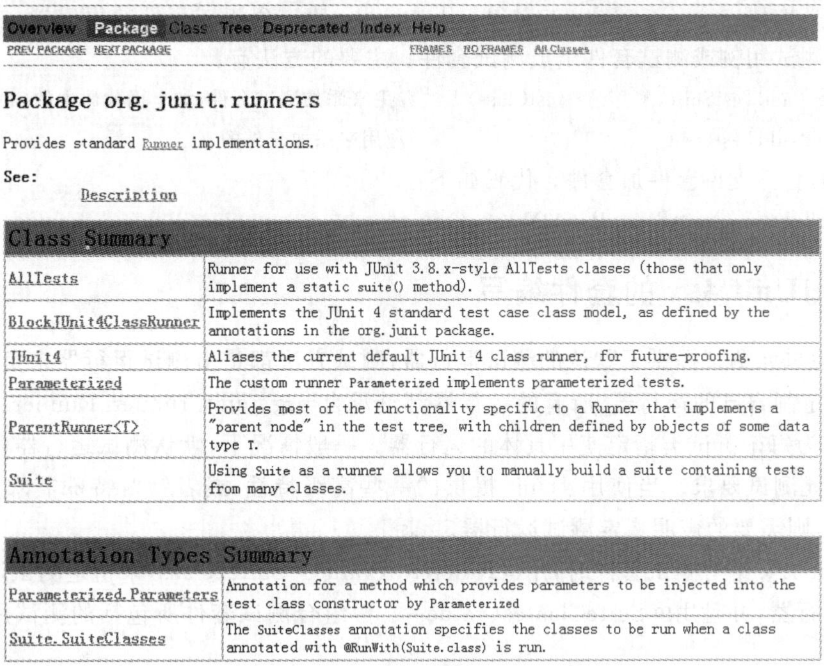
Overview Package Class Tree Deprecated Index Help
PREV PACKAGE NEXT PACKAGE FRAMES NO FRAMES All Classes

Package org.junit.runners

Provides standard Runner implementations.

See:
Description

| Class Summary | |
|---|---|
| AllTests | Runner for use with JUnit 3.8.x-style AllTests classes (those that only implement a static suite() method). |
| BlockJUnit4ClassRunner | Implements the JUnit 4 standard test case class model, as defined by the annotations in the org.junit package. |
| JUnit4 | Aliases the current default JUnit 4 class runner, for future-proofing. |
| Parameterized | The custom runner Parameterized implements parameterized tests. |
| ParentRunner<T> | Provides most of the functionality specific to a Runner that implements a "parent node" in the test tree, with children defined by objects of some data type T. |
| Suite | Using Suite as a runner allows you to manually build a suite containing tests from many classes. |

| Annotation Types Summary | |
|---|---|
| Parameterized.Parameters | Annotation for a method which provides parameters to be injected into the test class constructor by Parameterized |
| Suite.SuiteClasses | The SuiteClasses annotation specifies the classes to be run when a class annotated with @RunWith(Suite.class) is run. |

图 14-3 JUnit 常用的测试运行器

### 14.3.1 JUnit 3.x 的测试套件的编写

在 JUnit 3.x 中如何将两个或两个以上的测试用例组成一个测试套件。通过下列的代码来说明。

**例 14.4** 用 JUnit 3.x 编写测试套件，测试代码如下：

```
package A;

import junit.framework.Test;
import junit.framework.TestSuite;

public class TestAllWithJUnit3X {//(1)
    public static Test suite(){//(2)
        TestSuite suite=new TestSuite();//(3)
        suite.addTestSuite(A.TestCalculatorWithJUnit3X.class); //(4)
        suite.addTestSuite(A.TestCalculatorWithJUnit3X_1.class);//(5)
```

```
            return suite;//(6)
        }
}
```

下面对上面代码几个注释做一个说明：

在(1)中，声明一个测试套件的类，类的命名习惯性都用 TestALL。

在(2)中，声明一个方法 suite()，在 JUnit 3.x 测试套件中，suite()方法必须声明为"public"和"static"，并且返回类型一定为。unit.framework.Test 是接口，定义的方法 run()、TestCase()和 TestSuite()都实现了该接口。

在(3)中，构建一个 TestSuite 的对象。TestSuite 是一个测试套件的集成器，主要提供方法将相关的测试用例或测试套件组成测试套件。主要的方法有：

```
public void addTestSuite(<   > testClass)     //用来添加测试套件,如上面代码中的(4)和(5)
public void addTest(test)                      //用来添加套件的
```

JUnit 的套件支持套件加套件。代码如下：

```
suite.addTest(A.TestAllWithJUnit3X.suite());
```

## 14.3.2　JUnit 4.x 的套件编写

JUnit 为单元测试提供了默认的测试运行器，测试方法都是由测试运行器来负责执行的。当然也可以定制自己的运行器，所有的运行器都继承自 org.junit.runner.Runner。还可以@RunWith 来为每个测试类指定使用具体的运行器。一般情况下，默认测试运行器可以应对绝大多数的单元测试要求。当使用 JUnit 提供的一些高级特性，或者针对特殊需求定制 JUnit 测试方式时，则需要的声明指定测试运行器。

在 JUnit 4.x 编写测试套件时，用@RunWith(value=Suite.class)来指定测试运行器为套件(Suite)运行器，并且用@SuiteClasses(value={ })组合测试套件所包括的测试用例和测试套件。

**例 14.5** 用 JUnit 4.x 编写测试套件，测试代码如下：

```
import org.junit.runner.RunWith;
import org.junit.runners.Suite;
import org.junit.runners.Suite.SuiteClasses;

@RunWith(value=Suite.class)
@SuiteClasses(value={A.TestCalculatorWithJUnit3X.class,
    A.TestCalculatorWithJUnit4X.class,
    A.TestAllWithJUnit3X.class})
public class TestAllWithJUnit4X{

}
```

🐾**注意**：在上面的代码中，创建一个空类作为测试套件的入口，无须类体。用@RunWith(value=Suite.class)来指定测试运行器为套件(Suite)运行器。@SuiteClasses 中 value 的值是一个数组，即可以添加任何的测试用例和测试套件，类对象之间用逗号隔开。

从上面的代码中，可以看到在 JUnit 4.x 中做测试套件要比 JUnit 3.x 要方便、简单得多。

## 14.4　参数化测试

在测试过程中一个测试方法有时需要很多的测试数据来验证方法的正确性。如果在同一个方法里,把每一个测试数据都用编写来实现,无形中会增加编写代码的工作量。JUnit 提供一个很好的解决方案就是参数化测试。

JUnit 对参数化测试的代码编写有明确的要求:

1. 测试用例必须要用 Parameterized.class(参数化运行器)来运行。
2. 测试数据的方法必须要用@Parameters 来声明。
3. 测试数据的方法必须是 public static,且返回的 Collection 类型。

下面对 Calculator 类 add()方法分别用如下四组不同的数据进行测试:

{1,1},{2,2},{10,50},{0,0}

**例 14.6**　用参数化进行测试,测试代码如下:

```
package A;
import static org.junit.Assert.*;
import java.util.Arrays;
import java.util.List;
import org.junit.Test;
import org.junit.runner.RunWith;
import org.junit.runners.Parameterized;
import org.junit.runners.Parameterized.Parameters;

//使用参数化运行器来运行
@RunWith(value=Parameterized.class)
public class ParameterizedTest {
    private int expected;//期望值
    private int valueone;//输入值 1
    private int valuetwo;//输入值 2
    @Parameters //声明测试数据的方法
//测试数据的方法必须是 public static ,且返回的 Collection 类型
    public static List<Object[]>  data(){
        return Arrays.asList(new Object[][]{ // 测试数据
            {2,1,1},
            {4,2,2},
            {60,10,50},
            {0,0,0}
        });
    }
    // 构造方法
    // JUnit 会用准备的测试数据传给构造函数(参数的顺序要与测试数据的顺序一致)
```

```java
    public ParameterizedTest(int expected,int valueone,int valuetwo){
        this.expected=expected;
        this.valueone=valueone;
        this.valuetwo=valuetwo;
    }
    @Test
    public void testAdd(){
        Calculator cal=new Calculator();
        assertEquals(expected,cal.add(valueone,valuetwo),0);
    }
}
```

测试结果如图14-4所示。

图14-4 add()参数化测试的结果

本章我们对JUnit框架进行分析,JUnit框架有如下的特性:
(1)用于测试期望结果的断言(Assertion)。
(2)用于共享共同测试数据的测试工具。
(3)用于方便的组织和运行测试的测试套件。
(4)图形和文本的测试运行器。

JUnit框架由于版本的不同,编写测试代码的方式和方法有很大不同。在JUnit 3.x里编写测试用例有如下要求:
(1)所有的测试用例必须继承TestCase(TestCase来自JUnit 3.x的框架)。
(2)所有的测试方法的访问权限为"public"。
(3)所有的测试方法的名称要以"test"开头。

而JUnit 4.x在编写测试代码时运用大量的annotation,主要的区别在于:
(1)不再要求所有的测试用例都extends TestCase,在JUnit 4.x框架里认为只要有测试方法的类就是测试用例。

（2）在 JUnit 4.x 框架里用 Annotation @Test 来声明测试测试方法，而不需要强调方法的名称一定要以"test"开头。

本章中还介绍了在 JUnit 3.x 和 JUnit 4.x 中编写测试套件的方法。其中 JUnit 3.x 是通过 TestSuite 的对象来添加测试用例和测试套件的。最后介绍在 JUnit 4.x 里参数化测试的方法。JUnit 对参数化测试的代码编写有明确的要求：

（1）测试用例必须要用 Parameterized.class（参数化运行器）来运行。

（2）测试数据的方法必须要用 @Parameters 来声明。

（3）测试数据的方法必须是 public static，且返回的 Collection 类型。

# 参 考 文 献

[1] Cay S Horstmann. Core Java 2[M]. Volume I-Fundamentals. 北京:机械工业出版社,2006.

[2] Cay S Horstmann. Core Java 2[M]. Volume II-Advanced Features. 北京:机械工业出版社,2006.

[3] Bruce Eckel. Java 编程思想[M]. 陈昊鹏,译. 北京:机械工业出版社,2008.

[4] David M Arnow. Java 面向对象程序设计[M]. 郑莉,等,译. 北京:清华大学出版社,2006.

[5] Y Daniel Liang. Java 编程原理与实践[M]. 4 版. 马海军,景丽,等,译. 北京:清华大学出版社,2005.

[6] D S Malik, P S Nair. Java 基础教程——从问题分析到程序设计[M]. 张小华,郭平,译. 北京:清华大学出版社,2004.

[7] IBM 培训服务部. 企业 Core Java 开发技术[M]. 天津:天津科技翻译出版公司,2010.

[8] 耿祥义. Java 基础教程[M]. 北京:清华大学出版社,2004.

[9] 朱喜福. Java 程序设计[M]. 北京:人民邮电出版社,2009.

[10] 孙卫琴. Java 面向对象编程[M]. 北京:电子工业出版社,2006.

[11] 朱仲杰. Java SE6 全方位学习[M]. 北京:机械工业出版社,2008.

[12] 李刚. 疯狂 Java 讲义[M]. 北京:电子工业出版社,2008.